復刊

初等カタストロフィー

野口 広・福田拓生 著

共立出版株式会社

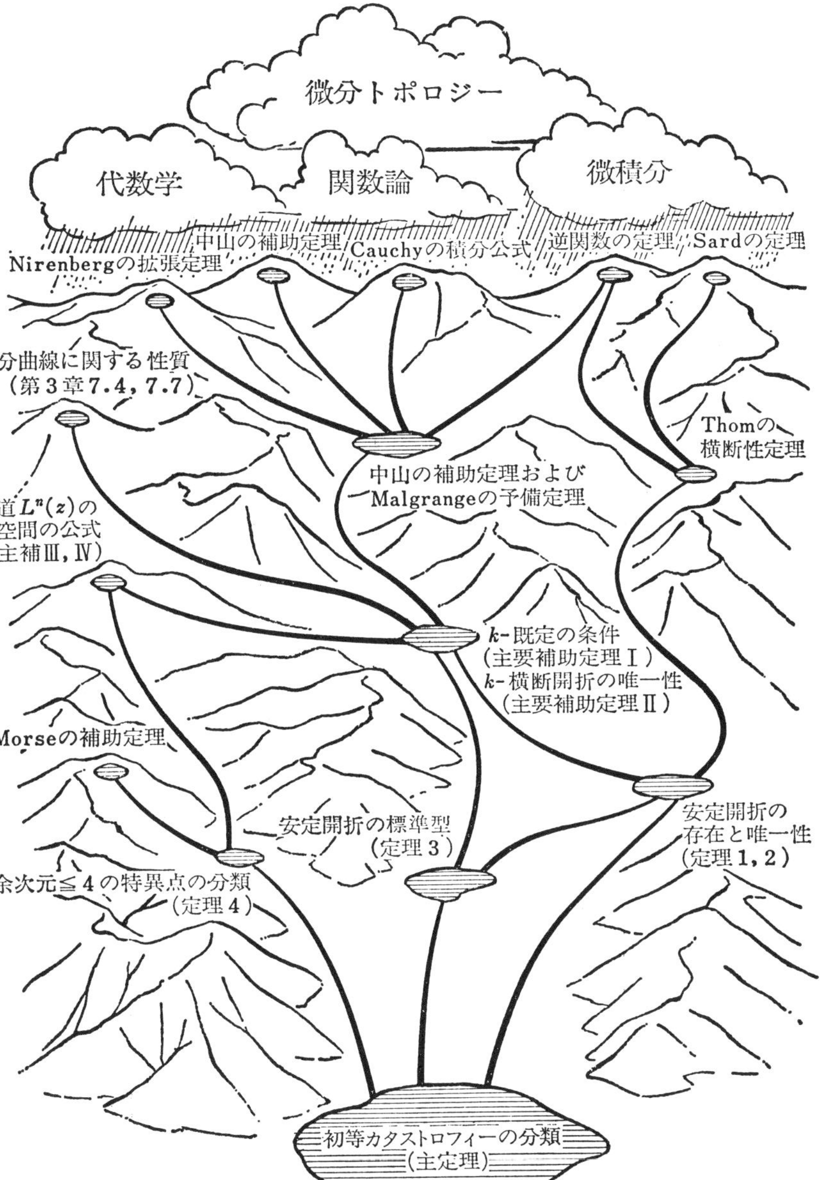

初等カタストロフィー理論の論理的鳥瞰図

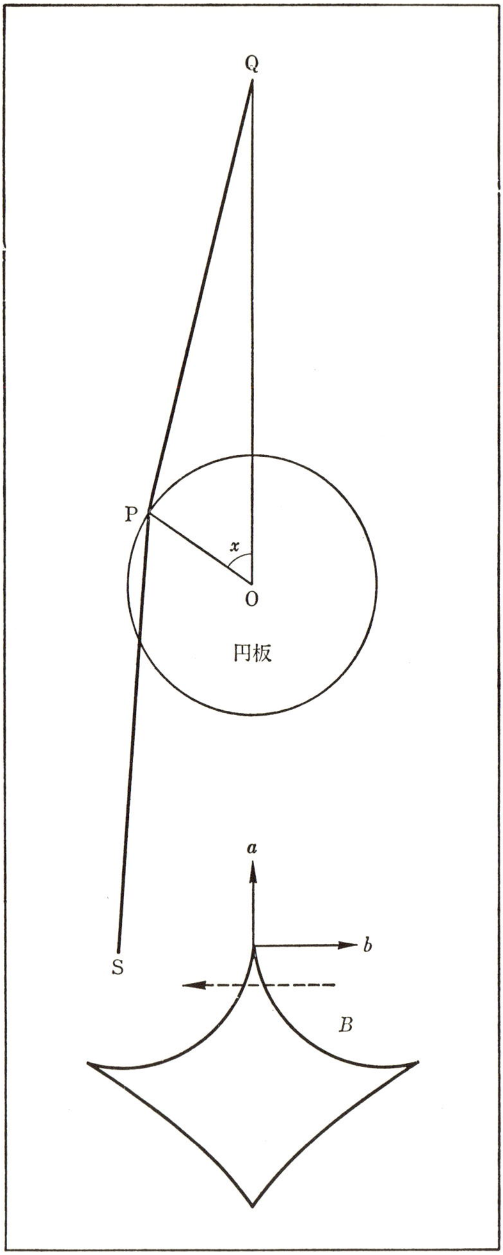

ジーマンのカタストロフィー機械
(本文 p. 2 参照)

はじめに

自然科学における水の相転移，磁性体の磁化，弾性体の座屈，地磁気の反転，タンパク質の変性など，および人文科学における政治体制の革命や株式市場の暴落，刑務所の暴動などのような現象はすべてカタストロフィーとよばれる不連続現象である．

カタストロフィー理論はこうした現象をまとめて，それらのタイプを質的に解析する理論である．この理論は 1960 年代にフランスのルネ・トム (René Thom) によって研究が始められた現代数学の新分野であり，現代数学自身の中へ新しくたくましい生命を与えるものであるが，同時に数学以外の科学と深く関連し，特に数学が活躍しえなかった科学の分野への応用が期待されている．1972 年にトムはこのカタストロフィー理論についての思索を著書[52] として発表したが，最近その英訳版も現われて，この分野は数多くの数学者の研究の対象となりつつある．トムに加えて最近はイギリスの E.C. ジーマン (E.C. Zeeman) らがこの理論の応用を試みている．

この本は，線形代数と微積分を既習として，カタストロフィー理論の最も基本的なトムの初等カタストロフィーの主定理“その状態がポテンシャルで記述できるようなシステムが，時空間で起こすカタストロフィーのタイプは七つである”の証明を紹介するのがおもな目的である．本書の第 1 章は導入であり，第 2，3 章はそれぞれ代数学，微分トポロジーの基本についての準備である（必要なければ省いてよい）．第 4, 5, 6 章で必要な機構が詳しく述べられる．かくてトムの主定理は第 7 章で一気に証明される．第 8 章はカタストロフィー研究の現状と将来への展望を述べたものである．また付録では二，三の複雑な補助定理の証明を述べた.

文献は巻末 (p. 194) に一括して配列し，本文中ではそれらに付した番号で引用する.

このように本書は，トムの主定理の証明を通して現代数学の最先端を本格的に紹介するものであり，カタストロフィー理論の応用についてはふれていない（応用については巻末の文献（応用の部）参照).

また，トムの主定理のみを理解するためには，本書を次の順に従って読むとよい.

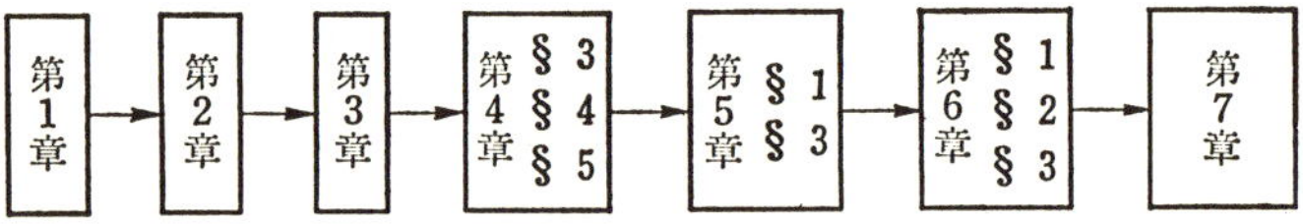

著者の一人 福田拓生は，昭和 48 年秋から1年間にわたり，富士通・国際情報社会科学研究所において「カタストロフィー」に関して講義する機会を与えられた. 本書を執筆するにあたり，そのときの講義録および活発な議論が少なからず参考になった. 文末ながらこのような機会を与え，数々の助言をくださった北川敏男先生に感謝いたします. また著者らは，共立出版 K. K. の佐藤邦久，安部登祉子両氏のご協力に感謝いたします.

昭和51年 3 月

著　者

目　　次

第1章　初等カタストロフィー

第2章　代数学から

第3章　多　様　体

第4章　写像の特異点論と構造安定性

第5章 トムの横断性定理

第6章 ワイヤシュトラス-マルグランジュの予備定理

第7章 初等カタストロフィーの分類

第8章 ポスト初等カタストロフィー

付 録

第1章　初等カタストロフィー

この章では，カタストロフィーの現象を数学的に形式化して，カタストロフィー理論において最も基本的な初等カタストロフィーについてのトムの主定理を述べる．この章と第8章とがカタストロフィー理論の数学的概説を与えることになろう．

§1　カタストロフィー

解析学に代表される今日までの数学は，“連続の数学”であるといえる．たとえば，“常微分方程式の解は初期値の C^∞ 関数，したがって連続関数である”（第3章 補助定理7.2参照）のように，コントロール u に伴って現象あるいは過程 Φ の状態 $\Phi(u)$ が定まるとき，u が連続的に変化すると $\Phi(u)$ も連続的に変化するような場合を数学はその対象として考察してきた．そしてその結果として，連続的に変化する現象を説明するための数学的なことばをわれわれはたくさんもっている．

しかしこうした反面，日常生活ですら不連続な現象をよく経験するにもかかわらず，われわれは不連続な現象の様相を記述する数学的なことばをほとんどもっていないのが現状である．カタストロフィー理論は，このように現在までの数学がまったく相手にしなかった(できなかった)不連続な現象を，数学の対象に入れようという初めての試みである．

「はじめに」で述べたように，この世界はカタストロフィーにあふれている．例として水の相転移をとり上げよう．H_2O は温度と圧力を変化させると，水（液相）になったり，氷（固相）になったり，水蒸気（気相）になったりする．図1はその様子を示したものである．たとえば，図1の点線に沿って矢印の向きに温度 T と圧力 P を連続的に変化させると，それまで氷であった H_2O は点 u_0 で突然水に

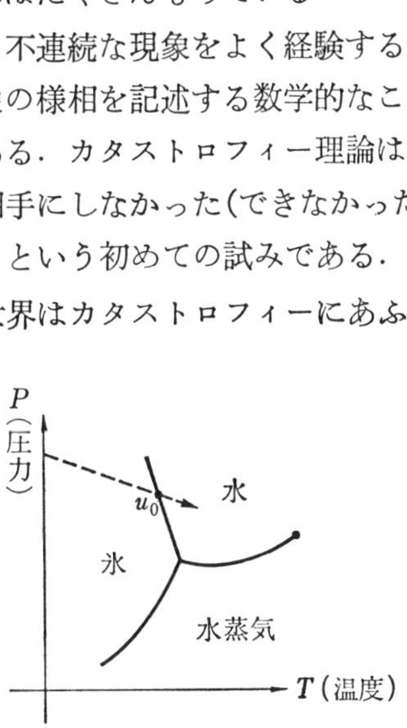

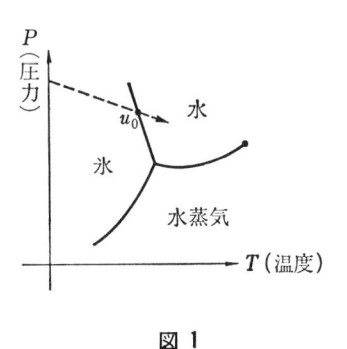

図1

なる．すなわちコントロール $u=(T,P)$ を連続的に変化させていったとき，状態 $\Phi(u)$ の相は点 u_0 で急激な質的な変化（ジャンプ）を起こしている．こうした変化を**カタストロフィー** (catastorophe) という．

ある場合にはこのカタストロフィーはあまりに複雑であったり，巨大であったりして，とてもわれわれの数学的解析を許さない．すなわち，一般にカタストロフィーは第8章で述べるメタボリック・モデルで形式化されるであろうとは思えるが，現状ではこのメタボリック・モデルの研究はほとんど進んでいない．しかし特に数学の力が従来では及ばないとされていた，生物や心理学などでのカタストロフィーの中には定性的にみる限り，比較的に扱いやすいものが数多く存在することがわかってきた．これらの場合を形式化したものが次に述べる静的モデルであり，そこに起こるカタストロフィーは最も基本的なものと考えられるので，初等カタストロフィーとよばれる．

§2　静的モデル

物理学や化学，または生物学のシステムで，その状態はあるポテンシャル関数を極小（極大）にするように定まるという例が数多く知られている．さきにあげた圧力と温度による水の相転位もその例である．しかしこの場合のカタストロフィーの解析は容易でないので，多少人工的にみえるが，非常に巧妙な**ジーマンのカタストロフィー機械**を例として述べる．

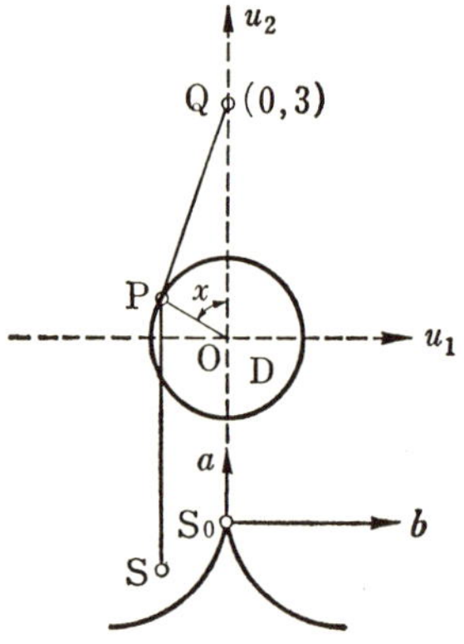

図 2

半径 1 の円板 D を平面に置き，その中心を原点 O として直交座標 (O; u_1, u_2) を考える．この円板 D は中心 O で画鋲で平面に止められていて，O を中心として自由に回転できるものとする．円板 D の境界円上の任意の点 P に長さ 1 のゴムバンドの一端を画鋲で固定し，ゴムバンドを伸ばしてその他端を点 Q=(0, 3) にまた画鋲を用いて固定する．また P にもう一つの長さ 1 のゴムバンドの一端をとりつけ，その他端Sは自由に (u_1, u_2) 平面をつねにゴムバンドPSが伸びているように動かす．

自由端Sが平面上のある点に固定されると，円板はある位置に落ち着く．このときの円板Dの位置は図2のように線分OPと u_2 軸の正方向（半直線 $\overrightarrow{Ou_2}$）とのなす角 x を，半直線 $\overrightarrow{Ou_2}$ を始線として，反時計式に測って示すことにする．この角 x は点Sに従属するので，ときに $x(S)$ で示すこともある．

一般に点Sが少し変化すると，角 $x(S)$ も少し変化する．つまり $x(S)$ は S の連続関数である．ところが平面上のいろいろな点を S としてそのときの $x(S)$ を調べてみると，たとえば S を少し変えると $x(S)$ が正のある値から一気に負のある値へと，急激に質的変化を起こす点が平面上にあることが確かめられる．こうした激変は $x(S)$ が S の連続関数ではないこと，つまりこうした点では円板の位置が不連続に変わり，ちょうど相転位と同じ，カタストロフィー現象であるとみられる．こうしたカタストロフィーを起こす点を平面にプロットしてみると，図2のような点 S_0 を頂点とするくさび型の図形ができる．

このジーマンのカタストロフィー機械は点Sが与えられたとき，2本のゴムバンドにたくわえられるポテンシャル・エネルギーの和，これをこのシステムのポテンシャル関数 V とすると，このポテンシャル関数の値を極小にするように円板の位置，すなわち角 x が定まるシステムである．すなわち，点Sが (u_1, u_2) に固定されると，ゴムバンドのポテンシャル・エネルギー V はその伸びの2乗に比例するので（比例定数を簡単のため1とすると）

$$V=(\mathrm{PQ}-1)^2+(\mathrm{PS}-1)^2$$
$$=(\sqrt{\sin^2 x+(3-\cos x)^2}-1)^2+(\sqrt{(u_1+\sin x)^2+(u_2-\cos x)^2}-1)^2$$

となる．そして，この $S=(u_1, u_2)$ に対する円板の位置，つまり角度 x は，この V の極小値を与える x である．すなわち，

$$\frac{\partial V}{\partial x}=0, \qquad \frac{\partial^2 V}{\partial x^2}>0$$

を満たす x の値である．

こうしたシステムは，u_1, u_2 などいくつかのコントロールを含む状態 x のポテンシャル関数が定まっていてコントロールが与えられたとき，

これに対するポテンシャルが極小値をとるような状態 x が現われるようなシステムである．

これを数学的にモデル化したものが以下に述べる静的モデルである．

定義 2.1 **静的モデル** (static model) とは，次の条件を満たす組 (M, C, F, m) である．

(1) M は C^∞ 級の n 次元多様体（こうした数学的術語については第3章などで正確に述べてある．ここでは M を n 次元ユークリッド空間 $\boldsymbol{R}^n$ と思っていてよい）で，M は**内部状態の空間**とよばれる．次元 n は任意であり，M の点は $x=(x_1, \cdots, x_n)$ で示される．

(2) C は r 次元ユークリッド空間 $\boldsymbol{R}^r$ の領域で，**基質空間**あるいは**コントロール空間**とよばれる（場合によりここで現象が観察される）．C の点は $u=(u_1, \cdots, u_r)$ で示される．

(3) $F: M\times C \to \boldsymbol{R}$ は C^∞ 級の関数であり，これが上記のポテンシャル関数である．ここで $\boldsymbol{R}$ は実数の集合（1次元ユークリッド空間）である．

(4) コントロール空間の点 u が与えられたとき，関数 $F|M\times u: M\to \boldsymbol{R}$ は一般にいくつかの極小値をとる．この極小値のどれを点 u に対応する状態とするかを定める規約が m である．普通には以下に述べるマックスウェル (Maxwell) の規約と遅れ (delay) の規約とが用いられる．

マックスウェルの規約 $F|M\times u: M\to \boldsymbol{R}$ の極小値のうち最小なもの，つまり最小値を与える M の点 x を u に対応する状態とする．上述の水の相転移の場合はこのマックスウェルの規約に従う（たとえば，宇敷重広："相転移現象をめぐって" §7 数理科学，1974年12月号；または，押田・藤城："熱力学"，裳華房参照）．この場合には二つ以上の極小値をもつときにはそのうちの値の小さな二つが同じ極小値となるような点で状態が質的にジャンプする現象，すなわちカタストロフィーが起こる．こうした点 u の集合を**マックスウェル集合**，またときには**衝激波** (shock waves) といい，X で示すことにする．

遅れの規約 $F|M\times u: M\to \boldsymbol{R}$ の極小値 $F(x, u)$ を与える x のうち，どれを点 u に対する状態とするかは，それまでの履歴によって定まる．すなわち，点 u' に対して x' が状態をあらわしていたときに，u' の近

くの点 u では $F(x', u')$ に最も近い極小値 $F(x, u)$ を与える x が状態を示す．さらに数学的にいえば，u に対する x は微分方程式

$$\frac{dx}{dt} = -\mathrm{grad}_x(F|M\times u) = \left(-\frac{\partial F}{\partial x_1}, \cdots, -\frac{\partial F}{\partial x_n}\right)_{(x,u)}$$

の点 x' を通る解に沿って $-\mathrm{grad}_x(F|x\times u)=0$ となる x へと変わる．

人文科学におけるカタストロフィーは多くの場合，この遅れの規約に従う（これについて，たとえば [89] 参照）．

この場合には極小値の個数が変化するような点 u で状態が質的にジャンプする．すなわちカタストロフィーが起こる．こうした点 u の集合を**分岐集合** (bifurcation set) といい，B で示すことにする．

この静的モデルはもちろんトムによって考えられたものであり，基質空間 C での分岐集合やマックスウェル集合がカタストロフィーを考えるうえでの最も重要な概念となっている．ところがジーマンはこのトムのアイディアを受け入れたうえで，次のような形式化をして盛んに人文科学の分野での応用に用いている．簡単のために $M=\boldsymbol{R}^n$, $C=\boldsymbol{R}^r$ とする．

静的モデル $F:\boldsymbol{R}^n\times\boldsymbol{R}^r\to\boldsymbol{R}$ に対して，

$$M_F=\{(x, u)\,|\,\mathrm{grad}_x F=0\}\subset\boldsymbol{R}^n\times\boldsymbol{R}^r$$

と自然な射影 $\boldsymbol{R}^n\times\boldsymbol{R}^r\to\boldsymbol{R}^r$ の M_F 上での制限写像

$$\chi_F : M_F\to\boldsymbol{R}^r$$

を定義し，χ_F をこの静的モデルの**カタストロフィー写像** (catastrophe map) という．この形式化は $\boldsymbol{R}^n, \boldsymbol{R}^r$ の次元が小さい場合のカタストロフィー現象を直観的に把握するのに重要である．

静的モデルは（4）の規約を個々の場合に応じて与えるものとして，（4）を省いてみると，数学的には単にポテンシャル関数

$$F : M\times C\to\boldsymbol{R}$$

であるとみられる．よってモデルの分類は結局関数の分類の問題になる．

二つの静的モデル

$$F : M\times C\to\boldsymbol{R}$$
$$G : M\times C\to\boldsymbol{R}$$

が同値であるとは，大まかにいうと，同相写像 $h : C\to C$ が存在して，$F|M\times u$ と $G|M\times h(u)$ が関数として同値（グラフの形が似ている）で

あるときにいう．正確にいうと次のようになる．

定義 2.2 二つの静的モデル $F, G: M \times C \to \boldsymbol{R}$ が同値であるとは，次の（1），（2）を満たすような C^∞ 級の同相写像 $h: C \to C$（同相写像で，h, h^{-1} ともに無限回微分可能なもの）と，C の点をパラメーターとする C^∞ 級同相写像 $H_u: M \to M$ と関数 $a: C \to \boldsymbol{R}$ が存在することである．

（1） $F(x, u) = G(H_u(x), h(u)) + a(u)$

（2） $H(x, u) = H_u(x)$ で定義される $H: M \times C \to M$ は C^∞ 級である．

ところで，静的モデル $F: M \times C \to \boldsymbol{R}$ と $G: M \times C \to \boldsymbol{R}$ が同値であれば，それらの分岐集合 B，マックスウェル集合 X はそれぞれ同値を与える C^∞ 級同相写像 $h: C \to C$ で写りあう，すなわち，$h(X_F) = X_G$，$h(B_F) = B_G$.

また同値なモデル $F, G: \boldsymbol{R}^n \times \boldsymbol{R}^r \to \boldsymbol{R}$ は同値なカタストロフィー写像 χ_F, χ_G をもつ．すなわち定義 2.2 から C^∞ 級の同相写像 $H'|M_F: M_F \to M_G$，ただし $H'(x, u) = (H_u(x), h(u))$ が存在して，$h \circ \chi_F = \chi_G \circ H'$ となる．

以上から，どの場合にもポテンシャル関数が極小値をとる点で，状態が決定されるようなシステムに起こるカタストロフィーの分類には，静的モデルを定義 2.2 の同値関係で分類すればよいことになる．

§3 トムの初等カタストロフィー

ここで科学の実験を考えてみよう．科学者は宇宙全体を観察することはできない．それゆえ，その内部の変化が，外部の宇宙の変化と比較的無関係である，あるサブシステムをとりだす．実際には，時空間 $\boldsymbol{R}^4$ にある，ある箱 B を考え，その中にサブシステム S を隔離して考える．次にシステム S にある状態 a を準備する．a をその初期状態あるいは初期条件という．観察者は箱 B の中を，状態 a を準備したあと，ある期間，観察または実験する．この実験者は『この実験を，他の科学者が，他のときに，他の場所で，箱 B と合同な箱 B′ の中でシステム S を a の状態に準備して観察すれば，必ずや箱 B の中で起こったと同じ現象を観察するであろう』と期待する．もし，そうでなければ，彼の実験は意味のないものとなる．

しかし，どんなに用心深く，システム S を隔離しても，外界の影響を零にすることはできないし，また，状態 a をまったく同じには再現できない．したがって，準備の段階の，この初めの相違はシステムの進展に確実に影響を及ぼす．それゆえ，『システム S の状態 a から後の進展は，初期条件の摂動（perturbation）および，外界の影響の摂動に関して，少なくとも質的安定性をあらわす』と，アプリオリに認められる場合にしか，実験は有効でないわけである．これがシステム S の**構造安定性**とよばれる性質である．

したがって，われわれが科学の対象とすることができる現象は，その現象を取り囲む条件の，小さい摂動に関して質的に安定している，構造安定な現象だけである．

われわれのカタストロフィーの分類も構造安定な現象に対応した静的モデルを分類すればよいことになる．ではどのような静的モデルが構造安定な現象のモデルとなるであろうか．いま，現象 Φ に対応する静的モデルを $F: M\times C\to \boldsymbol{R}$ とする．そのとき，Φ を摂動して Φ' になったとする．

Φ' に対応する静的モデルを F' としよう．Φ が安定した現象であるとするとき，Φ と Φ' は現象として質的に同じである．したがって，それに対応する F と F' は関数として十分近い関数で，定義 2.2 の意味で同値と考えてよいであろう．かくして，われわれは次の定義をうる．

定義 3.1 静的モデル $F: M\times C\to \boldsymbol{R}$ が**安定**しているとは，関数として十分 F に近い静的モデル $F': M\times C\to \boldsymbol{R}$ はすべて F と定義 2.2 の意味で同値になることである．

このようにして，われわれは，科学の対象となりうる不連続な現象の分類は，数学的には安定した静的モデルの分類を行なうことであることがわかった．

また，実験はたかだか時空間 $\boldsymbol{R}^4$ 内で観察されるものを考えれば十分であるし，また状態を定めるコントロール要因の個数を 4 個以上考えるということはこのシステムがあまりにも複雑であるとみられるので，基質空間，あるいはコントロール空間の次元は，たかだか 4 であるとしても実際上，大きな制約とはならない．以上の準備の下でトムの主定理は次のように述べられる．

トムの主定理（第7章 §1 参照）　定安した静的モデル $F: \boldsymbol{R}^n \times \boldsymbol{R}^r \to \boldsymbol{R}$ は $r \leqq 4$ の場合，表1の標準型のどれか一つと同値である．ここで $\boldsymbol{R}^n$ の点は $x=(x_1, \cdots, x_n)$ で示され，$\boldsymbol{R}^r$ の点は $u, (u, v), \cdots, (u, v, w, t)$ などで示される．また $Q(x_i, x_{i+1}, \cdots, x_n)$ は $n-i+1$ 個の変数 $x_i, \cdots, x_n$ よりつくられる2次形式 $\sum_{j=i}^{n}(\pm x_j^2)$ である．

表 1

標　準　型　F	基質空間の次元
x_1	0
$Q(x_1, \cdots, x_n)$	0
$x_1^3+ux_1+Q(x_2, \cdots, x_n)$	1
$\pm x_1^4+ux_1^2+vx_1+Q(x_2, \cdots, x_n)$	2
$x_1^5+ux_1^3+vx_1^2+wx_1+Q(x_2, \cdots, x_n)$	3
$\pm x_1^6+ux_1^4+vx_1^3+wx_1^2+tx_1+Q(x_2, \cdots, x_n)$	4
$x^3+y^3+uxy+vx+wy+Q(x_3, \cdots, x_n)$	3
$x^3-xy^2+u(x^2+y^2)+vx+wy+Q(x_3, \cdots, x_n)$	3
$\pm(x^2y+y^4)+ux^2+vy^2+wx+ty+Q(x_3, \cdots, x_4)$	4

表1の上から二つの x_1, $Q(x_1, \cdots, x_n)$ で与えられるモデルにはカタストロフィーが起こらないし，また表中の $Q(x_2, \cdots, x_n)$ や $Q(x_3, \cdots, x_n)$ はカタストロフィーには無関係である．そうした不必要な変数などを省き，本質的にカタストロフィーに関連した形でトムの定理を日常語で述べ直すと次のようになる．

トムの初等カタストロフィーの分類定理　4個以下のコントロールをもつポテンシャル関数が定まっているシステムがある．このシステムは遅れの規約に従いポテンシャルが極小値をとるような状態を示す．すると，こうしたシステムに起こりうるカタストロフィーは，状態を示す変数を適当にとり，x あるいは y とするとき，局所的には（カタストロフィーが起こる点の付近では）表2で示されるようなポテンシャル関数をもつシステムで起こるカタストロフィーのどれか一つと同じ様相を示す．これら七つの標準的なシステムを**初等カタストロフィー**(elementary catastorophe) という．a, b, c, d はコントロールの変数を示す．ポ

表 2

コントロールの個数	ポテンシャル関数	名　　称
1	$\frac{x^3}{3}+ax$	折り目 (fold)
2	$\frac{x^4}{4}+\frac{ax^2}{2}+bx$	くさび (cusp)
3	$\frac{x^5}{5}+\frac{ax^3}{3}+\frac{bx^2}{2}+cx$	ツバメの尾 (swallow's tail)
4	$\frac{x^6}{6}+\frac{ax^4}{4}+\frac{bx^3}{3}+\frac{cx^2}{2}+dx$	チョウ (butterfly)
3	$x^3+y^3+axy-bx-cy$	双曲型へそ (hyperbolic umbilic)
3	$x^3-xy^2+a(x^2+y^2)-bx-cy$	楕円型へそ (elliptic umbilic)
4	$x^2y+y^4+ax^2+by^2-cx-dy$	放物型へそ (parabolic umbilic)

テンシャル関数は x の関数（y を含まない）の場合，**カスポイド**といい，y を含むとき，**へそ**という．

以上の初等カタストロフィーのおのおののマックスウェル集合や分岐集合などについては [63] が詳しく論じている．ここでは単純な折り目とくさびについてのみ述べる．

折り目　$F=\frac{x^3}{3}+ax:\boldsymbol{R}\times\boldsymbol{R}\to\boldsymbol{R}$ の分岐集合 B は $F|_{\boldsymbol{R}\times a}$ の極(小)値の個数が変化するような点 a の集合であるから，

$$\frac{\partial F}{\partial x}=x^2+a=0, \qquad \frac{\partial^2 F}{\partial x^2}=2x=0$$

から，x を消去して，$B=\{0\}\subset\boldsymbol{R}$ である．

図 3

このカタストロフィーは $a<0$ のときに現象が現われているが，$a\geqq 0$ でそれが消滅する様相を示している．図3の 1，0 の数は極小値の個数を示している．マックスウェル集合 X は空集合である．

また $\mathrm{grad}_x F=\partial F/\partial x=x^2+a=0$ であるから，$M_F=\{(x,a)\,|\,x^2=-a\}\subset\boldsymbol{R}\times\boldsymbol{R}$ であり，これは図4のような放物線であり，カタストロフィー写像 $\chi_F:M_F\to\boldsymbol{R}$ はこの M_F を $\boldsymbol{R}$ へ図4のように射影している．

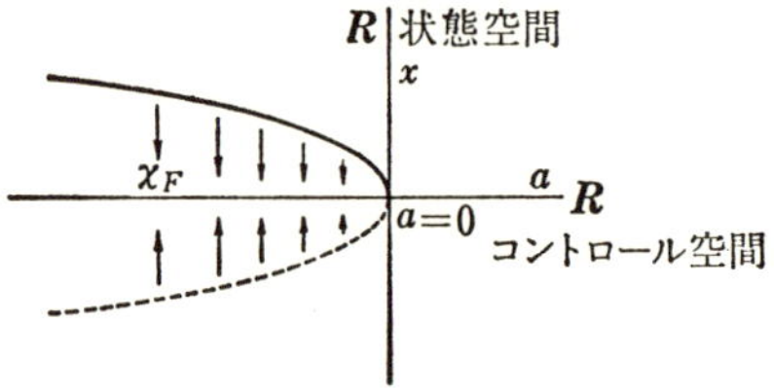

図 4

図4において点線で示した放物線上の点は極大値を与える部分である．

　くさび　$F:\dfrac{1}{4}x^4+\dfrac{1}{2}ax^2+bx:\boldsymbol{R}\times\boldsymbol{R}^2\rightarrow\boldsymbol{R}$

の分岐集合はまえと同様にして

$$\frac{\partial F}{\partial x}=x^3+ax+b=0,\qquad \frac{\partial^2 F}{\partial x^2}=3x^2+a=0$$

より，$B=\{(a,b)\,|\,4a^3+27b^2=0\}\subset\boldsymbol{R}^2$ のくさび (cusp) となる．図5の 1，2 で示したように，くさびの内部のコントロールの点には2個，外部の点には1個の極小値が定まる．

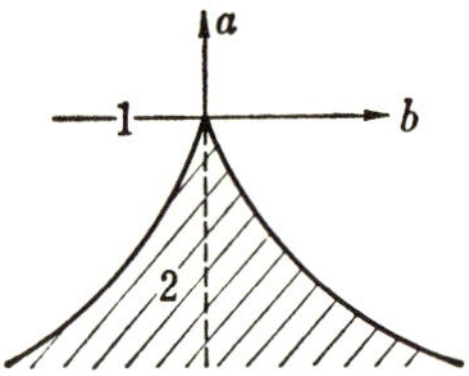

図 5

　この場合のマックスウェル集合 X は，二つの極小値の値が等しくなる点の集合で，$X=\{(a,0)\,|\,a\leqq 0\}$，これは a の負軸である．

$$M_F=\{(x,a,b)\,|\,x^3+ax+b=0\}$$

で，カタストロフィー写像 $\chi_F:M_F\rightarrow\boldsymbol{R}$ の特異点は $\partial^2F/\partial x^2=3x^2+a=0$ で与えられる．これが曲面 M_F 上の二つの折り目の線で，この $\boldsymbol{R}^2$ への正射影がくさびである(図6参照)．図6では見やすくするためにコントロール平面は x 軸の下方へ描いた．図6で斜線の曲面の部分は極大値を与える部分である．

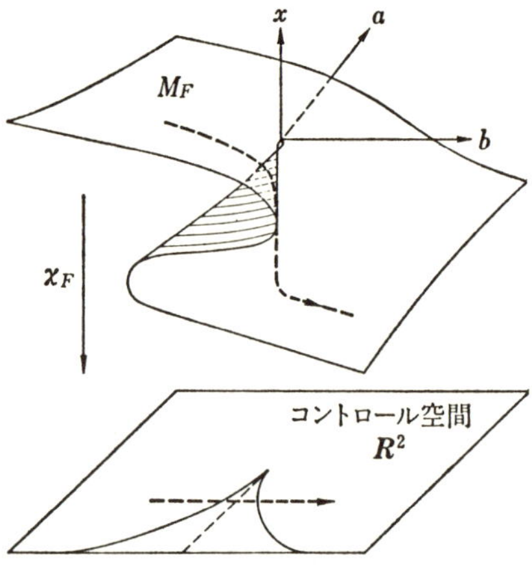

図 6

ジーマンのカタストロフィー機械はコントロールの個数が2個であり，またこの場合のカタストロフィーは遅れの規約に従うので，そこで起こるカタストロフィーはくさびのカタストロフィーであることが推察される．事実，図2の図形は点 S_0 を尖端とするくさびの形態をしている．つまりトムの主定理により元の座標系 $(0, u_1, u_2)$ を図の座標系 (S_0, b, a) に変換すると，この原点の近傍でこのシステムは

$$F=\frac{x^4}{4}+\frac{ax^2}{2}+bx$$

をポテンシャルとするシステムと定性的には同じになり，そのカタストロフィー写像は図6で示され，この図6によりこのカタストロフィーの様相は克明に示される．たとえばコントロール平面の点線で示した線に沿って矢印の向きに自由端を動かすと，これに対応する円板の位置 x はそれらのコントロールの点の上の曲面の点の x 座標で示され，初め正であったものが，くさびを2回目に切る点で突然一気に負へと激変する．このカタストロフィーは幾何学的に曲面 M_F の折り目の線上で起こる曲面の左方上部より右方下部へのジャンプによる変化である．

第2章　代数学から

この章では，この本で必要な範囲の代数学の基礎概念を導入する．最後の節で，カタストロフィー理論の基本的な道具の一つである，中山の補助定理を紹介する．すでに代数学を学んだ読者はこの章は必要なときに見るとして，とばして読んでもよい．

§1　群

定義 1.1　次の3条件を満たすような集合 G と対応 $\mu: G\times G\to G$ が与えられたとき，G（詳しくは組 (G,μ)）を群（group）という．

（1）**結合法則**　G の任意の三つの元 a, b, c に対して，

$$\mu(a,\mu(b,c))=\mu(\mu(a,b),c),$$

（2）G の任意の元 a に対して，

$$\mu(a,e)=\mu(e,a)=a$$

となるような G の元 e が存在する．e を G の**単位元**という．

（3）G の各元 a に対して，

$$\mu(a,a')=\mu(a',a)=e$$

となるような G の元 a' が存在する．このような a' を a の**逆元**（inverse）といい，a^{-1} で示す．

対応 μ を群 G の**群演算**とよぶ．また，上記の3条件を**群の公理**とよぶ．

記号 1.2　$\mu(a,b)$ を元 a と b の**積**といい，簡単に $a\cdot b$，または ab であらわす．すると，上の群の公理は次のようにかける．

（1）$a(bc)=(ab)c$

（2）$ae=ea=a$

（3）$aa^{-1}=a^{-1}a=e$

注意 1.3　1）群 G には単位元はただ一つしかない．

（証）e と e' がともに G の単位元であるとすると，e' が単位元であることより，$e=ee'$．一方，e が単位元であることより，$ee'=e'$．ゆえに $e=ee'=e'$．したがって単位元はただ一つである．

2) G の元 a の逆元はただ一つである.

(証) G の2元 a' および a'' がともに a の逆元であるとする. すると, $aa''=a'a=e$. ゆえに $a'=a'e=a'(aa'')=(a'a)a''=a''$. ゆえに $a'=a''$. したがって, a の逆元はただ一つである.

定義 1.4 群 G の任意の2元 a, b に対して, $ab=ba$ が成り立つとき, G を**アーベル群** (abelian group) または**可換群** (commutative group) という. アーベル群の群演算はしばしば乗法記号のかわりに加法の記号が用いられる. すなわち, 積 ab の代わりに**和** (sum) $a+b$ と書く. それに応じて単位元は零 (zero) とよばれ0と書き, 元 a の逆元は a の**負元**とよばれ $-a$ と書く.

例 1.5.1 整数全体の集合 $\boldsymbol{Z}$ は, 和に関して群, さらにアーベル群になる. もちろん, 単位元は 0, 整数 m の負元は普通の意味での $-m$ である. 同様に有理数全体の集合 $\boldsymbol{Q}$, 実数全体の集合 $\boldsymbol{R}$ も和に関してアーベル群となる.

例 1.5.2 0 以外の有理数の集合 $\boldsymbol{Q}^*=\boldsymbol{Q}-\{0\}$, および 0 以外の実数の集合 $\boldsymbol{R}^*=\boldsymbol{R}-\{0\}$ は, 数の積に関して, アーベル群となる. 単位元はいずれの場合も1で, 元 a の逆元は a の逆数 a^{-1} である.

例 1.5.3 $n\times n$ 正則実行列 (すなわち逆行列をもつ $n\times n$ 行列) 全体の集合 $GL(n, \boldsymbol{R})$ は行列の積に関して群になる. 行列の積は一般に $AB=BA$ とはならないので, $GL(n, \boldsymbol{R})$ はアーベル群ではない. $GL(n, \boldsymbol{R})$ を n 次**一般線形群** (general linear group) という.

例 1.5.4 M を一つの集合とする. M から M の上への1対1写像を **M の変換**という. M の変換全体の集合を $\mathfrak{S}(M)$ であらわす. すると $\mathfrak{S}(M)$ は写像の合成 (または積ともいう) を積とする群になる. 単位元は恒等写像 $id_M : M\to M$ であり, $\varphi\in\mathfrak{S}(M)$ の逆元は φ の逆写像 φ^{-1} である. この群 $\mathfrak{S}(M)$ を M の**対称群** (symmetric group) という. 一般に $\mathfrak{S}(M)$ はアーベル群ではない.

例 1.5.5 n 次元 (実) 数ベクトル空間 $\boldsymbol{R}^n$ はベクトルの和に関してアーベル群となる. 単位元は $\boldsymbol{0}=(0,\cdots,0)$, ベクトル $\boldsymbol{a}=(a_1,\cdots,a_n)$ の逆元は $-\boldsymbol{a}=(-a_1,\cdots,-a_n)$ である. 同様に n 個の $\boldsymbol{Z}$ の直積 $\boldsymbol{Z}^n$ も, 成分ごとの和に関して, アーベル群となる.

例 1.5.6 単位円周 $S^1=\{z|z$ は長さ1の複素数$\}$ は, 複素数の積に

関して，アーベル群となる.

例 1.5.7 G_1, G_2 を群とするとき，その直積集合 $G_1 \times G_2$ は群演算

$$(a_1, a_2)\cdot(b_1, b_2)=(a_1b_1, a_2b_2)$$

により群となる. これを G_1 と G_2 の**直積**という.

定義 1.6 (部分群) 群 G の部分集合 H が，G と同じ群演算によって群になるとき，H は G の**部分群** (subgroup) であるという.

群 G の部分集合 H が G の部分群になる必要十分条件は，次の条件を満たすことである.

(1) 任意の2元 $a, b \in H$ に対して，その積 ab は H の元である.

(2) G の単位元 e は H に属する.

(3) H の各元 a の逆元 a^{-1} は H に属する.

例 1.7.1 1.5.1 における $\boldsymbol{Z}$ は $\boldsymbol{R}$ の部分群である.

例 1.7.2 1.5.2 の $\boldsymbol{Q}^*$ は $\boldsymbol{R}^*$ の部分群である.

例 1.7.3 $n \times n$ 直交行列 (すなわち $n \times n$ 行列 A で $A^{-1}={}^tA$ なる行列) 全体の集合 $O(n)$ は $GL(n, \boldsymbol{R})$ の部分群である. このことをみるには，

(1) A, B 直交行列 $\Rightarrow AB$ 直交行列

(2) 単位行列

$$\begin{pmatrix} 1 & & 0 \\ & \ddots & \\ 0 & & 1 \end{pmatrix}$$

は直交行列

(3) A 直交行列 $\Rightarrow A^{-1}$ 直交行列

を示せばよい. $O(n)$ を n 次**直交群** (orthogonal group) という.

例 1.7.4 集合 M の対称群 $\mathfrak{S}(M)$ の部分群を M の**変換群** (transformation group) という.

例 1.7.5 $\boldsymbol{Z}^n$ や $\boldsymbol{Q}^n$ は $\boldsymbol{R}^n$ の部分群である.

定義 1.8 K, L を群 G の部分集合とするとき，記号 KL で，集合 $\{ab \mid a\in K,\ b\in L\}$ をあらわす. 特に H が G の部分群，$a\in G$ のとき，aH は $\{ah \mid h\in H\}$ を，Ha は $\{ha \mid h\in H\}$ をあらわす. $aH(Ha)$ は H を法とする a の**左(右)剰余類** (left (right) coset) とよばれる. 左剰余類全体の集合を G/H で，右剰余類全体の集合を $H\backslash G$ であらわす.

G がアーベル群のときは，記号 $K+L$ で $\{a+b \mid a\in K, b\in L\}$ をあら

わし，剰余類を記号 $a+H$ であらわす．

定義 1.9 群 G の部分群 H が G のすべての元 a に対して，$aH=Ha$ を満たすとき，H は G の**正規部分群** (normal subgroup) であるという．

注意 1) 群 G がアーベル群であれば，G の部分群はすべて正規部分群である．なぜならば，H を G の部分群とするとき，$aH=\{ah|h\in H\}=\{ah=ha|h\in H\}=\{ha|h\in H\}=Ha$.

注意 2) H を G の部分群とする．G の2元 a, b に対して，$a\neq b$ であっても $aH=bH$ であることがある．たとえば，$a,b\in H$ であれば H が群であることより，$aH=H=bH$.

さらに $aH=bH \Longleftrightarrow a^{-1}b\in H \Longleftrightarrow b\in aH$.

定理 1.10 N が群 G の正規部分群であれば，G/N は積 $(aN)(bN)=abN$ により群となる．この群を G の N を法とする**剰余群** (factor group) という．

証明 まず，上の積が剰余類の表示の仕方によらないことをみよう．すなわち，定義1.9の下の注意 2) でみたように，aN, bN が他の a', $b'\in G$ によって，$aN=a'N$, $bN=b'N$ とあらわすことができたとする．そのとき，$abN=a'b'N$ となることを示さねばならない．

注意 2) により，

$$aN=a'N,\ bN=b'N \Rightarrow a'\in aN,\ b'\in bN$$
$$\Rightarrow a'b'\in(aN)(bN)=abN$$

(この等式は N が正規部分群であることから，$Nb=bN$, および，$NN=N$ からでる．)

$$\Rightarrow a'b'N=abN.$$

G/N が上の群演算で群になることをみるのはやさしい．

(定理 1.10 証明終)

問題 1.11 G/N の群演算が群の公理を満たすことを確かめよ．

ヒント G/N の単位元は $e\cdot N=N$ であり，剰余類 aN の逆元は $a^{-1}N$ である．

定義 1.12 群 G から群 G' の中への対応 φ が，G の任意の2元 a, b に対して $\varphi(ab)=\varphi(a)\varphi(b)$ を満たすとき，φ は**(群の) 準同型** (homomorphism) であるという．準同型 $\varphi: G\to G'$ が1対1かつ上への対応であるとき，φ は**(群の) 同型** (isomorphism) であるという．同型 $\varphi: G\to G'$ が存在するとき，G と G' は**同型** (isomorphic) である

といい，このことを記号 $G \cong G'$ であらわす．

定義 1.13 $\varphi: G \to G'$ を準同型とする．G' の単位元を e' とする．そのとき，集合 $\{a \in G \mid \varphi(a) = e'\}$ を φ の**核** (kernel) といい，$\mathrm{Ker}\,\varphi$ であらわす．

問題 1.14 準同型 $\varphi: G \to G'$ が1対1の対応である必要十分条件は $\mathrm{Ker}\,\varphi$ が単位元のみからなることである．

問題 1.15 1) 群 G の恒等写像 $id_G: G \to G$ は準同型であり，同型である．その核は単位元のみからなる．

2) N を G の正規部分群とするとき，$\psi a = aN$ によって定まる写像 $\psi: G \to G/N$ は準同型である．また，$\mathrm{Ker}\,\psi = N$ である．この ψ を G から G/N への**自然な準同型** (natural homomorphism) という．

3) 準同型 $\varphi: G \to G'$ の核 $\mathrm{Ker}\,\varphi$ は G の正規部分群である．また，G の φ による像 $\varphi(G)$ は G' の部分群である．

定理 1.16 (群の準同型定理) 準同型 $\varphi: G \to G'$ に対して，

$$\varphi(G) \cong G/\mathrm{Ker}\,\varphi.$$

問題 1.17 $N = \mathrm{Ker}\,\varphi$ とするとき，$\tilde{\varphi}(aN) = \varphi(a)$ で与えられる写像 $\tilde{\varphi}: G/\mathrm{Ker}\,\varphi \to \varphi(G)$ を使って定理 1.16 を証明せよ．

例 1.18 (n 次元トーラス $\boldsymbol{R}^n/\boldsymbol{Z}^n$) 例 1.5.1 および 1.7.5 に示したように，$\boldsymbol{Z}^n$ は $\boldsymbol{R}^n$ の部分群である．$\boldsymbol{R}^n$ がアーベル群なので，定義 1.9 の下の注意 1) により，$\boldsymbol{Z}^n$ は $\boldsymbol{R}^n$ の正規部分群である．したがって剰余群 $\boldsymbol{R}^n/\boldsymbol{Z}^n$ を考えることができる．$\boldsymbol{R}^n/\boldsymbol{Z}^n$ は S^1 の n 個の直積 $S^1 \times \cdots \times S^1$ と同型である (S^1 および $S^1 \times \cdots \times S^1$ については 1.5.6 および 1.5.7 をみよ)．

$\boldsymbol{n=1}$ **の場合**を考えよう．写像 $\varphi: \boldsymbol{R} \to S^1$ を $\varphi(x) = e^{2\pi i x}$ で与えると，

$$\varphi(x+y) = e^{2\pi i(x+y)} = e^{2\pi i x} \cdot e^{2\pi i y} = \varphi(x)\varphi(y)$$

なので，φ は準同型．また，$\mathrm{Ker}\,\varphi = \boldsymbol{Z}$ であることは容易にわかる．また，φ が上への対応であること，すなわち，$\varphi(\boldsymbol{R}) = S^1$ は明らか．したがって定理 1.16 より

$$S^1 \cong \varphi(\boldsymbol{R}) \cong \boldsymbol{R}/\mathrm{Ker}\,\varphi = \boldsymbol{R}/\boldsymbol{Z}.$$

ゆえに，$\boldsymbol{R}/\boldsymbol{Z}$ は円周 S^1 と同型である．

$\boldsymbol{n=2}$ **の場合**： 写像 $\varphi: \boldsymbol{R} \times \boldsymbol{R} \to S^1 \times S^1$ を $\varphi(x, y) = (e^{2\pi i x}, e^{2\pi i y})$

で与えると，φ は上への準同型対応で，$\mathrm{Ker}\,\varphi=\boldsymbol{Z}\times\boldsymbol{Z}$ であることがわかる．ゆえに，

$$S^1\times S^1=\varphi(\boldsymbol{R}^2)\cong\boldsymbol{R}^2/\mathrm{Ker}\,\varphi=\boldsymbol{R}^2/\boldsymbol{Z}^2.$$

ゆえに，$\boldsymbol{R}^2/\boldsymbol{Z}^2$ は $S^1\times S^1$ に同型である．一方，$S^1\times S^1$ は次の図で示される，いわゆるトーラス面（ドーナツ面）に同相であることがわかる．

$S^1\times S^1\cong$ 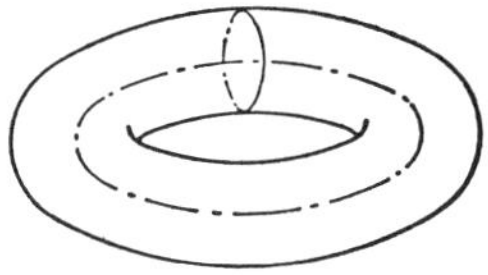

図 7

ゆえに，$\boldsymbol{R}^2/\boldsymbol{Z}^2$ をトーラス面という．

問題 1.19 一般の n に対してもまったく同様に，

$$\boldsymbol{R}^n/\boldsymbol{Z}^n\cong S^1\times\cdots\times S^1$$

となることを証明せよ．

§2 環，体

§1 で定義した群は一つの演算をもっていたが，この節では，二つの演算をもった，環および体の概念を導入する．

定義 2.1 集合 R に二つの演算 $\alpha: R\times R\to R$ と $\mu: R\times R\to R$ が与えられていて，次の3条件を満たすとき，R（詳しくは組 (R, α, μ)）を**環** (ring) という：(以後 R の2元 a, b に対して，$\alpha(a,b)$ を $a+b$ と書き，a と b の**和** (sum) といい，$\mu(a,b)$ を ab と書き，a と b の**積** (product) という．

（1） R は和に関してアーベル群である．

（2） 積については**結合法則** (associative law) を満たす．すなわち，任意の3元 a,b,c に対して常に $(ab)c=a(bc)$ が成り立つ．

（3） **分配法則** (distributive law)：R の3元 a,b,c に対して，

$$(a+b)c=ac+bc \quad \text{および} \quad c(a+b)=ca+cb$$

が成り立つ．

環 R は和に関してアーベル群となるが，その単位元を環 R の零

(zero) といい，0 であらわす．

環 R の元 e で，任意の $a\in R$ に対して，$ea=ae=a$ が成り立つものが存在するとき，この e を R の**単位元** (identity) といい，通常，記号 1 であらわす．

環 R の積が可換なとき，すなわち $ab=ba$ が任意の $a, b\in R$ に対して成り立つとき，R を**可換環** (commutative ring) という．

注意 1) 環 R の零 0 は，すべての元 $x\in R$ に対して，$x\cdot 0=0\cdot x=0$ となる性質をもつ．

(証) $x\cdot 0=x(x-x)=xx-xx=0$. $0\cdot x=0$ も同様．

2) 2.1 の定義の条件 (1)，(2)，(3) のみからは単位元 1 の存在も，R が可換環であることもでてこない．すなわち，一般に環は可換環とは限らないし，単位元が存在するとも限らない．

記号上の注意 環 (ring) のかしら文字のために，しばしば環は記号 R で書きあらわされる．これと実数全体の集合 $\boldsymbol{R}$ とを混同せぬこと．この本では太文字 $\boldsymbol{R}$ と書いたときは，常に実数全体の集合を意味するものとする．

定義 2.2 環 R がさらに次の条件 (4) を満たすとき，R を**体** (field) という．

(4) 環 R から 0 を除いた集合 $R-\{0\}$ は積に関して群となる．すなわち環 R の単位元 1 が存在し，0 以外の任意の元 a は積に関する逆元 a^{-1} をもつ．

体が環として可換環であるとき，**可換体** (commutative field) という．

例 2.3.1 整数全体の集合 $\boldsymbol{Z}$ は，数の和と積に関して可換環となるが，体とはならない．$\boldsymbol{Z}$ を**有理整数環***) という．有理数全体の集合 $\boldsymbol{Q}$，実数全体の集合 $\boldsymbol{R}$，複素数全体の集合 $\boldsymbol{C}$ は，それぞれ可換体となる．$\boldsymbol{Q}$, $\boldsymbol{R}$, $\boldsymbol{C}$ はそれぞれ，**有理数体**，**実数体**，**複素数体**とよばれる．

例 2.3.2 実数を係数とする $n\times n$ の正方行列全体の集合 $M_n(\boldsymbol{R})$ は行列の和および積に関して環となる．

$$\text{零は零行列}\begin{pmatrix} 0 & \cdots & 0 \\ & \ddots & \\ 0 & \cdots & 0 \end{pmatrix},\ \text{単位元は単位行列}\begin{pmatrix} 1 & & 0 \\ & \ddots & \\ 0 & & 1 \end{pmatrix}$$

である．行列の積は一般には $AB\neq BA$ なので，$M_n(\boldsymbol{R})$ は可換環では

*) 普通の整数のほかに，代数学では，代数的整数とよばれるものがある．それと区別する意味で，普通の整数は，有理整数とよばれる．

ない．また，$\det A=0$ なる行列 A は逆行列をもたないので，$M_n(\boldsymbol{R})$ は体ではない．

例 2.3.3 $C(-1,1)$ を，開区間 $(-1,1)$ で定義された連続な実数値関数全体の集合とする．関数の和および積という二つの算法で，$C(-1,1)$ は可換環となる．零は恒等的に値 0 をとる定数関数 0 であり，単位元は恒等的に値 1 をとる定数関数 1 である．

定義 2.4 環 R から環 R' への写像 $f: R \to R'$ が**環の準同型** (ring homomorphism) であるとは，f が和および積を保つときにいう．すなわち R の任意の 2 元 a, b に対して

$$f(a+b)=f(a)+f(b),$$
$$f(ab)=f(a)f(b)$$

が成り立つときにいう．

さらに f が R から R' の上への 1 対 1 の写像であるとき，f は**環の同型** (ring isomorphism) という．このような同型 f が存在するとき，R と R' は環として**同型** (isomorphic) であるといい，$R \cong R'$ と記す．

環の準同型 $f: R \to R'$ に対して，集合

$$\{a \in R \mid f(a)=0\}$$

を f の**核** (kernel) といい，$\operatorname{Ker} f$ であらわす．

定義 2.5 環 R の部分集合 S が R におけるのと同じ和および積によって環になるとき，S は R の**部分環** (subring) であるという．

環 R の部分集合 I が次の条件を満たすとき，I を R の**イデアル** (ideal) という．

（1） I は R の（和に関しての）部分群である．

（2） 任意の元 $x \in R$, $a \in I$ に対して，$xa \in I$ および $ax \in I$ が成り立つ．

R のイデアル I はまた R の部分環でもあることは明らかである．R 自身も R のイデアルとなる．

$$\phi \neq I \subsetneqq R$$

なるイデアル I を**真のイデアル**という．

例 2.6.1 $f: R \to R'$ を環の準同型とするとき，$\operatorname{Ker} f$ は R のイデアルとなる．

（証） f は群の準同型でもあるので，$\mathrm{Ker}\,f$ が R の和に関する部分群であることはすでに問 1.15.3 でみた．したがって

任意の $x\in R$ と $a\in\mathrm{Ker}\,f$ に対して，$xa\in\mathrm{Ker}\,f$，$ax\in\mathrm{Ker}\,f$

を示すとよい．

さて $a\in\mathrm{Ker}\,f$ なので，$f(a)=0$，ゆえに $f(xa)=f(x)f(a)=f(x)\cdot 0=0$，ゆえに，$xa\in\mathrm{Ker}\,f$．$ax\in\mathrm{Ker}\,f$ も同様．したがって $\mathrm{Ker}\,f$ は R のイデアルである．

例 2.6.2 $C(-1,1)$ を例 2.3.3 で与えた可換環とする．そのとき，原点で値 0 をとる関数全体の集合 I，すなわち，$I=\{g\in C(-1,1)\,|\,g(0)=0\}$ は $C(-1,1)$ のイデアルである．

（証） $ev: C(-1,1)\to \boldsymbol{R}$ を ${}^{\forall}g\in C(-1,1)$ に対して，$ev(g)=g(0)$ で定めると，ev は環の準同型となり，I は準同型 ev の核なので，2.6.1 により，$C(-1,1)$ のイデアルとなる．

例 2.6.3 $f: R\to R'$ を環の準同型とする．すると例 1.15.3 と同様に，R の f による像 $f(R)$ は R' の部分環となる．

例 2.6.4 R が体であれば，R のイデアルは R それ自身か零のみよりなる 0 イデアル $\{0\}$ しかない．

（証） R のイデアル I が $a\neq 0$ なる元 a を含んでいるとしよう．R は体なので，a の逆元 $a^{-1}\in R$．I がイデアルであることより，$1=aa^{-1}\in I$．再び I がイデアルであることよりすべての $x\in R$ に対して，$x=x\cdot 1\in I$．すなわち I が，$0\neq a$ なる元 a を含むならば $I=R$．

定理 2.7 I が環 R のイデアルのとき，剰余アーベル群 R/I に積を $(a+I)(b+I)=ab+I$ で定義すれば，R/I は環になる．この環を R の I を法とする**剰余環** (factor ring) という．

証明は定理 1.10 と同様にできる．

剰余環 R/I の零は剰余類 $0+I=I$ である．環 R が単位元 1 をもつとき，剰余環 R/I の単位元は $1+I$ である．

例 2.8 $\boldsymbol{Z}$ を有理整数環とする．そのとき，$m\in\boldsymbol{Z}$ に対して，$m\boldsymbol{Z}=\{mn\,|\,n\in\boldsymbol{Z}\}$ とおくと，$m\boldsymbol{Z}$ は $\boldsymbol{Z}$ のイデアルである．剰余環 $\boldsymbol{Z}_m=\boldsymbol{Z}/m\boldsymbol{Z}$ を **m を法とする $\boldsymbol{Z}$ の剰余環**という．p が素数のとき，$\boldsymbol{Z}_p$ はさらに体になる．なぜならば，$a+p\boldsymbol{Z}\neq p\boldsymbol{Z}$ とすると，$a+p\boldsymbol{Z}$ は積に関する逆元をもつ．

（証） a と p は素なので，$ab+pc=1$ となる整数 b, c が必ず存在する．したがって，そのような b に対して，$(a+p\boldsymbol{Z})(b+p\boldsymbol{Z})=1+\boldsymbol{Z}$，すなわち，剰余

類 $b+p\boldsymbol{Z}$ が剰余類 $a+p\boldsymbol{Z}$ の逆元である.

定理 2.9（環の準同型定理） 環の準同型 $\varphi: R \to R'$ に対して，

$$\varphi(R) \cong R/\mathrm{Ker}\,\varphi$$

が成り立つ.

証明 まず，$\varphi(R)$ および $R/\mathrm{Ker}\,\varphi$ が環となることは例2.6.3および定理2.7よりわかる．次に写像 $\tilde{\varphi}: R/\mathrm{Ker}\,\varphi \to \varphi(R)$ を $\tilde{\varphi}(a+I)=\varphi(a)$ で与えると，次のことがわかる，ただし，$I=\mathrm{Ker}\,\varphi$ とおいた.

1) $\tilde{\varphi}$ は代表元のとり方によらずに定まる.

（証） $a+I=b+I$ ならば，$\varphi(a)=\varphi(b)$ なので，$\tilde{\varphi}(a+I)$ の値は，類の代表元 a のとり方によらない.

2) $\tilde{\varphi}$ は準同型である.

（証） $\tilde{\varphi}((a+I)+(b+I))=\tilde{\varphi}(a+b+I)=\varphi(a+b)$
$=\varphi(a)+\varphi(b)=\tilde{\varphi}(a+I)+\tilde{\varphi}(b+I)$,
および $\tilde{\varphi}((a+I)(b+I))=\tilde{\varphi}(ab+I)$
$=\varphi(ab)=\varphi(a)\varphi(b)=\tilde{\varphi}(a+I)\tilde{\varphi}(b+I)$.

3) $\tilde{\varphi}$ は上への写像である.

（証） 任意の $b\in\varphi(R)$ に対して，($b\in\varphi(R)$ なので) ある $a\in R$ が存在して，$b=\varphi(a)=\tilde{\varphi}(a+I)$．ゆえに $\tilde{\varphi}(R/\mathrm{Ker}\,\varphi)=\varphi(R)$.

4) $\tilde{\varphi}$ は1対1写像.

（証） $\tilde{\varphi}(a+I)=\tilde{\varphi}(b+I)$ とする．すると，$\varphi(a)=\tilde{\varphi}(a+I)=\tilde{\varphi}(b+I)=\varphi(b)$．ゆえに $\varphi(a)-\varphi(b)=0$．$\therefore\ a-b\in I=\mathrm{Ker}\,\varphi$ $\therefore\ a+I=b+I$（定義1.9の下の注意2）より，$a+I=b+I \Longleftrightarrow a-b\in I$).

以上の 1)〜4) により，$\tilde{\varphi}$ が環の同型であることがわかる.

（定理 2.9 の証明終）

イデアルに関する性質をもう少し述べよう.

定義 2.10 群 G の部分集合 S を含む G の部分群のうち最小のもの（すなわち S を含む部分群すべての共通集合）を S で**生成された部分群** (subgroup generated by S) という.

同様に，環 R の部分集合 S を含む R の部分環のうち最小のもの（すなわち S を含む部分環すべての共通集合）を S で**生成された部分環** (subring generated by S) という．S を含むイデアルの中で最小のもの（すなわち S を含むイデアルすべての共通集合）を S で**生成されたイデアル** (ideal generated by S) という.

特に S が有限集合 $S=\{a_1, \cdots, a_n\}$ の場合，$\{a_1, \cdots, a_n\}$ で生成される

R のイデアルを $\langle a_1, \cdots, a_n\rangle_R$ で表示する．R が単位元 1 をもつ可換環のとき

$$\langle a_1, \cdots, a_n\rangle_R = a_1R + \cdots + a_nR$$

となる．

また，R が単位元をもつ可換環で，S が R の和に関する部分群のとき，S で生成される R のイデアルは RS となる（R の部分集合 A, B に対して集合 AB および $A+B$ の定義については，定義 1.8 をみよ）．

問題 2.11 以上の性質を確かめよ．

定義 2.12 I_1, I_2 を環 R のイデアルとするとき，集合

$$I_1 + I_2 = \{a+b \mid a \in I_1, b \in I_2\}$$

は R のイデアルとなる．この I_1+I_2 をイデアル I_1 と I_2 の**和**という．同様に有限個のイデアル $I_1, \cdots, I_n$ の和 $I_1+\cdots+I_n$ もイデアルとなる．

R のイデアル $I_1, \cdots, I_n$ に対して，集合

$$I_1 \cdot \cdots \cdot I_n = \{a_1 \cdots a_n \mid a_i \in I_i\}$$

は一般に R の和に関する部分群とはならない．しかし，集合 $I_1 \cdot \cdots \cdot I_n$ で生成される，R の和に関する部分群は，R のイデアルになる．このイデアルをイデアル $I_1, \cdots, I_n$ の**積** (product) といい，同じ記号 $I_1 \cdot \cdots \cdot I_n$ であらわすことにする．イデアル I の n 回の積を I^n と書く．

定義 2.13 環 R の真のイデアル I に対して，I を含むイデアルが I と R のほかにないとき，I を R の**極大イデアル** (maximal ideal) とよぶ．

§3 ベクトル空間，加群，多元環

われわれは線形代数の初歩で，実数ベクトル空間 $\boldsymbol{R}^n$ を学んだ．ベクトル空間の元 $\boldsymbol{a}$（すなわちベクトル）には，実数（すなわちスカラー）α が，$\boldsymbol{a}$ を α 倍するという形で作用していた．この概念を拡張したのが加群であり，多元環である．

定義 3.1 アーベル群 V, 体 K, および K の V への**作用** (operator) とよばれる写像 $\mu : K \times V \to V$ が与えられていて，次の 4 条件を満たすとき，V（詳しくは (V, μ) の組）を体 K **上のベクトル空間** (vector space over K) という．その条件とは，$a, b \in V$, $\alpha, \beta \in K$ とし，$\mu(\alpha, a) = \alpha a$ と書くとき，

1) $\alpha(a+b)=\alpha a+\alpha b$

2) $(\alpha+\beta)a=\alpha a+\beta a$

3) $(\alpha\beta)a=\alpha(\beta a)$

4) $1a=a$

である．

定義 3.2 アーベル群 M，単位元 1 をもつ可換環 R，および R の M への**作用**とよばれる写像 $\mu: R\times M\to M$ が与えられていて，定義3.1の条件 1)〜4) を満たすとき，M（詳しくは (M,μ) の組）を R **上の加群** (module over R)，または単に R-**加群** (R-module) という．

上の定義からわかるように，ベクトル空間と加群の違いは，R が体であるか環であるかだけである．もちろん加群の概念のほうがベクトル空間の概念より広い．

定義 3.3 R を単位元 1 をもつ可換環，A を環とする．A が R-加群であって，さらに R の A への作用が条件

5) $\alpha(ab)=(\alpha a)b=a(\alpha b)$

を満たすとき，A を環 R **上の多元環** (algebra over R)，または単に R-**多元環** (R-algebra) という．

例 3.4.1 実数ベクトル空間 $\boldsymbol{R}^n$ は R 上のベクトル空間である．

例 3.4.2 単位元 1 をもつ可換環 R のイデアル I は，環の積を作用と考えて，R-加群，さらに R-多元環となる．また，その剰余環 R/I も，その作用 $\mu: R\times R/I\to R/I$ を，自然に $\mu(a, b+I)=ab+I$ と定義することによって，R-多元環となる．

例 3.4.3 例 2.3.3 であげた区間 $(-1,1)$ で定義された連続な実数値関数全体の集合 $C(-1,1)$ は，実数 $\alpha\in\boldsymbol{R}$ と $f\in C(-1,1)$ に対して自然に f の α 倍 $\alpha f\in C(-1,1)$ が定義できるので，実数体 $\boldsymbol{R}$ 上のベクトル空間，さらには $\boldsymbol{R}$-多元環となる．

定義 3.5 R-加群 M の部分群 S が R の同じ作用で R-加群となるとき，S を M の R-**部分加群** (R-submodule) という．同様に R-多元環 A の部分環 S が R の同じ作用で R-多元環となるとき，S を A の R-**部分多元環** (R-subalgebra) という．

定義 3.6 S を R-加群 M の部分集合とし S を含む M の R-部分加群のうち，最小のもの（すなわち S を含む R-部分加群すべての共

通集合）を S で**生成された** M **の** R-**部分加群** (R-submodule generated by S) という．

R-加群 M に対して，M の有限部分集合 $S=\{a_1, \cdots, a_n\}$ が存在して，S で生成される M の R-部分加群が M それ自身となるとき，M は R **上有限生成**，または，**有限生成** R-**加群** (finitely generated R-module) といい，$M=\langle a_1, \cdots, a_n\rangle_R$ とあらわす．$S=\{a_1, \cdots, a_n\}$ を，M の R-**加群としての有限生成元** (finite generators) という．

R-多元環 A に対しても同様に，**有限生成** R-**多元環**および R-**多元環としての有限生成元**を定義する．

定義 3.7 K 上のベクトル空間 V は，K-加群として有限生成元 $S=\{a_1, \cdots, a_n\}$ が存在するときに，K **上有限次元** (finite dimensional) であるという．また，このような n の最小値を V **の** K **上の次元** (dimension) といい，$\dim_K V$ と書く．ベクトル空間 V が K 上有限次元でないとき，V は K **上無限次元** (infinite dimensional) であるという．

例 3.8.1 数ベクトル空間 $\boldsymbol{R}^n$ は $\boldsymbol{R}$ 上有限次元のベクトル空間で，$\dim_{\boldsymbol{R}}\boldsymbol{R}^n=n$ である．

（証） $\boldsymbol{R}$-加群としての有限生成元として，$\{\boldsymbol{e}_1, \cdots, \boldsymbol{e}_n\}$ がとれる；ただし，$\boldsymbol{e}_1=(1, 0, \cdots, 0)$，$\boldsymbol{e}_2=(0, 1, 0, \cdots, 0), \cdots, \boldsymbol{e}_n=(0, \cdots, 0, 1)$．また，$\boldsymbol{R}^n$ が $n-1$ 以下のベクトルで生成されないことも線形代数の初歩で既知である．

例 3.8.2 $C(-1, 1)$ は $\boldsymbol{R}$ 上の無限次元ベクトル空間である．

定義 3.9 R-加群 M から R-加群 N への写像 $f: M\to N$ が群の準同型であって，さらに条件

$$*)\quad f(\alpha a)=\alpha f(a), \quad \alpha\in R, \quad a\in M$$

を満たすときに，f は R-**加群の準同型**という．M, N が R-多元環の場合，$f: M\to N$ が環の準同型であって条件 $*$) を満たすとき，f を R-**多元環の準同型**という．f が1対1，上への対応であるとき，それぞれの場合に応じて，f を R-**加群の同型**，または R-**多元環の同型**という．

§4 中山の補助定理

この節では，カタストロフィー理論で重要な役割を果たす，中山の補

助定理を証明する．

定義 4.1 単位元をもつ可換環 R が，R のすべての真のイデアルを含む極大イデアル $\mathcal{M}(R)$ をもつとき，R を**局所環** (local ring) という．

定理 4.2 (中山の補助定理) R を局所環とし，$\mathcal{M}(R)$ をその極大イデアルとする．A, B をある R-加群 M の部分加群で，A は R 上有限生成であるとする．そのとき，

1) $A \subset B + \mathcal{M}(R) \cdot A \Rightarrow A \subset B$

2) $A = B + \mathcal{M}(R) \cdot A \Rightarrow A = B$

証明 1) $B \not\supset A$ とする．A は有限生成なので $A = \langle a_1, \cdots, a_k \rangle_R$, $a_1, \cdots, a_k \in A$ と書きあらわせる．$B \not\supset A$ なので，$a_1, \cdots, a_k$ の順序をかえることによって，$B + A = B + \langle a_1, \cdots, a_k \rangle_R \supset A$ だが，$B + \langle a_2, \cdots, a_k \rangle_R \not\supset A$ であるようにすることができる．$C = B + \langle a_2, \cdots, a_k \rangle_R$ とおく．$A \subset B + \mathcal{M}(R) \cdot A$ なので，$A \subset C + \mathcal{M}(R) \cdot A$ となる．一方，$A = \langle a_1, \cdots, a_k \rangle_R$, $C = B + \langle a_2, \cdots, a_k \rangle_R$ なので，$A \subset C + \langle a_1 \rangle_R$ となる．ゆえに $A \subset C + \mathcal{M}(R) \cdot A \subset C + \mathcal{M}(R) \cdot C + \langle a_1 \rangle_{m(R)}$. したがって $a_1 \in A$ なので，$c \in C$ と $r \in \mathcal{M}(R)$ が存在して

$$a_1 = c + r a_1$$

と書ける．$r \in \mathcal{M}(R)$ で $1 \notin \mathcal{M}(R)$ であるから $1 - r \neq 0$ であり，$1 - r \in R$ で $1 - r \notin \mathcal{M}(R)$ である．ところでイデアル $(1-r)R$ は $(1-r)$ を含むので $\mathcal{M}(R)$ ではない．よって $(1-r)R = R$ である．R は 1 を含むので

$$(1-r)t = 1$$

となる R の元 $t = (1-r)^{-1}$ が存在する．したがって，

$$a_1 = (1-r)^{-1} c$$

となる．したがって，$\langle a_1 \rangle_R \subset C$ となる．ゆえに $A \subset C$. これは $C = B + \langle a_2, \cdots, a_k \rangle_R \not\supset A$ に矛盾する．したがって $A \subset B$ である．

(1) の証明終)

2) の証明も 1) と同様にしてできる（詳しくは第5章 定理 3.5 の証明参照のこと）．

第3章　多　　様　　体

この章では，この本で必要とする多様体に関する基礎的な知識を導入する．

§1　逆関数の定理

$\boldsymbol{R}^m$ のある開集合 U で定義された m 変数の実数値関数 $f(x_1, \cdots, x_m)$ の1階の各偏導関数

$$\frac{\partial f}{\partial x_i} \qquad (i=1, \cdots, m)$$

が，点 $p \in U$ の近傍で存在して，点 p で連続であるとき，f は点 p で**連続微分可能** (continuously differentiable)，または C^1 級であるという．同様に，正の整数 r に対して f の r 階までの偏導関数

$$\frac{\partial^{i_1+\cdots+i_m} f}{\partial x_1{}^{i_1} \cdots\cdots \partial x_m{}^{i_m}} \qquad (i_1+\cdots+i_m \leqq r)$$

がすべて，点 p のまわりで存在して，それらが点 p で連続であるとき，f は点 $p \in U$ で r **回連続微分可能**，または C^r 級であるという．すべての正の整数 r に対して f が点 p で C^r 級であるとき，f は点 p で**無限回連続微分可能**，または C^∞ 級であるという．また，U のすべての点で f が C^r 級であるとき，関数 $f: U \to \boldsymbol{R}$ は r **回連続微分可能**である，または，C^r 級であるという ($r \leqq \infty$)．

次に $\boldsymbol{R}^m$ のある開集合 U から $\boldsymbol{R}^n$ への写像 $f: U \to \boldsymbol{R}^n$ の微分可能性を定義する．f は U 上で定義された n 個の関数の組 $f=(f_1, \cdots, f_n)$ として書きあらわされる．このようにあらわしたとき，各 f_i が点 p で C^r 級のとき，f は点 p で C^r 級であるという．U の各点で C^r 級のとき，f を C^r **級写像** (C^r mapping) という．

U, V を $\boldsymbol{R}^m$ の開集合とする．写像 $f: U \to V$ が U から V の上への1対1写像であって，f およびその逆写像 f^{-1} がともに C^r 級であるとき，f を U から V の上への C^r **級同相写像** (C^r diffeomorphism) という．C^r 級同相写像はもちろん**同相写像** (homeomorphism)

(または**位相同型**) である (写像 $f: U \to V$ が同相写像または位相同型であるとは, f が上への1対1対応で, f およびその逆写像 f^{-1} もともに連続のときにいう).

問題 1.1.1) U, V をそれぞれ $\boldsymbol{R}^m, \boldsymbol{R}^n$ の開集合, $f: U \to \boldsymbol{R}^n$, $g: V \to \boldsymbol{R}^p$ を C^r 級写像で $f(U) \subset V$ とする. そのとき, $g \circ f$ も C^r 級写像である.

1.1.2) U, V, W を $\boldsymbol{R}^m$ の開集合, $f: U \to V$, $g: V \to W$ をそれぞれ, 上への C^r 級同相写像とする. そのとき, $g \circ f$ も C^r 級同相写像である.

$f=(f_1, \cdots, f_n)$ を $\boldsymbol{R}^m$ の開集合 U から $\boldsymbol{R}^n$ の中への C^r 級写像 ($1 \leqq r \leqq \infty$) とする. そのとき, 各点 $p_0 \in U$ において, その点における1階の偏微係数を並べた次の (n, m) 行列,

$$\begin{pmatrix} \dfrac{\partial f_1}{\partial x_1}(p_0) & \cdots & \dfrac{\partial f_1}{\partial x_m}(p_0) \\ \cdots\cdots & \cdots\cdots & \cdots\cdots \\ \cdots\cdots & \cdots\cdots & \cdots\cdots \\ \dfrac{\partial f_n}{\partial x_1}(p_0) & \cdots & \dfrac{\partial f_n}{\partial x_m}(p_0) \end{pmatrix} = J_f(p_0)$$

を考えることができる. この行列を f の p_0 における**ヤコビ行列**とよび, 記号 $J_f(p_0)$ であらわす. 特に $n=m$ のとき, その行列式を, f の p_0 における**ヤコビ行列式**または**ヤコビアン**という.

問題 1.2 f を $\boldsymbol{R}^m$ の開集合 U から $\boldsymbol{R}^n$ の中への C^r 級写像, g を $\boldsymbol{R}^n$ の開集合 V から $\boldsymbol{R}^p$ の中への C^r 級写像で, $f(U) \subset V$ とする. そのとき, 任意の点 $p_0 \in U$ に対して,

$$J_{g \circ f}(p_0) = J_g(f(p_0)) \cdot J_f(p_0)$$

が成り立つことを示せ. ただし右辺は行列の積を示している.

ヒント 合成関数の微分に関する公式を使う.

次の定理 1.3, 1.5, 1.6, 1.7 は非常に重要である.

定理 1.3 (逆関数の定理) f を $\boldsymbol{R}^m$ の開集合 U から, $\boldsymbol{R}^m$ 自身の中への C^r 級写像 ($1 \leqq r \leqq \infty$) とする. U の1点 p_0 における f のヤコビ行列式が 0 でないならば, f は p_0 のある近傍から, $f(p_0)$ のある近傍の上への C^r 級同相写像である. すなわち, p_0 の近傍 $V \subset U$ と, $f(p_0)$ の近傍 W が存在して, $f|V$ は V から W の上への C^r 級同相写像となる.

この定理の証明は煩雑なので与えない. 多くの微積分の教科書には,

少なくとも2変数の場合の証明が与えてある（たとえば，高木貞二著 解析概論（岩波書店），定理 74 (p. 345)）．また詳しい証明は松島 [32] p. 15 を参照のこと．

注意 1.4　逆に f が $\boldsymbol{R}^m$ の開集合 V から $\boldsymbol{R}^m$ の開集合 W への C^r 級同相写像 $(r\geqq 1)$ であれば，V の任意の点 p における f のヤコビ行列式は 0 ではない．

（証）　$f: V\to W$ が C^r 級同相写像であれば，定義により f の逆写像 f^{-1}: $W\to V$ も C^r 級である．したがって，$f^{-1}\circ f=id$ なので，問題 1.2 より，

$$\begin{pmatrix}1 & & 0\\ & \ddots & \\ 0 & & 1\end{pmatrix}=J_{1d}(p)=J_{f^{-1}\circ f}(p)=J_{f^{-1}}(f_{(p)})\cdot J_f(p).$$

ゆえに，$J_f(p)$ は正則，したがってヤコビアンは 0 ではない．

定理 1.5（陰関数の定理：その 1）　$\boldsymbol{R}^{m+k}$ の原点の近傍 U から $\boldsymbol{R}^m$ への C^r 級写像 $f=(f_1,\cdots,f_m)$ $(1\leqq r\leqq\infty)$ が $f(o)=\boldsymbol{o}$ であって，f の原点におけるヤコビ行列の階数が m に等しいとする．たとえば，

$$\begin{vmatrix}\dfrac{\partial f_1}{\partial x_1}(o) & \cdots & \dfrac{\partial f_1}{\partial x_m}(o)\\ \cdots & \cdots & \cdots\\ \dfrac{\partial f_m}{\partial x_1}(o) & \cdots & \dfrac{\partial f_m}{\partial x_m}(o)\end{vmatrix}\neq 0$$

とする．すると，$\boldsymbol{R}^{m+k}$ の原点 o の近傍 $V(V\subset U)$ から同じ $\boldsymbol{R}^{m+k}$ の原点 o の近傍 W への C^r 級同相写像 h が存在して，

$$f_i(h(x_1,\cdots,x_{m+k}))=x_i\quad(i=1,\cdots,m)$$

が V の各点 $(x_1,\cdots,x_{m+k})$ に対して成り立つ．

定理 1.3 を使ってこの定理を証明してみよう．新しく U から $\boldsymbol{R}^{m+k}$ への写像 F を，

$$F(x)=F(x_1,\cdots,x_{m+k})=(f_1(x),\cdots,f_m(x),x_{m+1},\cdots,x_{m+k})$$

で与える．すると $F(o)=\boldsymbol{o}$ であり，その原点におけるヤコビアンは

$$\begin{vmatrix}\dfrac{\partial f_1}{\partial x_1}(o) & \cdots & \dfrac{\partial f_1}{\partial x_m}(o) & & \\ \cdots & \cdots & \cdots & * & \\ \dfrac{\partial f_m}{\partial x_1}(o) & \cdots & \dfrac{\partial f_m}{\partial x_m}(o) & & \\ & & & 1 & & 0\\ & 0 & & & \ddots & \\ & & & 0 & & 1\end{vmatrix}=\begin{vmatrix}\dfrac{\partial f_1}{\partial x_1}(o) & \cdots & \dfrac{\partial f_1}{\partial x_m}(o)\\ \cdots & \cdots & \cdots\\ \dfrac{\partial f_m}{\partial x_1}(o) & \cdots & \dfrac{\partial f_m}{\partial x_m}(o)\end{vmatrix}\neq 0.$$

ゆえに定理1.3より F は $\boldsymbol{R}^{m+k}$ の原点の近傍 W から $\boldsymbol{R}^{m+k}$ の原点の近傍 V の上への C^r 級同相写像である．その逆写像を h とすると，$F(h(x_1, \cdots, x_{m+k}))=(x_1, \cdots, x_{m+k})$ なので，特に $i \leqq m$ のとき，$x_i=F_i(h(x_1, \cdots, x_{m+k}))=f_i(h(x_1, \cdots, x_{m+k}))$ が成り立つ．

（証明終）

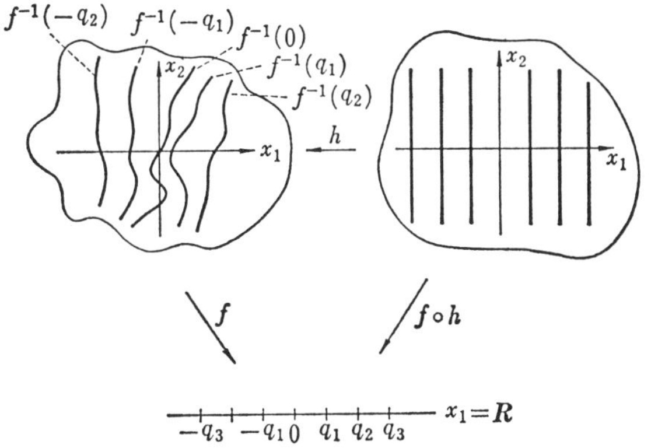

図 8

定理1.3から出てくる同様の定理をもう二つあげておく．

定理 1.6（陰関数の定理：その 2） $\boldsymbol{R}^m$ の原点の近傍 U から $\boldsymbol{R}^{m+k}$ への C^r 級写像 $(1 \leqq r \leqq \infty)$ $f=(f_1, \cdots, f_{m+k})$ が $f(o)=o$ であって，f の原点におけるヤコビ行列の階数が m に等しいとする．たとえば

$$\begin{vmatrix} \dfrac{\partial f_1}{\partial x_1}(o) & \cdots & \dfrac{\partial f_1}{\partial x_m}(o) \\ \cdots & \cdots & \cdots \\ \dfrac{\partial f_m}{\partial x_1}(o) & \cdots & \dfrac{\partial f_m}{\partial x_m}(o) \end{vmatrix} \neq 0$$

とする．すると $\boldsymbol{R}^{m+k}$ の原点の近傍 V から，同じ原点の近傍 W への C^r 級同相写像 $h=(h_1, \cdots, h_{m+k}) : V \to W$ が存在して，

$$\begin{cases} h_i \circ f(x_1, \cdots, x_m)=x_i & 1 \leqq i \leqq m \\ h_j \circ f(x_1, \cdots, x_m)=0 & j \geqq m+1 \end{cases}$$

が，$U \cap f^{-1}(V)$ のすべての点 $(x_1, \cdots, x_m)$ に対して成り立つ．

証明 写像 $f=(f_1, \cdots, f_{m+k})$ を使って，次のようにして $\boldsymbol{R}^{m+k}$ の原点の近傍 $U \times \boldsymbol{R}^k$ から $\boldsymbol{R}^{m+k}$ への写像 $g=(g_1, \cdots, g_{m+k}) : U \times \boldsymbol{R}^k \to$

$\boldsymbol{R}^{m+k}$ をつくる；

$$\begin{cases} g_i(x_1, \cdots, x_m, x_{m+1}, \cdots, x_{m+k}) = f_i(x_1, \cdots, x_m), & 1 \leqq i \leqq m \\ g_{m+j}(x_1, \cdots, x_m, x_{m+1}, \cdots, x_{m+k}) = f_{m+j}(x_1, \cdots, x_m) + x_{m+j}, & 1 \leqq j \leqq k. \end{cases}$$

すると，g の原点におけるヤコビアンは g の与え方より，

$$\left| \frac{\partial g_i}{\partial x_j}(o) \right| = \left| \begin{array}{ccc|c} \frac{\partial f_1}{\partial x_1}(o) & \cdots & \frac{\partial f_m}{\partial x_m}(o) & \\ & \cdots\cdots\cdots & & 0 \\ \frac{\partial f_m}{\partial x_1}(o) & \cdots & \frac{\partial f_m}{\partial x_m}(o) & \\ \hline & & & 1 \quad 0 \\ & * & & \ddots \\ & & & 0 \quad 1 \end{array} \right| \neq 0.$$

ゆえに，定理 1.3 により，g は $\boldsymbol{R}^{m+k}$ の原点の近傍 W から原点の近傍 V への C^r 級同相写像となる．その逆写像を $h = (h_1, \cdots, h_{m+k})$ とすると，$h \circ g = id$, および g の定義より

$$h_i \circ f(x_1, \cdots, x_m) = h_i \circ g(x_1, \cdots x_m, 0, \cdots, 0) = \begin{cases} x_i & 1 \leqq i \leqq m \\ 0 & i \geqq m+1 \end{cases}$$

を得る．

（証明終）

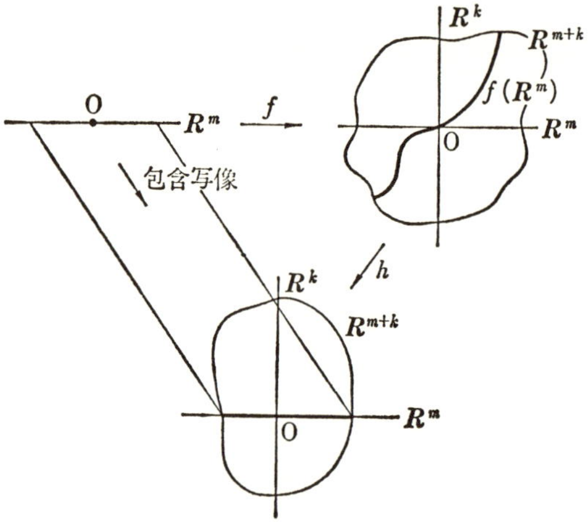

図 9

定理 1.7 (陰関数の定理：その 3) $f = (f_1, \cdots, f_m)$ を $\boldsymbol{R}^{m+k}$ の原

点 o の近傍から，$\boldsymbol{R}^m$ への C^r 級写像とし，$f(o)=o$ で，行列式

$$\begin{vmatrix} \dfrac{\partial f_1}{\partial x_1}(o) & \cdots & \dfrac{\partial f_1}{\partial x_m}(o) \\ \cdots & \cdots & \cdots \\ \dfrac{\partial f_m}{\partial x_1}(o) & \cdots & \dfrac{\partial f_m}{\partial x_m}(o) \end{vmatrix}$$

が 0 でないとする．そのとき，$\boldsymbol{R}^{m+k}$ の原点の近傍 W_1 および，$\boldsymbol{R}^k$ の原点の近傍 V_1 上で定義された m 個の関数 $g_1, \cdots, g_m$ で次の条件を満たすものが存在する；

$$\begin{aligned} W_1 \cap f^{-1}(o) &= \text{写像}\ (g_1, \cdots, g_m)\ \text{のグラフ} \\ &= \{(g_1(x_{m+1}, \cdots, x_{m+k}), \cdots, g_m(x_{m+1}, \cdots, x_{m+k}), x_{m+1}, \cdots, x_{m+k}) \\ &\qquad | (x_{m+1}, \cdots, x_{m+k}) \in V_1\} \end{aligned}$$

証明　定理 1.5 により，$\boldsymbol{R}^{m+k}$ の原点の近傍から原点の近傍への C^r 級同相写像 $h: V \to W$ で，$f_i(h(x_1, \cdots, x_{m+k}))=x_i$ $(i=1, \cdots, m)$ を満たすものが存在する．$\boldsymbol{R}^m$ の原点の近傍 O_1 と $\boldsymbol{R}^k$ の原点の近傍 V_1 で $V \supset O_1 \times V_1$ なるものが存在する．そのとき，$W_1 = h(O_1 \times V_1)$，$g_i(x_{m+1}, \cdots, x_{m+k}) = h_i(0, \cdots, 0, x_{m+1}, \cdots, x_{m+k})$ とおくと望むものが得られる．

（証明終）

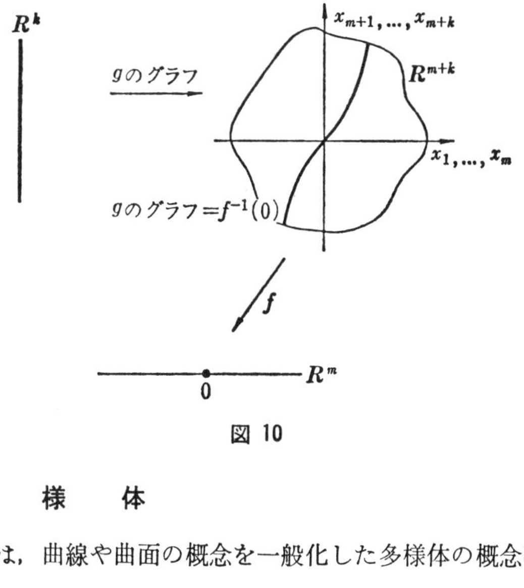

図 10

§2 多　　様　　体

この節では，曲線や曲面の概念を一般化した多様体の概念について述

べる．

定義 2.1 m 次元位相多様体 (topological manifold) M とは R^m の開集合と同相な可算個の開近傍でおおえるハウスドルフ空間(*) のことである．位相多様体 M が m 次元であることを強調したいとき，しばしば M^m と記される．

(*) 位相空間 M がハウスドルフ空間であるとは，次のハウスドルフの分離条件とよばれる条件を満たすときにいう；

（ハウスドルフの分離条件） M の相異なる任意の2点 x_1, x_2 に対して，$U_1 \cap U_2 = \phi$ なる x_1 の近傍 U_1 と x_2 の近傍 U_2 が存在する．

例 2.2.1 n 次元ユークリッド空間 R^n は n 次元多様体である．R^n は R^n の開集合である．よって R^n は1個の R^n と同相な開集合でおおわれるので多様体である．

例 2.2.1 $(m-1)$ 次元球面 $S^{m-1} = \{(x_1, \cdots, x_m) | x_1{}^2 + \cdots + x_m{}^2 = 1\}$ は $(m-1)$ 次元多様体である．

（証） N を S^{m-1} の北極，S を S^{m-1} の南極，すなわち $N=(0, \cdots, 0, 1)$, $S=(0, \cdots, 0, -1)$ とする．$U_1 = S^{m-1} - N$, $U_2 = S^{m-1} - S$ とおくと，U_1, U_2 はともに S^{m-1} の開集合で，かつ $S^{m-1} = U_1 \cup U_2$．さらに U_1 および U_2 は R^{m-1} と同相であることが次のようにしてわかる．このことを U_1 についてみてみよう．R^{m-1} を R^m の部分集合として，$R^{m-1} = \{(x_1, \cdots, x_{m-1}, x_m) \in R^m | x_m = 0\}$ と考える．U_1 の点 p に対して，p と N を結ぶ直線が R^{m-1} と交わる点を対応させる写像を $f_1 : U_1 \to R^{m-1}$ とする（図 11 参照）と，f_1 は同相写像である．同様に $f_2 : U_2 \to R^{m-1}$ も定義できて，同相写像である．

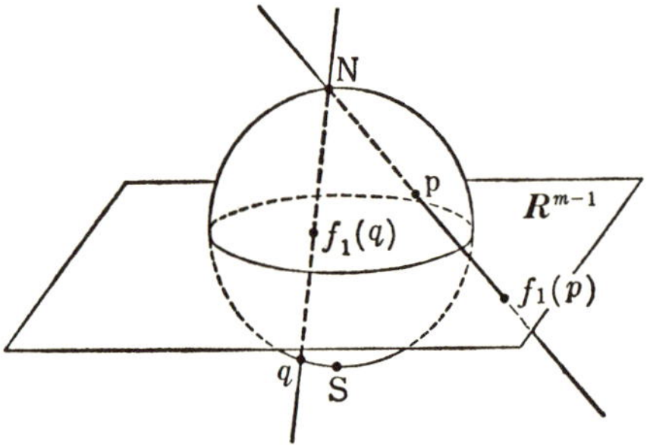

図 11

例 2.2.3 トーラス面は2次元多様体である．実際2次元トーラス $T^2 = S^1 \times S^1$ が，図 12 の斜線で図示した R^2 の領域に同相な開集合4個でおおえることは明らかであろう．

微積分学において，まず一変数の関数の微積分を考察し，次に多変数の関数の微分を考察し R^n 上の C^r 級関数概念を得た．ここではこの概念を R^n のみではなく多様体上の C^r 級関数にまで拡張する．そのためにはまず，多様体 M 上の関数 $f: M^m \to \boldsymbol{R}$ が“C^r 級である”ということばの意味をはっきりさせることから始めねばならない．

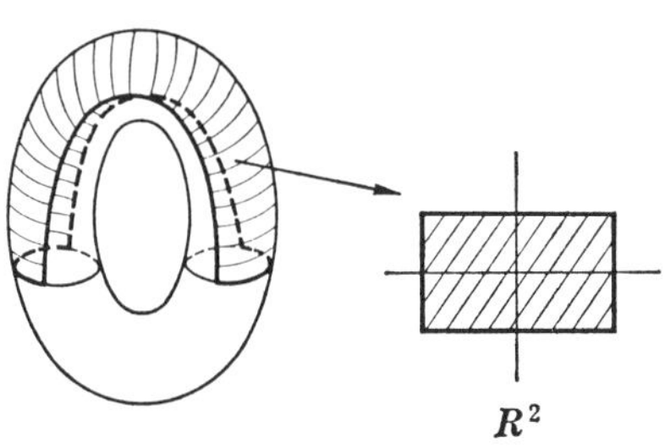

図 12

幸い，多様体は，局所的にユークリッド空間の開集合に同相であるので，この開集合を用いて M 上の関数が C^r 級であるということは定義できそうである．

M は多様体なので，定義2.1より集合と写像の組の族 $\{(\varphi_\alpha, U_\alpha)\}_{\alpha \in A}$ で，次の条件を満たすものが存在する；

（1）　U_α は M^m の開集合で，$M^m = \bigcup_{\alpha \in A} U_\alpha$，

（2）　φ_α は U_α から $\boldsymbol{R}^m$ のある開集合の上への同相写像である．

そのとき，M の開集合 W 上で定義された実数値関数 $f: W \to \boldsymbol{R}$ が点 $p \in W$ で微分可能（または C^r 級）であるというのを，$p \in U_\alpha$ なる $\alpha \in A$ に対して，$f \circ \varphi_\alpha^{-1}$ が $\varphi_\alpha(p)$ で微分可能（または C^r 級）である（$f \circ \varphi_\alpha^{-1}$ は $\boldsymbol{R}^n$ の開集合上で定義された関数なので微分可能性は §1 で定義されている）ということで定義するのは自然な考え方であろう(図 13 参照)．

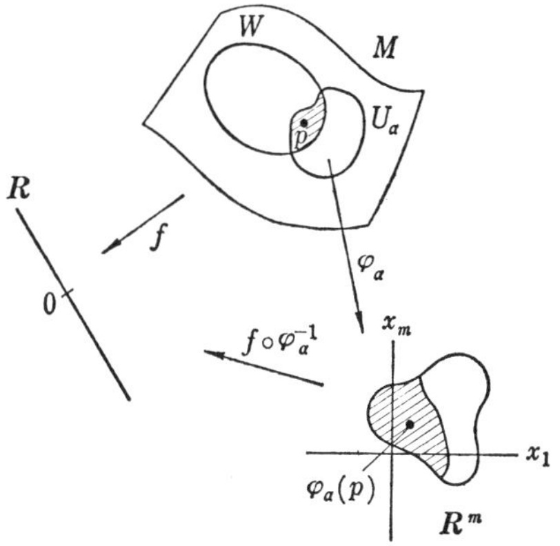

図 13

ところがここで一つの問題がおきてくる．開集合と同相写像の族 $\{(U_\alpha, \varphi_\alpha)\}_{\alpha \in A}$ に，上記の条件（1），（2）以外何ら制限を加えないとすると，M の開集合 W 上の関数 f と，点 $p \in W$ と，$p \in U_\alpha \cap U_\beta$ なる番号 α, β に対して，$f \circ \varphi_\alpha^{-1}$ は $\varphi_\alpha(p)$ で微分可能であるが，$f \circ \varphi_\beta^{-1}$ は $\varphi_\beta(p)$ で微分可能でないという場合が起こる．この場合 f は点 p で微分可能であるというべきかどうかわからなくなる．

このあいまいさを避けるために，$p \in U_\alpha$ なる一つの α に対して，

$f \circ \varphi_\alpha^{-1}$ が $\varphi_\alpha(p)$ で微分可能であれば，他の $p \in U_\beta$ なる β に対しても，$f \circ \varphi_\beta^{-1}$ も $\varphi_\beta(p)$ で微分可能であるように，族 $\{(U_\alpha, \varphi_\alpha)\}_{\alpha \in A}$ に制限を加えねばならない．このことを考慮すると次の C^r **級多様体**の概念に至る．

定義 2.3 ハウスドルフ空間 M に対して，次の条件 (1)〜(3) を満たす可算族 $\mathscr{D}_M = \{(U_\alpha, \varphi_\alpha)\}_{\alpha \in A}$ を M の C^r **級座標近傍系** (C^r-coordinate neighborhood system) という．

(1) $\{U_\alpha\}_{\alpha \in A}$ は M の開被覆である；すなわち，各 U_α は M の開集合で，$M = \bigcup_{\alpha \in A} U_\alpha$.

(2) φ_α は U_α から $\boldsymbol{R}^m$ のある開集合の上への同相写像である．

(3) $U_\alpha \cap U_\beta \neq \phi$ なる任意の $\alpha, \beta \in A$ に対して，

$$\varphi_\beta \circ \varphi_\alpha^{-1} | \varphi_\alpha(U_\alpha \cap U_\beta) : \varphi_\alpha(U_\alpha \cap U_\beta) \to \varphi_\beta(U_\alpha \cap U_\beta)$$

は §1 で定めた意味での C^r 級同相写像である．

ハウスドルフ空間 M が C^r 級座標近傍系 $\mathscr{D}_M$ をもつとき，組 $(M, \mathscr{D}_M)$ (または単に M) を C^r **級多様体** (C^r-manifold) という．$\mathscr{D}_M$ の元 $(U_\alpha, \varphi_\alpha)$ を C^r 級多様体 $(M, \mathscr{D}_M)$ の**座標近傍** (coordinate neighborhood) という．

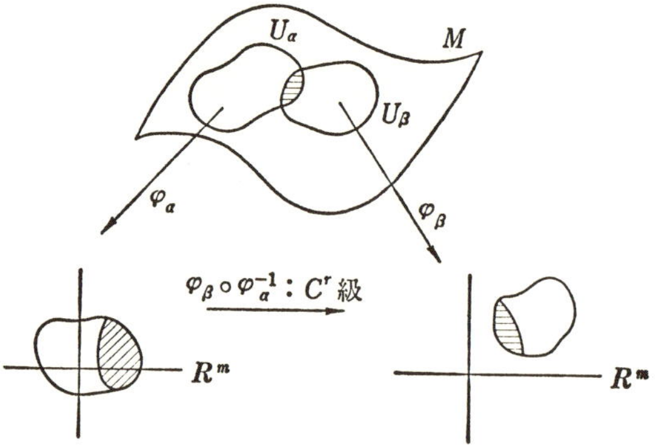

図 14

上の条件 (3) によって上記の難点が解消されたことをみるのはたやすい．すなわち，$p \in U_\alpha \cap U_\beta$ とする．ある関数 $f : W \to R$ (W は M の開集合) に対し，$f \circ \varphi_\alpha^{-1}$ が $\varphi_\alpha(p)$ で C^s 級 $(s \leqq r)$ であれば，$f \circ \varphi_\beta^{-1}$ もまた，C^s 級になる．

（証）$f\circ\varphi_\beta{}^{-1}=f\circ\varphi_\alpha{}^{-1}\circ\varphi_\alpha\circ\varphi_\beta{}^{-1}$，かつ，$f\circ\varphi_\alpha{}^{-1}$ が C^s 級，$\varphi_\alpha\circ\varphi_\beta{}^{-1}$ が C^r 級；ゆえに $f\circ\varphi_\beta{}^{-1}$ は C^s 級．

かくして関数の微分可能性が次のように定義できる．

定義 2.4　$(M,\mathcal{D})=\{(U_\alpha,\varphi_\alpha)\}_{\alpha\in A}$ を C^r 級多様体とする．M の開集合 W 上で定義された関数 $f: W\to \boldsymbol{R}$ が W の点 p において C^s 級 ($s\leqq r$) であるとは，$p\in U_\alpha$ なるある α に対して（したがってすべての $\alpha\in A$ に対して）

$$f\circ\varphi_\alpha{}^{-1}:\varphi_\alpha(U_\alpha\cap W)\to \boldsymbol{R}$$

が点 $\varphi_\alpha(p)$ において C^s 級であるときにいう．

定義 2.5　$(M,\mathcal{D})$ を m 次元 C^r 級多様体とする．M の開集合 U 上で定義された m 個の C^r 級関数の組 $f=(f_1,\cdots,f_m)$ を $\mathcal{D}$ につけ加えた $\mathcal{D}'=\mathcal{D}\cup\{(U,f)\}$ が，再び M の C^r 級座標近傍系となるとき，$(f_1,\cdots,f_m)$（または (U,f)）を，M の **C^r 級局所座標系** (C^r local coordinate system) という．さらに，点 $p\in U$ に対して，$f_1(p)=\cdots=f_m(p)=0$ となるとき，$(f_1,\cdots,f_m)$ は**点 p を中心とする局所座標系**であるという．今後，座標系に対しては，記号として文字 $(x_1,\cdots,x_m)$，$(y_1,\cdots,y_m)$ などを用いることが多い．

問題 2.5.1　C^r 級多様体 $(M,\mathcal{D})$ の点 p の近傍で定義された m 個の C^r 級関数の組 $f=(f_1,\cdots,f_m)$ が，p の十分小さい近傍上で定義された C^r 級局所座標系となる必要十分条件は，$p\in U_\alpha$ なる，ある（したがってすべての）座標近傍 $(U_\alpha,\varphi_\alpha)\in\mathcal{D}$ に対して，$f\circ\varphi_\alpha{}^{-1}$ の $\varphi_\alpha(p)$ におけるヤコビアンが 0 とならないことである．

ヒント　逆関数の定理を応用せよ．

例 2.6（C^r 級多様体の例）

例 2.6.1　$\boldsymbol{R}^m$ の開集合 U は，U それ自身とその包含写像 $\iota: U\to \boldsymbol{R}^m$ の組のみよりなる $\{(U,\iota)\}$ をその座標近傍系としてとることにより，C^∞ 級多様体となる．

例 2.6.2　S^{m-1} は例 2.2.1 で与えた U_ι, f_ι を用いて，$\{(U_1,f_1),(U_2,f_2)\}$ をその座標近傍系としてとるとき，C^∞ 級多様体である．

例 2.6.3（**積多様体**，product manifold）M, N をそれぞれ，m, n 次元の C^r 級多様体とする．そのとき，積空間 $M\times N$ は $(m+n)$ 次元 C^r 級多様体となる．

（証）$\{(U_\alpha,\varphi_\alpha)\}_{\alpha\in A}$ および，$\{(V_i,\psi_i)\}_{\iota\in I}$ をそれぞれ M および N の C^r

級座標近傍系とするとき，$\{(U_\alpha\times V_i, \varphi_\alpha\times\psi_i)\}$ は $M\times N$ の C^r 級座標近傍系となる．ただし，写像

$$\varphi_\alpha\times\psi_i : U_\alpha\times V_i \to \boldsymbol{R}^m\times\boldsymbol{R}^n$$

は $\varphi_\alpha\times\psi_i(p,q)=(\varphi_\alpha(p),\psi_i(q))$ で定義される写像である．

例 2.6.4　2次元トーラス面 $S^1\times S^1$ は上の2.6.2と2.6.3により，2次元 C^∞ 級多様体である．

例 2.6.5　m 次元 C^r 級多様体 M の開集合 W は，m 次元 C^r 級多様体である．実際 M の C^r 級座標近傍系を $\{(U_\alpha,\varphi_\alpha)\}_{\alpha\in A}$ とするとき，W の座標近傍系として，$\{(W\cap U_\alpha, \varphi_\alpha|W\cap U_\alpha)\}_{\alpha\in A}$ をとればよい．W は M の**開部分多様体** (open submanifold) といわれる．

多様体から多様体の中への写像の微分可能性を，定義2.4と同様に定義することができる．

定義 2.7　M, N をそれぞれ m, n 次元の C^r 級多様体で，その座標近傍系をそれぞれ $\{(U_\alpha,\varphi_\alpha)\}_{\alpha\in A}$，$\{(V_\iota,\varphi_\iota)\}_{\iota\in I}$ とする．そのとき，写像 $f:M\to N$ が点 $p\in M$ で C^s 級 $(s\leqq r)$ であるとは，$p\in U_\alpha$，$f(p)\in V_\iota$ なるある番号 α と i (したがってすべての α と i) に対して，

$$\psi_\iota\circ f\circ\varphi_\alpha^{-1}|\varphi_\alpha(U_\alpha\cap f^{-1}(V_\iota)) : \varphi_\alpha(U_\alpha\cap f^{-1}(V_\iota)) \to \psi_\iota(V_\iota)$$

が C^s 級であるときにいう ($\varphi_\alpha(U_\alpha\cap f^{-1}(V_\iota))$ および，$\psi_\iota(V_\iota)$ はそれぞれ $\boldsymbol{R}^m$ および $\boldsymbol{R}^n$ の開集合であることに注意せよ)．

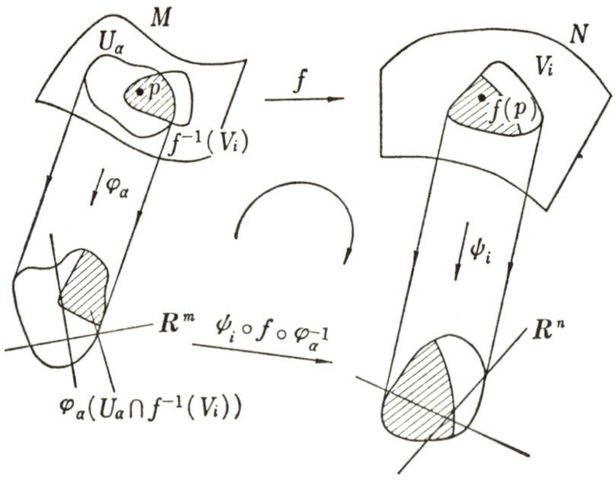

図 15

§3 部分多様体

以後，特にことわらない限り，多様体および写像は C^∞ 級のものを考える．

定義 3.1 f を m 次元 C^∞ 級多様体 M から n 次元 C^∞ 級多様体 N への C^∞ 級写像とする．点 $p\in M$ における f の階数 (rank) が k であるとは，$p\in U_\alpha$, $f(p)\in V_\iota$ を満たすそれぞれ M および N のある座標近傍系 $(U_\alpha,\varphi_\alpha)$ および (V_ι,ψ_ι) に対して，

$$\psi_\iota\circ f\circ\varphi_\alpha{}^{-1}:\varphi_\alpha(U_\alpha\cap f^{-1}(V_\iota))\to\psi_\iota(V_\iota)\subset\boldsymbol{R}^n$$

の $\varphi_\alpha(p)$ におけるヤコビ行列 $J_{\psi_\iota\circ f\circ\varphi_\alpha^{-1}}(\varphi_\alpha(p))$ の階数が k であるときにいう．f の p における階数を $\mathrm{rank}_p(f)$ と書く．

この定義が座標近傍の選び方によって変わらないことは明らかである．

（証）(U_β,φ_β) および (V_j,ψ_j) を $p\in U_\beta$, $f(p)\in V_j$ なる他の座標近傍とすると，

$$\psi_j\circ f\circ\varphi_\beta{}^{-1}=(\psi_j\circ\psi_i{}^{-1})\circ(\psi_i\circ f\circ\varphi_\alpha{}^{-1})\circ(\varphi_\alpha\circ\varphi_\beta{}^{-1})$$

なので問題 1.2 でみたように，

$$J_{\psi_j\circ f\circ\varphi_\beta^{-1}}(\varphi_\beta(p))=J_{\psi_j\circ\psi_i^{-1}}(\psi_i(p))\cdot J_{\psi_i\cdot f\cdot\varphi_\alpha^{-1}}(\varphi_\alpha(p))\cdot J_{\varphi_\alpha\cdot\varphi_\beta^{-1}}(\varphi_\beta(p)),$$

ところが，$\psi_j\circ\psi_i{}^{-1}$ および $\varphi_\alpha\circ\varphi_\beta{}^{-1}$ は C^∞ 級同相写像なので，注意 1.4 により，$J_{\psi_j\cdot\psi_i^{-1}}(\psi_i(p))$, $J_{\varphi_\alpha\cdot\varphi_\beta^{-1}}(\varphi_\beta(p))$ は正則行列，ゆえに，

$$\mathrm{rank}\,J_{\psi_j\circ f\circ\varphi_\beta^{-1}}(\varphi_\beta(p))=\mathrm{rank}\,J_{\psi_i\circ f\circ\varphi_\alpha^{-1}}(\varphi_\alpha(p))$$

となる．

定義 3.2 m 次元多様体 M から n 次元多様体 N への C^∞ 級写像 f が M のすべての点 p において，$\mathrm{rank}_p f=m$ なる性質をもつとき，f を M から N への**挿入** (immersion) とよぶ．f が挿入でさらに1対1の写像であるならば，f を M の N への**埋込み** (embedding) とよぶ．

$f:M\to N$ が挿入であれば，もちろん $\dim M\leqq\dim N$ でなければならない．図16の (a) は

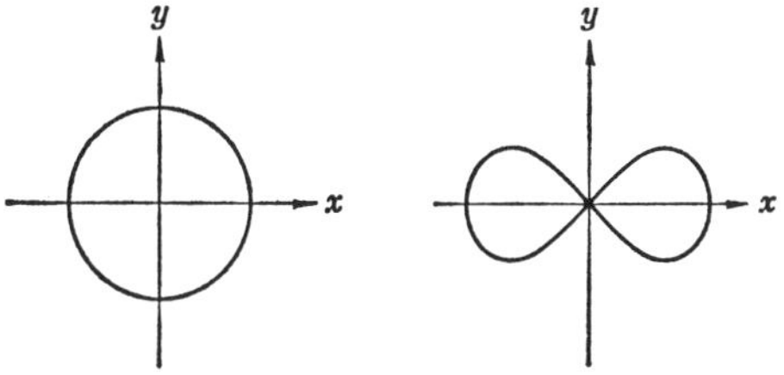

(a) (b)

図 16

S^1 の $\boldsymbol{R}^2$ への埋込みを，(b) は S^1 の $\boldsymbol{R}^2$ への挿入を示している．

挿入，埋込みのいちばん簡単な例は，$n>m$ のとき，

$$\iota(x_1, \cdots, x_m) = (x_1, \cdots, x_m, 0, \cdots, 0)$$

で与えられる自然な写像 $\iota: \boldsymbol{R}^m \to \boldsymbol{R}^n$ である．さて，$f: M \to N$ が挿入であれば，f は局所的に ι と同じ型をしていることを主張するのが次の定理である．

定理 3.3 $f: M^m \to N^n$ を挿入とする．$p \in M$ とし，$(U_\alpha, \varphi_\alpha)$，および (V_i, ψ_i) をそれぞれ，$p \in U_\alpha$，$f(p) \in V_i$ なる M および N の座標近傍とする．そのとき，$\psi_i f(p)$ の $\boldsymbol{R}^n$ における近傍 W から $\boldsymbol{R}^n$ の開集合 W' への C^∞ 級同相写像 h が存在して，等式

$h \circ \psi_i \circ f \circ \varphi_\alpha^{-1}(x_1, \cdots, x_m) = (x_1, \cdots, x_m, 0, \cdots, 0)$ が $\varphi_\alpha(p)$ に近い全ての $(x_1, \cdots, x_m)$ に対して成り立つ．

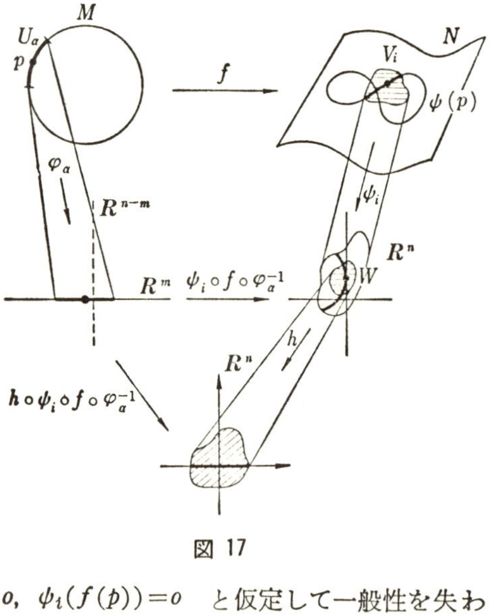

図 17

証明 $\varphi_\alpha(p)=o$，$\psi_i(f(p))=o$ と仮定して一般性を失わない．仮定より，$\psi_i \circ f \circ \varphi_\alpha^{-1}$ のヤコビ行列の階数が m なので，定理 1.6 がそのまま使えて，定理が証明できたことになる．

定義 3.4 C^∞ 級多様体 M^m の部分集合 S が次の2条件を満たすとき，S を M の**余次元 k の部分多様体** (submanifold of codimension k) という．

1) S は $(m-k)$ 次元の C^∞ 級多様体である．

2) 包含写像 $\iota: S \to M$ は埋込みである．

例 3.5.1 $m-1$ 次元球面 $S^{m-1}=\{(x_1, \cdots, x_m)|x_1{}^2+\cdots+x_m{}^2=1\}$ は $\boldsymbol{R}^m$ の余次元 1 の部分多様体である．

例 3.5.2 トーラス面 $T^2=S^1\times S^1$ は $\boldsymbol{R}^3$ の余次元 1 の部分多様体である．

上の定義で注意すべきことは，M の部分多様体 S は M の部分集合であるが，位相空間としては S は必ずしも M の部分空間ではないことである．次の例 3.5.3 はそのよく知られた例である．M の部分多様体 S が，同時に M の部分空間となるとき，S を M の**正則部分多様体** (regular submanifold) という．

例 3.5.3 $T^2=S^1\times S^1$ をトーラス面とする．S^1 を複素平面の部分集合

$$S^1=\{z\in\boldsymbol{C}||z|=1\}$$

と考えると，T^2 は絶対値 1 の複素数の組 $(e^{2\pi i\theta}, e^{2\pi i\tau})$ 全体の集合である．数 $\alpha\in\boldsymbol{R}$ に対して，写像 $f_\alpha: \boldsymbol{R}\to T^2$ を $f_\alpha(t)=(e^{2\pi it}, e^{2\pi i\alpha t})$ で定義すると，α が無理数のとき f_α は $\boldsymbol{R}$ の T^2 への埋込みである．f_α の像 $f(\boldsymbol{R})$ は f_α を通して，$\boldsymbol{R}$ と 1 対 1 の集合である．ゆえに $f_\alpha(\boldsymbol{R})$ に f_α が C^∞ 級同相であるように位相および多様体の構造を入れることができる．そのようにすると，$f_\alpha(\boldsymbol{R})$ は T^2 の余次元 1 の部分多様体となるが，しかしこの位相では $f_\alpha(\boldsymbol{R})$ は T^2 の部分空間にはならない（なぜならば，$f_\alpha(\boldsymbol{R})$ は T^2 の中で稠密であり次の定理 3.6 の 3) に反する）．したがって，$f_\alpha(\boldsymbol{R})$ は T^2 の正則部分多様体ではない．しかし α が有理数のときは，$f_\alpha(\boldsymbol{R})$ は正則部分多様体となる．

正則部分多様体になるための条件に関する次の定理がある．

定理 3.6 M^m の部分集合 S に対して，次の 3 条件は同値である．

1) S は M の余次元 k の正則部分多様体である．

2) S の各点 p に対して，p の M の中における近傍 $U(p)$ と，$U(p)$ から $\boldsymbol{R}^k$ への C^r 級写像 f で，次の条件を満たすものがある．

a) f の p における階数は k である．

b) $S\cap U(p)=f^{-1}(o)$

3) S の各点 p に対して，p の M の中における近傍 $U(p)$ と $U(p)$

から $\boldsymbol{R}^m$ のある近傍 V への C^∞ 級同相 $h: U(p) \to V$ が存在して，

$$h(U(p) \cap S) = V \cap \boldsymbol{R}^{m-k}$$

が成り立つ（ただし，$\boldsymbol{R}^{m-k} = \{(x_1, \cdots, x_m) \in \boldsymbol{R}^m | x_{m-k+1} = \cdots = x_m = 0\}$ と考えている）．

証明　この定理は本質的に陰関数の定理（定理 1.5 および 1.6）そのものである．

1) ⇨ 3)　$p \in S$ とする．$(U, \varphi = (\varphi_1, \cdots, \varphi_{m-k}))$ を p を中心とする S の C^∞ 級局所座標系，$(V, \psi = (\psi_1, \cdots, \psi_m))$ を p を中心とする M の C^∞ 級局所座標系とする．いま S は M の正則部分多様体なので，S は M の部分空間としての位相で C^∞ 級多様体となる．したがって $U = V \cap S$ として一般性を失わない．また，包含写像 $\iota: S \to M$ が埋込みなので，

$$\psi \circ \iota \circ \varphi^{-1}: \varphi(U) \to \psi(V) \subset \boldsymbol{R}^m$$

の原点 $o = \varphi(p)$ における階数は $m-k$ である．したがって定理 1.6 より，$\boldsymbol{R}^m$ の原点の近傍 W から同じ原点の近傍 W' への C^∞ 級同相写像 $h' = (h_1', \cdots, h_m'): W \to W'$ が存在して

$$\begin{cases} h_i' \circ (\psi \circ \iota \circ \varphi^{-1})(x_1, \cdots, x_{m-k}) = x_i & 1 \leqq i \leqq m-k \\ h_j' \circ (\psi \circ \iota \circ \varphi^{-1})(x_1, \cdots, x_{m-k}) = 0 & m-k+1 \leqq j \leqq m \end{cases}$$

が成り立つ．

そのとき，$U(p) = \psi^{-1}(W)$，$V = W'$，$h = h' \circ \psi$ とおくと，$h(U(p) \cap S) = h' \circ \psi \circ \iota(U(p) \cap S) = h' \circ \psi \circ \tau \circ \varphi^{-1}(W) = W' \cap \boldsymbol{R}^{m-k} = V \cap \boldsymbol{R}^{m-k}$.

3) ⇨ 2)　$\pi: \boldsymbol{R}^m \to \boldsymbol{R}^k$ を自然な射影 $(x_1, \cdots, x_m) \to (x_{m-k+1}, \cdots, x_m)$ とおくとき，3) における $h: U(p) \to V$ に対して，$f = \pi \circ h$ とおくと，f は条件 a)，b) を満たす．

2) ⇨ 1)　S が M の部分位相空間としての位相で，C^∞ 級多様体になることをみるとよい．p を S の点とする．(U, φ) を p を中心とする M の局所座標系とする．また，$U(p)$ および $f = (f_1, \cdots, f_k)$ を 2) の条件 a)，b) を満たす近傍および写像とする．f の p における階数が k であることより，ヤコビ行列

$$\begin{pmatrix} \frac{\partial f_1\circ\varphi^{-1}}{\partial x_1}(o) & \cdots & \frac{\partial f_1\circ\varphi^{-1}}{\partial x_m}(o) \\ \multicolumn{3}{c}{\cdots\cdots\cdots\cdots\cdots\cdots} \\ \frac{\partial f_k\circ\varphi^{-1}}{\partial x_1}(o) & \cdots & \frac{\partial f_k\circ\varphi^{-1}}{\partial x_m}(o) \end{pmatrix}$$

の階数は k である．特に

$$\begin{pmatrix} \frac{\partial f_1\circ\varphi^{-1}}{\partial x_1}(o) & \cdots & \frac{\partial f_1\circ\varphi^{-1}}{\partial x_k}(o) \\ \multicolumn{3}{c}{\cdots\cdots\cdots\cdots\cdots\cdots} \\ \frac{\partial f_k\circ\varphi^{-1}}{\partial x_1}(o) & \cdots & \frac{\partial f_k\circ\varphi^{-1}}{\partial x_k}(o) \end{pmatrix}$$

が正則行列であると仮定して一般性を失わない．すると定理 1.5 より，$\boldsymbol{R}^m$ の原点の近傍 V から $\boldsymbol{R}^m$ の原点の近傍 W への C^∞ 級同相写像 $h: V \to W$ が存在して，

$$f_i\circ\varphi^{-1}\circ h(x_1, \cdots, x_m) = x_i \quad (i=1, \cdots, k)$$

が成り立つ．そのとき，

$$U'(p) = \varphi^{-1}(W)\cap S, \qquad \varphi' = \pi\circ h^{-1}\circ\varphi$$

とおくと，族 $\{(U'(p), \varphi'\}_{p\in S}$ は定義 2.3 の C^∞ 級座標近傍系の条件 1)～3) を満たす．ただし，$\pi: \boldsymbol{R}^m \to \boldsymbol{R}^{m-k}$ は自然な射影 $(x_1, \cdots, x_m) \to (x_{k+1}, \cdots, x_m)$ である．M が可算個の座標近傍系でおおえるので，S も $\{U'(p), \varphi'\}_{p\in S}$ の中の可算部分族でおおえる．したがってそれを S の座標近傍系とすればよい．

（定理 3.6 証明終）

図 18 (a) はトーラス面 T^2 の展開図とよばれるものである．実際，図 18 (b)，(c) に従って，展開図の 4 辺の対辺を矢印で示された向きが同じになるようにはり合わせると，トーラス面ができあがる．

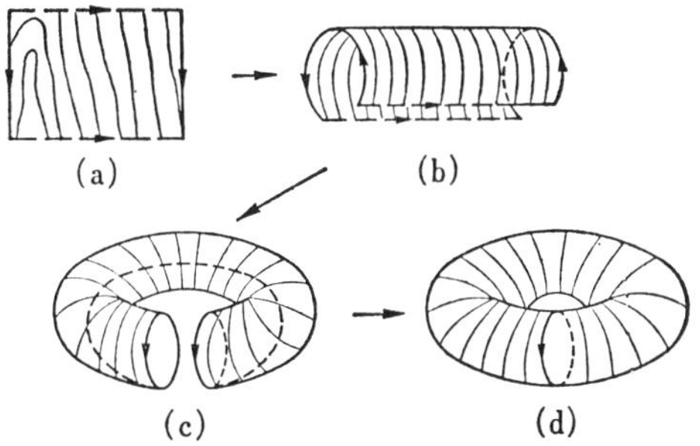

図 18

同様に図 19 (a) を展開図とする曲面 K^2 をクラインの壺とよぶ．

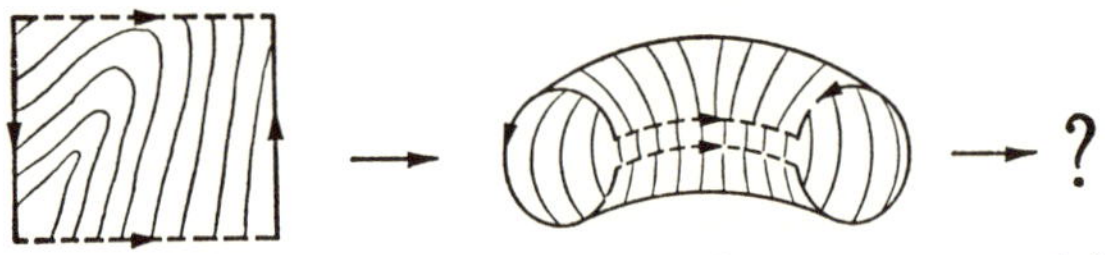

(a)　　　　　　　(b)　　　　　　(c)

図 19

K^2 は C^∞ 級の2次元多様体である．図 19 (b) までは描けるが，その完成図，19(c) は絵に描けない．それは実は，K^2 は $\boldsymbol{R}^3$ には埋め込めないからである．

もし，ある多様体 M が $\boldsymbol{R}^3$ に埋め込めれば，M を実際に $\boldsymbol{R}^3$ の中に実現できて，われわれの目でみることができる．

そこで，どのような多様体が $\boldsymbol{R}^3$ の中に埋め込めるか？　という問題が起こる．これを一般化すると，与えられた整数 n に対して，どのような多様体が $\boldsymbol{R}^n$ に埋め込めるか？　さらに，ある多様体 M が与えられたとき，M が埋め込める最低次元のユークリッド空間は何次元か？などの問題が起きてくる．これらの問題は，$\boldsymbol{R}^n$ の部分多様体にはどのようなものがあるか．という問題と同値である．このような問題の解答の一つとして，トポロジーにおける金字塔といわれるホィットニィ (H. Whitney) [60] の次の定理がある（第5章 定理2.2参照）.

定理　m 次元多様体 M^m はすべて $\boldsymbol{R}^{2m+1}$ に埋め込める．

この定理の証明は第5章で与えられる．この定理のゆえに，今後多様体は，すべてユークリッド空間の部分多様体であると考える．

§4　接ベクトル，写像の微分，サードの定理

4.1　空間のベクトル　ユークリッド空間 $\boldsymbol{R}^n$ の2点 $\mathrm{P}=(p_1, \cdots, p_n)$，$\mathrm{Q}=(q_1, \cdots, q_n)$ の順序のついた組 $\overrightarrow{\mathrm{PQ}}$ で P を始点とし，Q を終点とする有向線分をあらわす．$\overrightarrow{\mathrm{PQ}}$ を P を始点とし，Q を終点とする $\boldsymbol{R}^n$ のベクトルという．また，Q, P の座標の差，$\mathrm{Q}-\mathrm{P}=(q_1-p_1, \cdots, q_n-p_n)$ をベクトル $\overrightarrow{\mathrm{PQ}}$ の**成分ベクトル**といい，q_i-p_i を $\overrightarrow{\mathrm{PQ}}$ の**第 i 成分**という．

注意　成分ベクトルは時に応じて，縦に

$$\begin{pmatrix} q_1-p_1 \\ \vdots \\ q_n-p_n \end{pmatrix}$$

と書くこともある．

今後，$\boldsymbol{R}^n$ の点を，p, q などの小文字であらわし，成分ベクトルを $\boldsymbol{v}, \boldsymbol{w}$ などの小文字の太文字であらわすものとする．そして p を始点とし，成分ベクトルが $\boldsymbol{v}=(v_1, \cdots, v_n)$ であるベクトルを，$p+\boldsymbol{v}$ と書きあらわす．$T_p(\boldsymbol{R}^n)$ で p を始点とする $\boldsymbol{R}^n$ のベクトル全体の集合をあらわすと，次のようにして $T_p(\boldsymbol{R}^n)$ は実数体 $\boldsymbol{R}$ 上の n 次元ベクトル空間となる．

（1）　ベクトル　$p+\boldsymbol{v}=p+(v_1, \cdots, v_n)$，　$p+\boldsymbol{w}=p+(w_1, \cdots, w_n)\in T_p(\boldsymbol{R}^n)$ の和を，

$(p+\boldsymbol{v})+(p+\boldsymbol{w})=p+(\boldsymbol{v}+\boldsymbol{w})=p+(v_1+w_1, \cdots, v_n+w_n)$ で定義する．

（2）　実数 α とベクトル $p+\boldsymbol{v}=p+(v_1, \cdots, v_n)$ に対して，$p+\boldsymbol{v}$ の α 倍を，

$\alpha(p+\boldsymbol{v})=p+\alpha\boldsymbol{v}=p+(\alpha v_1, \cdots, \alpha v_n)$ で定義する．

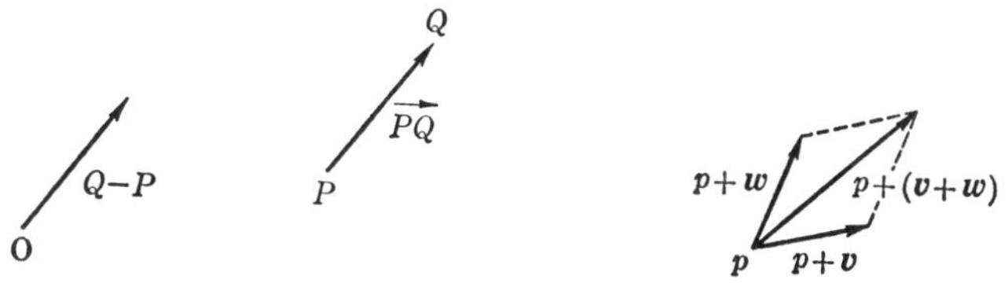

図 20

4.2　写像の微分，C^∞ 級曲線，接ベクトル　　$\boldsymbol{R}^m$ の開集合 U から $\boldsymbol{R}^n$ への C^∞ 級写像 f を考える．いま，点 $p\in U$ をとる．点 p における f のヤコビ行列 $J_f(p)$ は次の式によって，ベクトル空間 $T_p(\boldsymbol{R}^m)$ から $T_{f(p)}(\boldsymbol{R}^n)$ への線形写像を定める．この線形写像を写像 f の点 p における**微分** (differential) といい，記号 df_p であらわす．すなわち，$p+(v_1, \cdots, v_m)\in T_p(\boldsymbol{R}^m)$ に対して，

$$df_p(p+(v_1, \cdots, v_m))=f_{(p)}+\begin{pmatrix} \dfrac{\partial f_1}{\partial x_1} & \cdots & \dfrac{\partial f_1}{\partial x_m} \\ & \cdots\cdots\cdots & \\ \dfrac{\partial f_n}{\partial x_1} & \cdots & \dfrac{\partial f_n}{\partial x_m} \end{pmatrix}\begin{pmatrix} v_1 \\ \vdots \\ v_m \end{pmatrix}.$$

$\boldsymbol{R}^1$ の開区間 (a,b) から $\boldsymbol{R}^m$ への C^∞ 級写像 $\varphi:(a,b)\to\boldsymbol{R}^m$ のことを，$(a,\ b)$ で定義された C^∞ **級曲線**という（日常の言語感覚からいうと，φの像 $\varphi(a,b)$ のことを曲線とよぶのだが，多様体論においては，しばしば写像φのことを曲線とよぶ）．

C^∞ 級曲線 $\varphi=(\varphi_1,\cdots,\varphi_m):(a,b)\to\boldsymbol{R}^m$ と1点 $t_0\in(a,b)$ が与えられたとき，ベクトル，$\varphi(t_0)+\left(\dfrac{d\varphi_1}{dt}(t_0),\cdots,\dfrac{d\varphi_m}{dt}(t_0)\right)=d\varphi_{t_0}(t_0+(1))$ を曲線 φ の $\varphi(t_0)$ における**接ベクトル**という．

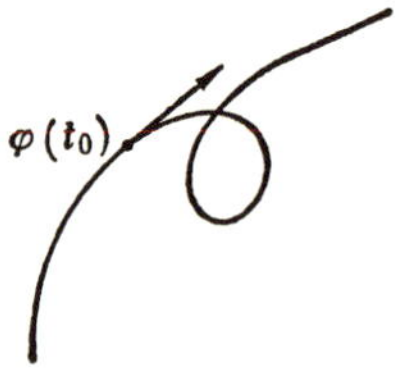

図 21

M を $\boldsymbol{R}^m$ の部分多様体とする．C^∞ 級曲線 $\varphi:(a,b)\to\boldsymbol{R}^m$ の像 $\varphi((a,b))$ が M に含まれるとき，われわれは φ を (a,b) で定義された M の C^∞ **級曲線**といい，$\varphi:(a,b)\to M$ と記す．点 $p\in M$ に対して，ある $t_0\in(a,b)$ が存在して，$\varphi(t_0)=p$ となるとき，φ は p **を通る**曲線であるという．

$\boldsymbol{R}^3$ の中に曲面 S があるとし，点 $p\in S$ とする．そのとき，われわれが直観的に理解している p を始点とするベクトル $p+\boldsymbol{v}$ が，"**曲面 S に接している**"とはどういうことかを考えよう．

ベクトル $p+\boldsymbol{v}$ が曲面 S **に接する** (tangent to S) とは，C^∞ 級曲線 $\varphi:(a,b)\to S$ で，ある $t_0\in(a,b)$ に対して，$p=\varphi(t_0)$ であり，かつφの $p=\varphi(t_0)$ における接ベクトルが $p+\boldsymbol{v}$ になっているようなものが存在するときにいう．

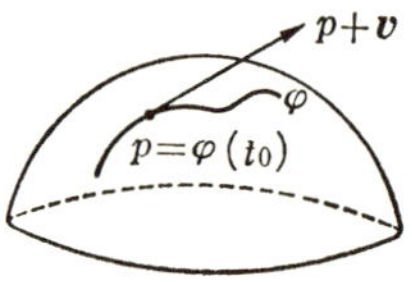

図 22

この定義を一般化して次の定義を得る．

M を $\boldsymbol{R}^n$ の部分多様体とし，$p\in M$ とする．ベクトル $p+\boldsymbol{v}$ が p において M **に接している** (tangent to M at p)，または p における M **の接ベクトル** (tangent vector to M at p) であるとは，p を通る M の C^∞ 級曲線 $\varphi:(a,b)\to M$ が存在して，φ の p における接ベクトルが $p+\boldsymbol{v}$ になっているときにいう．p における M の接ベクトル全体を $T_p(M)$ であらわす．

定理 4.3　M を $\boldsymbol{R}^n$ の m 次元部分多様体とし，$p\in M$ とする．そのとき $T_p(M)$ は m 次元ベクトル空間で，さらに $T_p(\boldsymbol{R}^n)$ の部分ベクトル空間である．

証明 まず V が $\boldsymbol{R}^n$ の開集合（すなわち開部分多様体）の場合，$p\in V$ に対して $T_p(V)=T_p(\boldsymbol{R}^n)$ が成り立つ．

（証） $V\subset\boldsymbol{R}^n$ なので $T_p(V)\subset T_p(\boldsymbol{R}^n)$ は明らか．次に $T_p(V)\supset T_p(\boldsymbol{R}^n)$ を示そう．$p+\boldsymbol{v}$ を $T_p(\boldsymbol{R}^n)$ の任意のベクトルとする．$\varepsilon>0$ に対して C^∞ 級曲線 $\varphi:(-\varepsilon,\varepsilon)\to\boldsymbol{R}^n$ を $\varphi(t)=p+t\boldsymbol{v}$ で定義すると，$\varphi(0)=p\in V$，かつ V は開集合なので，ε を十分小さくとると φ は p を通る V の C^∞ 級曲線である．$p=\varphi(0)$ における φ の接ベクトルは $p+\boldsymbol{v}$ にほかならない．ゆえに $p+\boldsymbol{v}\in T_p(V)$，したがって $T_p(V)\supset T_p(\boldsymbol{R}^n)$．ゆえに $T_p(V)=T_p(\boldsymbol{R}^n)$．

次に一般の多様体 M について考える．$(U_\alpha,\varphi_\alpha)$ を $p\in U_\alpha$ なる M の一つの座標近傍とする．$q=\varphi_\alpha(p)$，$V=\varphi_\alpha(U_\alpha)$，$f={\varphi_\alpha}^{-1}:V\to U_\alpha$ とする．すると f は C^∞ 級同相写像となる．したがって f を V から $\boldsymbol{R}^n(\supset U_\alpha)$ への写像と考えれば，$df_q:T_q(\boldsymbol{R}^m)\to T_p(\boldsymbol{R}^n)$ は階数 m の線形写像となる．したがって

$$T_p(M)=df_q(T_q(V_\alpha))\quad(=df_q(T_q(\boldsymbol{R}^m)))$$

を示せば定理は証明されたことになる．

$T_p(M)\subset df_q(T_q(V_\alpha))$ を示そう．$p+\boldsymbol{v}\in T_p(M)$ とすると定義により，p を通る C^∞ 級曲線 $\psi:(a,b)\to U_\alpha\subset M$ で，p における接ベクトルが $p+\boldsymbol{v}$ であるものが存在する．φ_α が C^∞ 級同相写像なので，$\varphi_\alpha\circ\psi:(a,b)\to V$ は q を通る V の C^∞ 級曲線で，その q における接ベクトルを $q+\boldsymbol{w}$ とおくと，$df_q(q+\boldsymbol{w})=p+\boldsymbol{v}$ となる．したがって $p+\boldsymbol{v}\in df_q(T_q(V_\alpha))$．ゆえに $T_p(M)\subset df_q(T_q(V_\alpha))$．

$T_p(M)\supset df_q(T_q(V_\alpha))$ もまったく同様に示される．

（定理 4.3 証明終）

問題 4.3.1 S を M の部分多様体とする．その時点 $p\in S$ に対して，$T_p(S)$ は $T_p(M)$ の部分ベクトル空間である．

M を $\boldsymbol{R}^n$ の m 次元部分多様体とし，$p\in M$ とする．$\varphi=(x_1,\cdots,x_m)$ を p の近傍で定義された局所座標系とする．$1\leqq i\leqq m$ なる整数 i に対して C^∞ 級曲線 $\alpha_i:(-\varepsilon,\varepsilon)\to\varphi(U)\subset\boldsymbol{R}^m$ を $\alpha_1(t)=\varphi(p)+(t,0,\cdots,0)$，$\alpha_2(t)=\varphi(t)+(0,t,0,\cdots,0)$，$\cdots$，$\alpha_m(t)=\varphi(p)+(0,\cdots,0,t)$ で定義する．そのとき，$\varphi_i=\varphi^{-1}\circ\alpha_i$ は $\varphi_i(o)=p$ なる M の C^∞ 級曲線である．φ_i の p における接ベクトルを $(\partial/\partial x_i)_p$ とあらわす（図23参照）．

定理 4.4 組 $\{(\partial/\partial x_1)_p,\cdots,(\partial/\partial x_m)_p\}$ は $T_p(M)$ のベクトル空間としての基である．これを局所座標系 $\varphi=(x_1,\cdots,x_m)$ に双対な接ベク

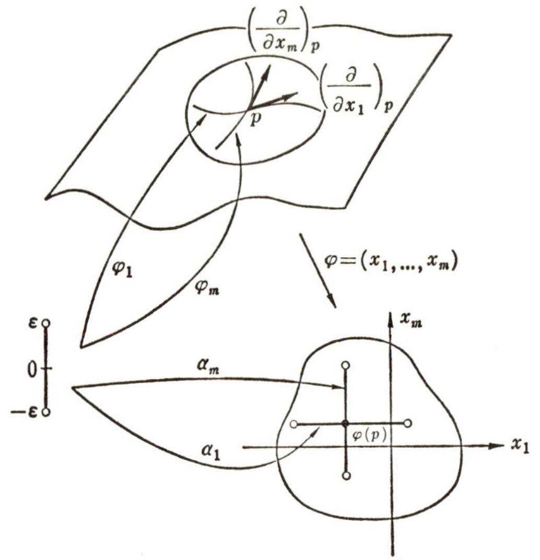

図 23

トル基という．

証明　α_i の $\varphi(p)$ における接ベクトルは $X_i=\varphi(p)+(0,\cdots 0,1,0,\cdots,0)$ である．明らかに，$X_1,\cdots,X_m$ は1次独立で，$T_{\varphi(p)}(\boldsymbol{R}^m)$ の基となっている．$(\partial/\partial x_i)_p=d\varphi_{\varphi(p)}{}^{-1}(X_i)$ かつ $d\varphi_{\varphi(p)}{}^{-1}$ は 4.3 の証明で見たように階数が m なので

$$\left(\frac{\partial}{\partial x_i}\right)_p,\cdots,\left(\frac{\partial}{\partial x_m}\right)_p$$

は1次独立である．$\dim T_p(M)=m$ なので，

$$\left(\frac{\partial}{\partial x_1}\right)_p,\cdots,\left(\frac{\partial}{\partial x_m}\right)_p$$

は $T_p(M)$ の基である．

（証明終）

注意　4.4.1　$\boldsymbol{R}$ を数直線とするとき，t で $\boldsymbol{R}$ の自然な座標関数をあらわすとする．そのとき，t に双対な t_0 における接ベクトル $t_0+(1)$ をこの本では以後（特に第5章以後）ひんぱんに $(\partial/\partial t)_{t_0}$ という記号で示す．

4.5　写像の微分，その2　M, N をそれぞれ，$\boldsymbol{R}^k$ および $\boldsymbol{R}^l$ の部分多様体とし，$f:M\to N$ を C^∞ 級写像とする．$p\in M$ とするとき，f の p における**微分**といわれる線形写像

$$df_p : T_p(M) \to T_{f(p)}(N)$$

を次のように定義する．$p+\boldsymbol{v}$ を p における M の接ベクトルとし，$\varphi:(a,b)\to M$ をその p における接ベクトルが $p+\boldsymbol{v}$ である C^∞ 級曲線とする ($p=\varphi(t_0)$)．そのとき $\psi=f\circ\varphi:(a,b)\to N$ は $\psi(t_0)=f(p)$ なる N の C^∞ 級曲線である．ψ の $q=\psi(t_0)$ における接ベクトルを $df_p(p+\boldsymbol{v})$ と定める．

すると実際 df_p は $T_p(M)$ から $T_{f(p)}(N)$ への線形写像である．$(U_\alpha,\varphi_\alpha)$，$(V_\iota,\psi_\iota)$ をそれぞれ $p\in U_\alpha$，$f(p)\in V_\iota$ なる M, N の座標近傍とする．そのとき，上の定義をそのまま用いると，次の関係が得られる．

$$(d\psi_\iota)_{f(p)}\circ df_p = d(\psi_\iota\circ f\circ\varphi_\alpha^{-1})_{\varphi_\alpha(p)}\circ(d\varphi_\alpha)_p.$$

ところで，定理 4.3 の証明でみたように，$(d\psi_\iota)_{\psi(p)}$，$(d\varphi_\alpha)_p$ はそれぞれ線形同形で，$d(\psi_\iota\circ f\circ\varphi_\alpha^{-1})_{\varphi_\alpha(p)}$ は $\boldsymbol{R}^m$ から $\boldsymbol{R}^n$ への写像の微分なので，§4.2 で定義したものと一致し，線形写像である．したがって df_p は線形写像である．

問題 4.6 定義 3.1 において定義した写像 $f:M\to N$ の点 $p\in M$ における階数は線形写像 df_p の階数にほかならないことを示せ．

定義 4.7 $f:M\to N$ を C^∞ 級写像とし，$\dim M=m$，$\dim N=n$ とする．そのとき，点 $p\in M$ が f の**正則点** (regular point) であるとは，f の点 p における階数 (すなわち線形写像 df_p の階数) が，$\min(m,n)$ に等しいときにいう．点 $p\in M$ が f の正則点でないとき，点 p を f の**特異点** (singular point) という．また，N の点 q に対して，$f(p)=q$ となる f の特異点 p が存在するとき，q を f の**臨界値** (critical value) という．$q\in N$ が臨界値でないとき，q を f の**正則値** (regular value) という．

臨界値の集合に関して次の定理がある．

定理 4.8 (サード (Sard) の定理 [39]) C^∞ 級写像 $f:M\to N$ の臨界値の集合 C は N の (ルベック) 測度 0 の部分集合である．

ここに $\boldsymbol{R}^n$ の部分集合 A が**ルベック測度** 0 であるとは，任意の $\varepsilon>0$ に対して，その体積の総和が ε 以下となる有限個，または可算個の立方体 $Q_1, Q_2, \cdots$ で A がおおえるときにいう：$A\subset\bigcup_i Q_i$，$\sum_i m(Q_i)<\varepsilon$，ただし，ここで $m(Q_i)$ は立方体 Q_i の体積である．次に多様体

N の部分集合 A が，N の任意の座標近傍 (V_i, φ_i) に対して $\varphi_i(V_i \cap A)$ が $\boldsymbol{R}^n$ の測度 0 の集合であるとき，A を N のルベック測度 0 の部分集合という．

定理の証明はたとえば松島 [32] pp. 51〜54，[14] またはサード自身の論文 [39] を参照のこと．

§5 リー変換群

この節では，次章で必要とするリー群に関する結果を証明なしで述べる．証明については，たとえば松島与三，多様体入門を参照のこと．

5.1 リー群 (Lie group)　群 G が，同時に C^∞ 級多様体でもあり，$G \times G$ から G への群演算の写像，$(x, y) \to xy$，および G から G への写像 $x \to x^{-1}$ がともに C^∞ 級であるとき，G を**リー群**という．リー群 H がリー群 G の群としての部分群であり，多様体としての部分多様体であるとき，H は G の**リー部分群** (Lie subgroup) という．さらに H が G の閉集合であるとき，H を G の**リー閉部分群** (closed Lie subgroup) という．

例 5.2.1 $GL(n, \boldsymbol{R})$，$GL(n, \boldsymbol{C})$ (第2章1.5.3参照) $O(n)$ (第2章1.7.3 参照)，および n 次元トーラス $S^1 \times \cdots \times S^1$ (第2章 1.18 参照) はリー群である ($GL(n, \boldsymbol{R})$ は $\boldsymbol{R}^{n^2}$ の開集合なので多様体となることに注意せよ)．$O(n)$ は $GL(n, \boldsymbol{R})$ のリー部分群である．そのほか $GL(n, \boldsymbol{R})$ および $GL(n, \boldsymbol{C})$ の部分群として，$SO(n)$，$U(n)$，$SU(n)$ などがある (上記松島の本 [32]，または以下の定理5.5参照)．

例 5.2.2 二つのリー群 G_1，G_2 の直積 $G_1 \times G_2$ は再びリー群になる．実際 $G_1 \times G_2$ は第2章例1.5.7により群になるし，第3章例2.6.3により，積多様体となる．この群演算が C^∞ 級であることは，G_1 および G_2 の群演算が C^∞ 級であることより明らかである．

5.3 リー群の商空間　H をリー群 G の，リー閉部分群とする．左剰余類の集合 G/H に次のようにして位相を入れたものを G の H による**商空間** (factor space) という．

$\pi : G \to G/H$ を G の元 g に対して g の左剰余類 gH を対応させる自然な写像とする．そのとき，G/H の部分集合 U に対して，$\pi^{-1}(U)$ が G の開集合のとき，またそのときに限り，U は G/H の開集合であると定める．

この位相に関して，次の性質が成り立つ．

（1） G がハウスドルフ空間なので，G/H もハウスドルフ空間となる．

（2） 写像 $\pi: G \to G/H$ は連続写像．

（3） 写像 $\pi: G \to G/H$ は開写像（すなわち G の任意の開集合 V に対して，$\pi(V)$ は G/H の開集合となる）．

（4） G/H は可算個のコンパクト集合でおおえる．

さらに，次の定理を得る．

定理 5.4 H を G のリー閉部分群とするとき，G/H は C^∞ 級多様体となる．また，自然な写像 $\pi: G \to G/H$ は C^∞ 級写像である．

この定理の証明には，リー環という新たな概念が必要であるので，ここでは省く．証明については，上記松島の本の第Ⅳ章 §14 を参照のこと．リー閉部分群に関しては，次の定理（証明については上記 §18 参照）がある．

定理 5.5 リー群 G の群としての部分群 H が G の閉集合ならば，H は G のリー部分群である．

5.6 リー変換群 リー群 G，C^∞ 級多様体 M，および G の M への**作用** (action) とよばれる C^∞ 級写像 $\mu: G\times M \to M$ が与えられていて，次の条件を満たすとき，G（詳しくは組 (G, μ)）を多様体 M の**リー変換群** (Lie transformation group) という．

（1） $\mu(g, x)=g\cdot x$ と書くとき，$g, h\in G$ および $x\in M$ に対して，$(g\cdot h)\cdot x=g\cdot(h\cdot x)$．

（2） e を G の単位元とするとき，すべての $x\in M$ に対して，$e\cdot x=x$．

x を M の元とするとき，集合 $G(x)=\mu(G\times\{x\})=\{g\cdot x\in M|g\in G\}$ を点 x を通る G の**軌道** (orbit) という．

定理 5.7 任意の点 $x\in M$ に対して，x を通る G の軌道 $G(x)$ は M の部分多様体である．

証明の概略 $x\in M$ として，$G(x)$ を考える．$H=\{g\in G|g\cdot x=x\}$ を考えると，H は G の閉部分集合で，かつ G の部分群である．したがって定理 5.5 によって，H は G のリー部分群であり，さらに定理 5.4

により，G/H は C^∞ 級多様体となる．

G から $G(x)$ への写像 $\mu_x : g \to g\cdot x$ は G/H から $G(x)$ の上への1対1写像 $\bar{\mu}_x$ を導く．したがって $\bar{\mu}_x$ を通して，$G(x)$ は C^∞ 級多様体となる．さらに $\bar{\mu}_x$ は G/H の M への C^∞ 級埋込みになるので，$G(x)$ は M の部分多様体となる．

（証明の概略終）

§6 1 の 分 割

定義 6.1 位相空間 X の開部分集合の族 $\{U_\alpha\}_{\alpha\in A}$ が条件 $X=\bigcup_\alpha U_\alpha$ を満たすとき，$\{U_\alpha\}_{\alpha\in A}$ を X の**開被覆** (open covering) という．$\{U_\alpha\}_{\alpha\in A}$，$\{V_\iota\}_{\iota\in I}$ を X の開被覆とする．任意の添え字 $i\in I$ に対して，$V_\iota\subset U_\alpha$ となる $\alpha\in A$ が必ず存在するとき，開被覆 $\{V_\iota\}_{\iota\in I}$ は開被覆 $\{U_\alpha\}_{\alpha\in A}$ の**開細分** (open refinement) であるという．X の開被覆 $\{U_\alpha\}_{\alpha\in A}$ が**局所有限** (locally finite) であるとは，X の任意の点 p に対して，p の近傍 W で $W\cap U_\alpha\neq\phi$ となる添え字 $\alpha\in A$ が有限個しか存在しないときにいう．

定義 6.2 位相空間 X が次の二つの条件を満たすとき，X を**パラコンパクト位相空間** (paracompact) という：

（1） X はハウスドルフ空間

（2） X の任意の開被覆に対し，その開細分で局所有限なものが存在する．

定理 6.3 位相多様体はパラコンパクトである．

証明については松島 [32] §14 を参照のこと．

定義 6.4 $\{U_\alpha\}_{\alpha\in A}$ を多様体 M の局所有限な開被覆とする．そのとき，M 上の C^∞ 級関数の族 $\{f_\alpha\}_{\alpha\in A}$ が，次の条件（1）～（3）を満たすとき，$\{f_\alpha\}_{\alpha\in A}$ を開被覆 $\{U_\alpha\}_{\alpha\in A}$ に従属する**1の分割** (partition of unity) とよぶ：

（1） 各 $\alpha\in A$ に対して，$0\leqq f_\alpha\leqq 1$,

（2） 各 $\alpha\in A$ に対して，$\{p\in M \mid f_\alpha(p)>0\}\subset U_\alpha$,

（3） M の任意の点 p に対して，$\sum_{\alpha\in A} f_\alpha(p)=1$.

定理 6.5 C^∞ 級多様体 M の任意の開被覆 $\{U_\alpha\}_{\alpha\in A}$ に対して，$\{U_\alpha\}_{\alpha\in A}$ の局所有限な開細分 $\{V_\iota\}_{\iota\in I}$ と，$\{V_\iota\}_{\iota\in I}$ に従属する1の分

割 $\{f_\iota\}_{\iota\in I}$ が存在する．

証明のために，次の補題6.6および6.7を準備しよう．記号を一つ定めておく．$\boldsymbol{R}^m$ の点 $p=(p_1, \cdots, p_m)$ を中心とする各辺の長さが $2a$ で各辺が座標軸に平行な m 次元立方体を $C^m(p; a)$ であらわす．すなわち，

$$C^m(p; a)=\{x=(x_1, \cdots, x_m)\in\boldsymbol{R}^m|\max|p_\iota-x_\iota|\leqq a\}.$$

補助定理 6.6 条件

$$\begin{cases}\psi(x)=1, & x\in C^m\left(0; \dfrac{1}{2}\right)\\ \psi(x)=0 & x\notin C^m(0; 1)\\ 0\leqq\psi(x)\leqq 1 & x\in\boldsymbol{R}^m\end{cases}$$

を満たす C^∞ 級関数 $\psi: \boldsymbol{R}^m\to\boldsymbol{R}$ が存在する．

証明 次の式で定義される関数 $f: \boldsymbol{R}\to\boldsymbol{R}$ を考える：

$$\begin{cases}f(t)e^{-1/t^2} & t>0\\ f(t)=0 & t\leqq 0\end{cases}$$

f は C^∞ 級の関数で，$f(t)>0$ $(t>0)$ である．次に関数 $g: \boldsymbol{R}^1\to\boldsymbol{R}^1$ を，$g(t)=f(t)/(f(t)+f(1-t))$ で定義する．g は C^∞ 級で次の条件を満たしている：

$$\begin{cases}g(t)=0 & t\leqq 0\\ \dfrac{dg}{dt}(t)>0 & 0<t<1\\ g(t)=1 & t\geqq 1\end{cases}$$

次に関数 $h: \boldsymbol{R}^1\to\boldsymbol{R}^1$ を，$h(t)=g(2t+2)\cdot g(-2t+2)$ で定義すると，h は C^∞ 級で，次の条件を満たしている：

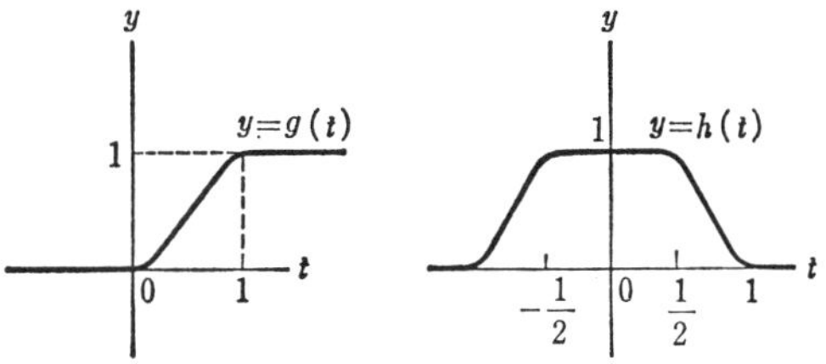

図 24

$$\begin{cases} h(t)=0 & |t|\geqq 1 \\ 0\leqq h(t)\leqq 1 & \dfrac{1}{2}\leqq |t|\leqq 1 \\ h(t)=1 & |t|\leqq \dfrac{1}{2} \end{cases}$$

さて $\psi(x_1,\cdots,x_m)=h(x_1)\cdot\cdots\cdot h(x_m)$ とおくと，望む関数が得られる．

（証明終）

補助定理 6.6 は次のように一般化できる．

補助定理 6.7　U を多様体 M の任意の開集合，K を U に含まれるコンパクト集合とする．そのとき，次の条件を満たす C^∞ 級関数 $\psi: M\to \boldsymbol{R}$ が存在する：

$$\begin{cases} \psi(x)=1 & x\in K \\ \psi(x)=0 & x\notin U \\ 0\leqq\psi(x)\leqq 1 & x\in M. \end{cases}$$

証明　点 $p=(p_1,\cdots,p_m)\in\boldsymbol{R}^m$ と実数 $a>0$ に対して関数 $\psi_{p,a}:\boldsymbol{R}^m\to\boldsymbol{R}$ を次式で定義する：

$$\psi_{p,a}(x_1,\cdots,x_m)=\psi\left(\frac{1}{a}(x_1-p_1),\cdots,\frac{1}{a}(x_m-p_m)\right).$$

ただし，関数 ψ は補助定理 6.6 で得られた関数である．すると $\psi_{p,a}$ は次の性質を満たしている：

$$\begin{cases} \psi_{p,a}(x)=1 & x\in C^m\left(p;\ \dfrac{1}{2}a\right) \\ \psi_{p,a}(x)=0 & x\notin C^m(p;\ a) \\ 0\leqq\psi_{p,a}(x)\leqq 1 & x\in\boldsymbol{R}^m. \end{cases}$$

さて U は開集合で，$K\subset U$ なので，K の任意の点 p に対して，p を含む座標近傍 $(U_\alpha,\varphi_\alpha)$ と，条件 $C^m(\varphi_\alpha(p);\varepsilon_p)\subset\varphi_\alpha(U\cap U_\alpha)$ を満足する実数 $\varepsilon_p>0$ が存在する．K はコンパクト集合なので，K の有限個の点 $p_1,\cdots,p_k$ とそれに対応する座標近傍 $(U_{\alpha_i},\varphi_{\alpha_i})$ と，数 $\varepsilon_{p_i}>0$，$i=1,\cdots,k$，で次の条件を満たすものが存在する：

$$\begin{cases} C^m(\varphi_{\alpha_i}(p_i);\ \varepsilon_{p_i})\subset\varphi_{\alpha_i}(U\cap U_{\alpha_i}), \quad i=1,\cdots k, \\ K\subset\displaystyle\bigcup_{i=1}^{k}\varphi_{\alpha_i}{}^{-1}\left(C^m\left(\varphi_{\alpha_i}(p_i);\ \frac{1}{2}\varepsilon_{p_i}\right)\right). \end{cases}$$

そこで，$\psi_i: M\to\boldsymbol{R}$ を

$$\psi_i(x)=\begin{cases}\psi\varphi_{\alpha_i}(p_i),\varepsilon_i\circ\varphi_{\alpha_i}(x) & x\in U_{\alpha_i}\\ 0 & x\notin U_{\alpha_i}\end{cases}$$

で定義する．そのとき，関数 $\bar{\psi}(x)=\prod_{i=1}^{k}(1-\psi_i(x))$ は C^∞ 級関数で，次の条件を満たす：

$$\begin{cases}\bar{\psi}(x)=0 & x\in K\\ \bar{\psi}(x)=1 & x\notin U\\ 0\leqq\bar{\psi}(x)\leqq 1 & x\in M.\end{cases}$$

$\psi(x)=1-\bar{\psi}(x)$ とおくと，望む関数が得られる．

（補助定理 6.7 証明終）

定理 6.5 の証明　$\{U_\alpha\}_{\alpha\in A}$ を M の任意の開被覆とする．そのとき，M の局所有限な開被覆 $\{V_i\}_{i\in I}$ で，次の条件（i）を満たすものが存在する：

（i）各 $i\in I$ に対して，V_i の閉包 $\bar{V}_i$ はコンパクトで，さらに，$\bar{V}_i\subset U_\alpha$ となる $\alpha\in A$ が存在する．

（証）M の任意の点 p に対して，$p\in U_\alpha$ となる $\alpha\in A$ が存在する．その α に対して，p の近傍 O_p でその閉包 $\bar{O}_p$ がコンパクトで，かつ $\bar{O}_p\subset U_\alpha$ となるものがとれる．各点 $p\in M$ に対して，このような O_p を一つ対応させるとき，$\{O_p\}_{p\in M}$ は M の開被覆で，かつ $\{U_\alpha\}_{\alpha\in A}$ の開細分となっている．M がパラコンパクトなので，M の局所有限な開被覆 $\{V_i\}_{i\in I}$ で，$\{O_p\}_{p\in M}$ の（したがって $\{U_\alpha\}_{\alpha\in A}$ の）開細分となっているものが存在する．この $\{V_i\}_{i\in I}$ は条件（1）を満たす．

まったく同じ議論により，次の条件（ii）を満たす，M の局所有限な開被覆 $\{X_j\}_{j\in J}$ が存在する：

（ii）各 $j\in J$ に対して，$\bar{X}_j$ はコンパクトで，ある $i\in I$ に対して，$\bar{X}_j\subset V_i$ となる．

さて，$i\in I$ に対して，$J_i=\{j\in J\,|\,\bar{X}_j\subset V_i\}$，$W_i=\bigcup_{j\in J_i}X_j$ とおくと，$\{W_i\}_{i\in I}$ は M の局所有限な開被覆で，次の条件を満たす：

(iii)　$\bar{W}_i\subset V_i$，$i\in I$.

（証）$\{\bar{X}_j\}_{j\in J}$ が局所有限であることより，$\bar{W}_i=\bigcup_{j\in J_i}\bar{X}_j\subset V_i$ が示される．

各 i に対し，$\bar{W}_i$ はコンパクト，かつ $\bar{W}_i\subset V_i$ なので，補助定理 6.7 より，M 上の C^∞ 級関数 g_i で次の条件を満たすものが存在する：

(iv)

$$\begin{cases}g_i(x)=1 & x\in\bar{W}_i\\ g_i(x)=0 & x\notin V_i\\ 0\leqq g_i(x)\leqq 1 & x\in M\end{cases}$$

そこで,

$$g(x)=\sum_{\iota\in I}g_\iota(x)$$

と定義すると, $\{V_\iota\}_{\iota\in I}$ が局所有限なので, $g(x)$ は M 上の C^∞ 級関数となる. $f_\iota(x)=g_\iota(x)/g(x)$ とおくと, $\{f_\iota\}$ は $\{V_\iota\}$ に従属する1の分割となる.

(定理6.5証明終)

§7 ベクトル場と積分曲線

定義 7.1 M を C^∞ 級多様体で $\boldsymbol{R}^k$ の部分多様体とする. M の各点 p に対して, p における M の接ベクトル $X(p)\in T_p(M)$ を対応させる写像 $X: M\to\bigcup_{p\in M}T_p(M)$ を M 上の**ベクトル場** (vector field) という. §4 の空間のベクトルの表示のしかたに従って, $X(p)=p+\boldsymbol{v}(p)$ ($\boldsymbol{v}(p)$ は $X(p)$ の成分ベクトル) とあらわすとき, M の各点 p に対して, ベクトル $\boldsymbol{v}(p)\in\boldsymbol{R}^k$ を対応させる写像 $\boldsymbol{v}: M\to\boldsymbol{R}^k$ が考えられる. 写像 $\boldsymbol{v}$ が C^r 級のとき, ベクトル場 X は C^r 級であるといわれる. 今後, 考えるベクトルはすべて C^∞ 級であるとする.

X を M 上のベクトル場とする. C^∞ 級曲線 $\varphi: (a,b)\to M$ が X の**積分曲線** (integral curve) であるとは, 区間 (a, b) の各点 t に対して, 曲線 φ の $\varphi(t)$ における接ベクトルが $X(\varphi(t))$ になっている, すなわち,

$$X(\varphi(t))=\left(\frac{\partial\varphi_1}{\partial t}(t),\cdots,\frac{\partial\varphi_k}{\partial t}(t)\right)$$

となっているときにいう.

補助定理 7.2 (常微分方程式の基本定理) $f_i(x_1,\cdots,x_n,a_1,\cdots,a_m)$ を $\boldsymbol{R}^{n+m}$ の原点の近傍 U で定義された n 個の C^∞ 級関数の組とする. そのとき, $\boldsymbol{R}^n$ の原点の近傍 V が存在して, 任意の点 $(y_1,\cdots,y_n)\in V$ に対して, 連立微分方程式

$$\begin{cases}\dfrac{dx_i}{dt}=f_i(x_1,\cdots,x_n,a_1,\cdots,a_m), & i=1,\cdots,n\\ x_i(0)=y_i\end{cases}$$

は t に関する C^∞ 級の解 $x_i=\varphi_i(t)$ をただ1組もつ. この解は初期値 $(y_1,\cdots,y_n)$ とパラメーター $(a_1,\cdots,a_m)$ に依存するので, この解を

$$x_i=\varphi_i(t, y_1, \cdots, y_n, a_1, \cdots, a_m)$$

とあらわすとき，φ_i は $\boldsymbol{R}^{n+m+1}$ の原点のある近傍で定義され C^∞ 級である．

証明は常微分方程式の本ならば，ほとんどの本に書いてある．たとえば，ポントリャーギンの常微分方程式（共立出版）を参照のこと．この基本定理から直ちに，ベクトル場の積分曲線の存在と唯一性に関する定理を得る．

補助定理 7.3（積分曲線の存在と唯一性） X を多様体 M 上の C^∞ 級のベクトル場とする．M の任意の点 y に対して，$\varphi(0)=y$ を満たす X の積分曲線 $\varphi(t)$ がただ一つ存在する．さらにこの解は，初期値 y に依存するので，それを $\varphi(t, y)$ と書くことにすると，さらに任意の点 y_0 に対して，$(y_0, 0)$ の $M\times\boldsymbol{R}$ における近傍 U が存在して，φ は U 上で C^∞ 級となる．ここに唯一性の意味は，もし $\varphi(0)=y=\psi(0)$ を満たす解 $\varphi:(a, b)\to M$ と $\psi:(c, d)\to M$ が二つあれば，$\varphi|((a, b)\cap(c, d))=\psi|((a, b)\cap(c, d))$ となるということである．

補助定理 7.4 X を多様体 M 上の C^∞ 級のベクトル場とし，S を M の正則部分多様体とする．ある数 $a<0<b$ が存在して，S のすべての点 y に対して，積分曲積 $\varphi(t, y)$ が $t\in(a, b)$ で定義されているとする．そのとき，$t\in(a, b)$ に対して，$\varphi_t(y)=\varphi(t, y)$ で定義される写像 $\varphi_t: S\to M$ は C^∞ 級の埋込みで，$\varphi_t(S)$ は M の正則部分多様体となる．また，$\varphi_t: S\to\varphi_t(S)$ は C^∞ 級同相写像である．

証明 いま $t_0\in(a, b)$ を固定する．すると ε を十分小さくとるとき，補助定理 7.3 より，S の近傍 U が存在して，すべての $y\in U$ に対して，積分曲線 $\varphi(t, y)$ は $(t_0-\varepsilon, t_0+\varepsilon)$ で定義されている．すると $\varphi_{t_0}: U\to M$ は C^∞ 級で，また積分曲線の唯一性より 1 対 1 である．一方，ベクトル場 X に対して，逆方向のベクトル場 $-X$ を考えると，$\psi(t)=\varphi(-t)$ が $-X$ の積分曲線となる．$\psi_{t_0}=\varphi_{-t_0}: \varphi_{t_0}(U)\to U$ は φ_{t_0} の逆写像となり，補助定理 7.3 より ψ_{t_0} も C^∞ 級である．したがって $\varphi_{t_0}: U\to\varphi_{t_0}(U)$ は C^∞ 級の同相写像である．S が U の正則部分多様体なので，$\varphi_{t_0}(S)$ は $\varphi_{t_0}(U)$ の正則部分多様体であり，また，$\varphi_{t_0}: S\to\varphi_{t_0}(S)$ は C^∞ 級の同相写像である．

（証明終）

記号 7.5　$(U, \varphi=(x_1, \cdots, x_m))$ を M の一つの局所座標系とする．$\varphi: U\to\varphi(U)=V\subset \boldsymbol{R}^m$．そのとき，各点 $p\in U$ に定理4.4で定義した双対ベクトル $(\partial/\partial x_i)_p$ を対応させるベクトル場を局所座標系 $(U, x_1, \cdots, x_n)$ の x_i に**双対なベクトル場**といい $(\partial/\partial x_i)$ であらわす(定理4.4参照)．

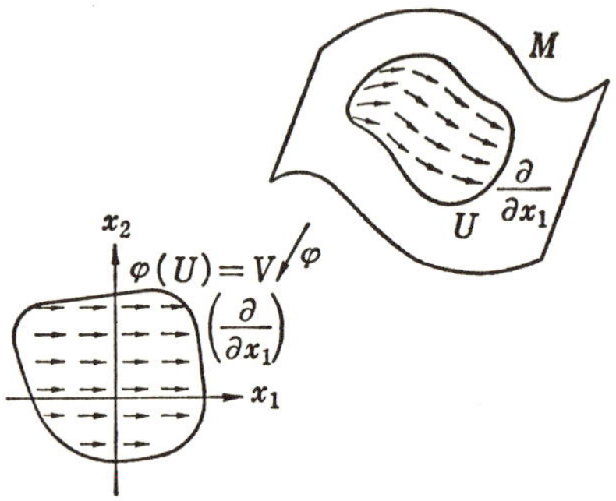

図 25

問題 7.6（1）$(U,(x_1,\cdots,x_n))$ を M の局所座標系で，$p\in U$ とする．そのとき

$$\left\{\left(\frac{\partial}{\partial x_1}\right)(p), \cdots, \left(\frac{\partial}{\partial x_n}\right)(p)\right\}$$

はベクトル空間 $T_p(M)$ の基底である．

（2）X を M 上のベクトル場とするとき，（1）より

$$X(p)=\sum_{i=1}^{n} a_i(p)\left(\frac{\partial}{\partial x_i}\right)(p), \quad p\in U, \quad a_i(p)\in \boldsymbol{R}$$

と書けるが，X が U 上で C^∞ 級となる必要十分条件は，対応 $p\to a_i(p)$ で定義される関数 $a_i: U\to\boldsymbol{R}$ が C^∞ 級となることである．

（3）(U, φ) および (V, ψ) を二つの局所座標系とする．$\varphi=(x_1,\cdots,x_m)$, $\psi=(y_1,\cdots,y_m)$ とあらわすとき，$U=V$ で $x_1=y_1$ であっても，$\varphi\neq\psi$ であるとき，(U,φ) に関して，$(\partial/\partial x_1)$ とあらわされるベクトル場と，(U,ψ) に関して $(\partial/\partial y_1)$ とあらわされるベクトル場は，異なるものである．

補助定理 7.7　$f: M\to N$ を C^∞ 級写像，X, Y をそれぞれ多様体 M, N 上のベクトル場で，M のすべての点 p で条件

（1）$df_p(X(p))=Y(f(p))$

を満たすものとする．p_0 を M の点とし，$q_0=f(p)\in N$ とする．そのとき，X の積分曲線 $\varphi: (a,b)\to M$ と，Y の積分曲線 $\psi: (a,b)\to N$ が，初期条件

（2）$\varphi(0)=p_0$,　$\psi(0)=f(p_0)=q_0$

を満たすとすると，φ, ψ は関係式

（3）$\psi(t)=(f\circ\varphi)(t)$,　$t\in(a,b)$

を満たす．

証明　$f\circ\varphi:(a,b)\to N$ は φ が X の積分曲線であることと，条件(1)より，ベクトル場 Y の積分曲線である．$f\circ\varphi$ も ψ も初期条件 $f\circ\varphi(0)=\psi(0)=q_0$ を満たすので，補助定理7.3より $f\circ\varphi=\psi$ となる．

（証明終）

第4章　写像の特異点論と構造安定性

この章ではトムの初等カタストロフィーの母体である，写像の特異点論とよばれる分野を，構造安定性の問題を中心にして概観し，さらに写像の特異点論の基本言語であるジェットの概念を導入する．

§1　写像の特異点論

写像の特異点論がどのようなことを研究する分野であるかを説明しよう．19 世紀後半の数学者クライン (F. Klein) は，“一つの変換群に対して一つの幾何学が対応する” といった．彼のこの思想は，現代の幾何学の指導原理の一つとなっている．彼の考えを，もう少し詳しく述べよう．いま，空間 X とその変換群 G が与えられたとする．X の部分集合（すなわち図形）に関する性質で，G に属する変換で不変に保てるものを研究する学問を，G に属する X の幾何学という．たとえば，ユークリッド幾何は，平面 $\boldsymbol{R}^2$ の図形の，合同変換，相似変換によって変わらない性質を研究する学問である．そして，**微分位相幾何** (differential topology) は C^∞ 級同相写像によって変わらない図形（おもに多様体）の性質を研究する学問といえる．現在では，図形の性質のみでなく，図形上の関数，および図形間の写像などの性質で，G の元によって不変なものを研究する分野を幾何学といっている．

写像の特異点論は，C^∞ 級関数，および C^∞ 級写像に関する性質の中で，C^∞ 級同相写像によって不変に保たれるものを研究する幾何学である．考察する対象は，大域的なものと，局所的なものとに分かれる．

大域的考察　二つの C^∞ 級写像 $f_1 : M_1 \to N_1$ と $f_2 : M_2 \to N_2$ とが **C^∞ 同値** (C^∞ equivalent) であるとは，C^∞ 級同相写像 $h : M_1 \to M_2$ と $h' : N_1 \to N_2$ が存在して，$f_2 = h' f_1 h^{-1}$ となるときにいう（図式1参照）．

局所的考察　$f_i : M_i \to N_i$ $(i=1,2)$ を C^∞ 級写像とし，$p_i \in M_i$ とする．そのとき f_1 の点 p_1 **における状態**（それを簡単に f_1 **at** p_1 といおう）と f_2 の点 p_2 における状態が **C^∞ 同値** (C^∞ equivalent) で

あるとは，p_1 の M_1 における近傍 V_1 と，$q_1=f_1(p_1)$ における近傍 W_1，および C^∞ 級同相写像 $h: V_1\to V_2$，$h': W_1\to W_2$ で次の条件を満たすものが存在するときにいう：

（1） $h(p_1)=p_2$,　$h'(q_1)=q_2$

（2） $f_2|V_2=h'\circ(f_1|V_1)\circ h^{-1}$ (図式２参照)

上のような C^∞ 同値で分類した各類のことを $\boldsymbol{C^\infty}$ **型** (C^∞ type of mappings) とよぶ．

$$\begin{array}{ccc} M_1 & \xrightarrow{f_1} & N_1 \\ h\downarrow & \circlearrowleft & \downarrow h' \\ M_2 & \xrightarrow{f_2} & N_2 \end{array}$$

（図式１）

$$\begin{array}{ccc} V_1 & \xrightarrow{f_1|V_1} & W_1 \\ h\downarrow & \circlearrowleft & \downarrow h' \\ V_2 & \xrightarrow{f_2|V_2} & W_2 \end{array}$$

（図式２）

このような同値関係を入れたとき，次のような問題が研究の対象となる．

ⓐ **分類問題** どのような C^∞ 型があるか，C^∞ 型の数はどれくらいあるか．各 C^∞ 型から代表元（標準型）を選び出すアルゴリズム etc.

ⓑ 各 C^∞ 型について，それに属する写像が，共通にもつ性質の研究．

ⓒ 各 C^∞ 型間の相互関係．

この本ではおもに局所的分類問題を考える．

定義 1.1 f を m 次元多様体 M から，n 次元多様体 N の中への C^∞ 級写像とする．そのとき，$\mathrm{rank}\, df_p=\min(m,n)$ となる点 $p\in M$ を f の**正則点** (regular point) という．$\mathrm{rank}\, df_p<\min(m,n)$ となる点 $p\in M$ を f の**特異点** (singular point) という．

問題 1.2 $f_1: M_1\to N_1$，$f_2: M_2\to N_2$ を二つの C^∞ 級写像とし，$p_1\in M_1$，$p_2\in M_2$ とする．いま f_1 at p_1 と f_2 at p_2 とが C^∞ 同値であれば，p_1 と p_2 はともに正則点であるか，またはともに特異点である．

問題 1.2 により，局所的考察に関しては，正則点は正則点どうしで，特異点は特異点どうしで分類すればよいことがわかる．

正則点の分類は非常に簡単であることが，次の定理でわかる．

$m\leqq n$ とするとき，$\iota: \boldsymbol{R}^m\to\boldsymbol{R}^n$ を $\iota(x_1,\cdots,x_m)=(x_1,\cdots,x_m,0,\cdots,0)$ で定義する．ι は $\boldsymbol{R}^m$ の $\boldsymbol{R}^n$ の中への自然な埋込みである．また，$m\geqq n$ のとき，$\pi: \boldsymbol{R}^m\to\boldsymbol{R}^n$ を $\pi(x_1,\cdots,x_n,\cdots,x_m)=(x_1,\cdots,x_n)$ で定

義される自然な射影とする．

定理 1.3（正則点の分類）　C^∞ 級写像 $f: M^m \to N^n$ の正則点 $p \in M$ に対して，次のことが成り立つ．

（1）　$m \leqq n$ ならば，f at p は ι at $o \in \boldsymbol{R}^m$ に C^∞ 同値である．

（2）　$m \geqq n$ ならば，f at p は π at $o \in \boldsymbol{R}^m$ に C^∞ 同値である．

証明　この定理は陰関数の定理（第3章 定理 1.5 および 1.6）そのものである．実際 $m \leqq n$ とし，p を f の正則点とする．(U, φ) および (V, ψ) をそれぞれ p および $f(p)$ を中心とする局所座標系とする（局所座標系については第3章定義 2.5 参照）．すると f at p は $\psi \circ f \circ \varphi^{-1}$ at $\varphi(p)(=o)$ に C^∞ 同値である（上の C^∞ 同値の定義で，$h=\varphi$, $h'=\psi$ とおくとよい）．一方，

$$\mathrm{rank}\, J_{\psi \circ f \circ \varphi^{-1}}(o) = \mathrm{rank}\, df_p = m$$

なので，第3章定理 1.6 により，$\psi \circ f \circ \varphi^{-1}$ at o は ι at o に C^∞ 同値である．したがって f at p は ι at o に C^∞ 同値である．

$m \geqq n$ の場合も，第3章 定理 1.5 を使ってまったく同様に証明できる．

（証明終）

このように，正則点には本質的に二つの種類しかないことがわかる．特異点の分類もこのように簡単にいくであろうか？　実は，特異点の分類は非常に複雑である（§2 でその複雑さを示す例を与える）．

この章の（そして特異点論の局所理論の）目的は，このように複雑な C^∞ 級写像の特異点を，できるならばそのすべてを，分類することである．

§2　ホィットニィの例

特異点の分類は非常に複雑であると述べたが，その複雑さの一端を示す例を二つ掲げよう．

例 2.1（ホィットニィ）　$t \in \boldsymbol{R}$ を助変数とする2変数の関数

$$f_t(x, y) = xy(x-y)(x-ty) \tag{1}$$

を考える．このとき，$0<s<t<1$ であれば，f_s at o と f_t at o は C^∞ 級同値でない．

証明　$1>t>s>0$ とし，f_t at o と f_s at o が C^∞ 級同値であるとし

て，矛盾を導こう．もし C^∞ 級同値だとすると，定義より，$\boldsymbol{R}^2$ の原点の近傍 $V_t, V_s, \boldsymbol{R}^1$ の原点 $0=f_t(o)=f_s(o)$ の近傍 W_t, W_s および C^∞ 級同相写像 $h: V_t \to V_s$，$h': W_t \to W_s$ で条件

$$h(o)=0, \qquad h'(o)=0 \tag{2}$$

$$f_s|V_s=h'\circ(f_t|V_t)\circ h^{-1} \tag{3}$$

を満たすものが存在する．証明のキィポイントは，$f_t^{-1}(0)$ と $f_s^{-1}(0)$ を比較することにより，このような h, h' が存在しないことを示すことである．さて

$$f_s^{-1}(0)\cap V_s=\{(x,y)\in V_s|f_s(x,y)=0\}$$

と

$$f_t^{-1}(0)\cap V_t=\{(x,y)\in V_t|f_t(x,y)=0\}$$

は，条件（3）より，次の関係をもっている：

$$h(f_t^{-1}(0)\cap V_t)=f_s^{-1}(0)\cap V_s \tag{4}$$

一方，（1）より

$$f_t^{-1}(0)=\{x=0\}\cup\{y=0\}\cup\{x=y\}\cup\{x=ty\}$$
$$f_s^{-1}(0)=\{x=0\}\cup\{y=0\}\cup\{x=y\}\cup\{x=sy\}$$

である（図 26 参照）．

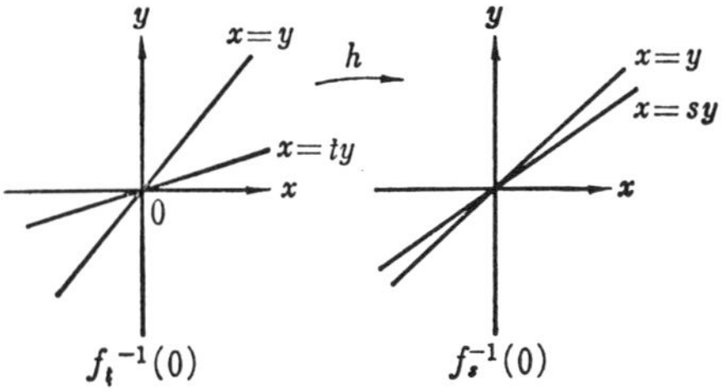

図 26

$\boldsymbol{R}^2$ とその原点における接空間 $T_o(\boldsymbol{R}^2)$ を同一視して考える．すると写像 h の原点における微分 $dh_o: \boldsymbol{R}^2 \to \boldsymbol{R}^2$ は $f_t^{-1}(o)$ を $f_s^{-1}(o)$ の上に移す線形写像でなければならない．

（証） たとえば原点で x 軸に接するベクトル v を考えると，接ベクトルの定義（第3章§4.2参照）により，C^∞ 級の曲線 $\varphi(t):(a,b)\to\boldsymbol{R}^2$ なる曲線で，

$$\varphi(0)=o, \quad \varphi(t)\in\{(x,y)\in\boldsymbol{R}^2|y=0\}=x \text{ 軸}$$

$$\frac{d\varphi}{dt}(0)=v$$

を満たすものが存在する．一方，$h\circ\varphi(t)$ は $\varphi(t)\in f_t^{-1}(0)$ なので，$h\circ\varphi(t)\in f_s^{-1}(0)$．したがって，ベクトル $dh_0(v)=(d(h\circ\varphi)/dt)(0)$ は x 軸，y 軸，$\{x=sy\}$ または $\{x=y\}$ のいずれかに接する．したがって $dh_0(v)\in f_s^{-1}(0)$)．

ところが，$f_t^{-1}(0)$ の4本の直線のなす角度の比と，$f_s^{-1}(0)$ の4本の直線のなす角度の比を考えると，$f_t^{-1}(0)$ を $f_s^{-1}(0)$ の上に写す線形写像は存在しない．したがって，このような C^∞ 級同相写像 h は存在しない．

(2.1 証明終)

例 2.2 (ホイットニィ) C^∞ 級多様体 M の任意の閉集合 A に対して，C^∞ 級関数 $f_A: M\to \boldsymbol{R}$ で，条件 $f_A^{-1}(0)=A$ を満たすものが存在する．この関数 f_A を集合 A の**特性関数**という．

証明 M の局所有限な開被覆 $\{U_i\}$，$\{V_i\}$，$i\in I$ で，次の条件を満たすものが存在する：

(i) $\bar{U}_i\subset V_i$ かつ $\bar{U}_i$ はコンパクト (第3章 定理6.5の証明参照)．

さらに各 $i\in I$ に対して，次の条件を満たす C^∞ 級関数 $f_i: M\to\boldsymbol{R}$ が存在する：

(ii) $f_i^{-1}(0)=\bar{U}_i\cap A$.

(証) $\{O_n\}$ を $\bar{U}_i\cap A$ の近傍の列で次の条件を満たすものとする：

(a) $V_i=O_1\supset O_2\supset\cdots\supset\bar{U}_i\cap A$

(b) $\bigcap_n O_n=\bar{U}_i\cap A$

(c) $\bar{O}_n$ はコンパクト．

すると第3章 補題6.7より，各 n に対して，M 上の C^∞ 級関数 $f_{i,n}$ で，$0\leqq f_{i,n}\leqq 1$，$f_{i,n}|\bar{U}_i\cap A\equiv 0$，かつ $f_{i,n}|O_n^c\equiv 1$ なるものが存在する．そこで，

$$f_i=\sum_{n=1}^{\infty}\varepsilon_n f_{i,n}\quad(\varepsilon_n>0\quad 十分小)$$

とおくと，f_i は条件 (ii) を満たす．また，微積分でよく知られているように $\varepsilon_n>0$ を十分小さく，かつ急減少にとると (関数の一様収束による性質により) f_i は C^∞ 級である．

さらに f_i を $\sum_{i=1}^{\infty}\varepsilon_i=\alpha$ で割ることにより

(iii) $f_i|V_i^c\equiv 1$ とできる．

$f_A=\prod_{i\in I}f_i$ とおくと，$\{V_i\}$ の局所有限性より任意の $p\in M$ に対して $f_i(p)\neq 1$ となる $i\in I$ は有限個，ゆえに f_A は C^∞ 級関数で条件

(iv) $f_A(p)=0\Longleftrightarrow p\in\cup(\bar{U}_i\cap A)=A$

を満たす． (証明終)

例2.1は，写像の特異点をC^∞同値で分類すると，こんな簡単な3次の多項式でも，無限に多くの（実際には連続濃度の）C^∞ 型があることを示している．C^∞ 級写像の特異点全部を C^∞ 同値で分類したときの煩雑さは想像に難くない．さらに，例2.2は，少なくとも閉集合をC^∞級同相写像で分類した類の数だけは，特異点の種類があることを示している．このように分類した結果が，あまりに多く，また，規則性もない場合，その分類は成功したとはいえない（実際，何の役にも立たないであろう）．このような結果になった原因には，次の二つ（のうちどちらか，または双方）が考えられる：

① **C^∞ 級同値という同値関係が厳密すぎる．**

② **C^∞ 級写像の特異点全部を分類しようとすることに難点がある．**

①を検討してみよう．同相写像で，C^∞ 級写像を分類しても，C^∞ 同値で分類するほどではないが，写像の本質は保たれる．それで，同相写像で分類することを考えてみる．すなわち，§1 の C^∞ 同値の定義における C^∞ 級同相写像 h, h' をただの同相写像でおきかえて得られる同値関係を，C^0 **同値**とよび，その各同値類を写像の**位相型** (topological type) とよぶ．さて，C^0 同値で C^∞ 級写像を分類したとき，スッキリした分類になるであろうか．例2.1では特異点の位相型は1個となり簡単になる．しかし例2.2は，それでもなお，少なくとも閉集合を同相写像で分類した類の数以上の位相型をもち，その規則性は混沌としていることを示している．

したがって，C^∞ 級写像（の特異点）全体を分類しようとすることに無理があることがわかる．そこで，多様体 M から多様体 N の中への C^∞ 級写像全体の集合を $C^\infty(M,N)$ を記すとき，$C^\infty(M,N)$ の部分集合 A で，次の条件を満たすものを見つけだし，A の元を C^∞ 同値で分類することで満足する：

(i) $C^\infty(M,N)$ に“妥当なある位相”を入れたとき，A は $C^\infty(M,N)$ の稠密な開集合である．

(ii) A の元を C^∞ 同値で分類した結果の類の数はあまり多くない．

ここに“妥当なある位相”とは，関数空間の一様収束位相を精密化した位相で，C^∞ 位相とよばれるものである．そのきちんとした定義は§5 で与える．条件（i）は，すべての $C^\infty(M,N)$ の元は A の元で近似できることを意味している．したがって，A の元を分類すると，“ほとんどすべての写像”を分類したといえるであろう．この A の候補として，われわれがこの章で考えるのが，“安定写像”(stable map) の集合である．写像 $f \in C^\infty(M, N)$ が安定しているとは，C^∞ 位相による f の近傍 $N(f)$ が存在して $N(f)$ に属する写像 g はすべて f に C^∞ 同値であるときにいう：すなわち f に十分近い写像はすべて f に C^∞ 同値であるような写像 f を安定写像という．このことについては §6 で詳しく述べる．

注意 2.3　例 2.1 は多項式を C^∞ 同値で分類したら，連続濃度の類がでてくることを示している．ところで多項式を C^0 同値で分類したらどうなるであろうか？　$(f_1, \cdots, f_n) : \boldsymbol{R}^m \to \boldsymbol{R}^n$ で，各 $f_i : \boldsymbol{R}^n \to \boldsymbol{R}$ が次数 $\leqq k$ の多項式となっているものを，次数 $\leqq k$ の多項式写像という．$\boldsymbol{R}^m$ から $\boldsymbol{R}^n$ の中への次数 $\leqq k$ の多項式写像全体の集合を $P(m, n : k)$ であらわす．トムは，[51] で，$m, n \geqq 3$ のとき，$P(m, n : k)$ を C^0 同値で分類すると，連続濃度の位相型がでてくることを示した．しかし，$n=1$ のときは，$P(m, 1 : k)$ を C^0 同値で分類したとき，有限個の位相型しかないことが最近知られている [12].

§3　ジェット

この節では，写像の特異点論における基本的言語であるジェット (jet) の概念を導入する．

記号 $C^\infty(\boldsymbol{R}^m, \boldsymbol{R}^n)$ で，$\boldsymbol{R}^m$ から $\boldsymbol{R}^n$ の中への C^∞ 級写像全体の集合をあらわすとする．

定義 3.1　$C^\infty(\boldsymbol{R}^m, \boldsymbol{R}^n)$ の2元 f と g が，$f(o)=g(o)$ であって，両者の原点 o における r 次までの偏微係数がすべて等しいとき，f と g は原点 o において r-同値 (equivalent of order r at o) であるという：すなわち，写像 f, g を $\boldsymbol{R}^n$ の座標成分に分解して，$f=(f_1, \cdots, f_n)$，$g=(g_1, \cdots, g_n)$ と書くとき，等式

$$\frac{\partial^{k_1+\cdots+k_m} f_i}{\partial {x_1}^{k_1} \cdots\cdots \partial {x_m}^{k_m}}(o) = \frac{\partial^{k_1+\cdots+k_m} g_i}{\partial {x_1}^{k_1} \cdots\cdots \partial {x_m}^{k_m}}(o)$$

がすべての $1 \leqq i \leqq n$，および $k_1 + \cdots + k_m \leqq r$ なる負でない整数のすべての組 $(k_1, \cdots, k_m)$ に対して成り立つときにいう．特に，f と g が原点において 0-同値であるとは，$f(o)=g(o)$ が成り立つときにいう．

f と g が原点で r-同値であるとき，このことを記号 $f \overset{r}{\sim} g$ であら

わす．関係 $\overset{r}{\sim}$ は $C^\infty(\boldsymbol{R}^m, \boldsymbol{R}^n)$ の元の間の同値関係である．

写像 $f\in C^\infty(\boldsymbol{R}^m, \boldsymbol{R}^n)$ の属するこの同値関係 $\overset{r}{\sim}$ による同値類のことを，f の原点における **r-ジェット**（r-jet of f at $\boldsymbol{o}$）といい，記号 $j^rf(o)$ であらわす．$C^\infty(\boldsymbol{R}^m, \boldsymbol{R}^n)$ の元 f で，$f(o)=\boldsymbol{0}$ となる元 f の，原点における r-ジェット全体の集合を記号 $J^r(m, n)$ であらわす．

問題 3.2 集合 A から集合 B の上への1対1写像が存在するとき，A と B は集合として対等（equivalent）であるといい，記号 $A\sim B$ であらわす．そのとき，次のことを示せ．

(i) $J^r(m,n)\sim J^r(m,1)\times\cdots\times J^r(m,1)$（$n$ 個の直積），

(ii) $J^r(m,1)\sim P^0(m;r)=${定数項が0で，次数が r 以下の m 変数の多項式}，

(iii) $J^1(m,n)\sim \mathcal{M}(m,n)=${$m$ 行 n 列の行列}，

(iv) $J^r(m,n)\sim \boldsymbol{R}^N$

$$N=n\left\{m+\binom{m+1}{2}+\binom{m+2}{3}+\cdots+\binom{m+r-1}{r}\right\}$$
$$=n\left(\binom{m+r}{r}-1\right)$$

ヒント (i) $f=(f_1,\cdots,f_n)$, $g=(g_1,\cdots,g_n)\in C^\infty(\boldsymbol{R}^m, \boldsymbol{R}^n)$ とするとき，$j^rf(o)=j^rg(o)$ となる必要十分条件は，$j^rf_i(o)=j^rg_i(o)$, $i=1,2,\cdots,n$．したがって $j^rf(o)\to(j^rf_1(o),\cdots,j^rf_n(o))$ なる対応は，$J^r(m,n)$ から $J^r(m,1)\times\cdots\times J^r(m,1)$ の上への1対1写像となる．

(ii) $j^rf(o)\in J^r(m,1)$ に対して，f の原点における Taylor 級数の r 次までの多項式を対応させる写像を考えよ．

(iii) $f=(f_1,\cdots,f_n)$ とするとき，$j^1f(o)\to$ 原点における f のヤコビ行列

$$\begin{pmatrix} \dfrac{\partial f_1}{\partial x_1}(o),\cdots,\dfrac{\partial f_1}{\partial x_m}(o) \\ \cdots\cdots\cdots\cdots\cdots\cdots \\ \dfrac{\partial f_n}{\partial x_1}(o),\cdots,\dfrac{\partial f_n}{\partial x_m}(o) \end{pmatrix}$$

なる対応を考えよ．

(iv) (i) と (ii) より

$$P^0(m;r)\sim\boldsymbol{R}^{N'},\quad N'=\binom{m+r}{r}-1$$

を示すとよい．

（証）$P^0(m;r)\sim\boldsymbol{R}^{N'}$ とし，$N'=\binom{m+r}{r}-1$ であることを $m+r$ に関する帰納法で示す．

$m=0$ であると，$P^0(0;r)\sim\boldsymbol{R}^0$，また $\binom{r}{r}-1=0$ ゆえに成り立つ．ここで $\boldsymbol{R}^0$ は1点 {0}．

$r=0$ であると $P^0(m;0)\sim\boldsymbol{R}^0$，また $\binom{m}{0}-1=0$

ゆえに成り立つ.

一般に $P^0(m,r)$ の多項式を x_m を含まないものと，含むものに分けて

$$P^0(m,r)=P^0(m-1,r)+x_m(P^0(m,r-1)\cup \boldsymbol{R})$$

よって帰納法の仮定から

$$N'=\binom{m+r-1}{r}-1+\binom{m+r-1}{r-1}=\binom{m+r}{r}-1.$$

次数 r 以下の多項式 $f(x_1,\cdots,x_m)=\sum a_{i_1,\cdots,i_m}x_1^{i_1}\cdots\cdots x_m^{i_m}$ に対して，$(a_{1,0,\cdots,0},a_{0,1,0,\cdots,0},\cdots,a_{i_1,\cdots,i_m},\cdots,a_{0,\cdots,0,r})\in\boldsymbol{R}^{N'}$ を対応させる写像は，$P^0(m;r)$ から $\boldsymbol{R}^{N'}$ の上への1対1の対応を与える．ただし，$a_{i_1,\cdots,i_m}$ のはいるべき $\boldsymbol{R}^{N'}$ の座標の順番は，次のように定める：

$1\leqq i_1+\cdots+i_m\leqq r$ なる負でない整数の組 $(i_1,\cdots,i_m)$ 全体の集合 $N(m;r)$ に次の順序を入れる.

（1） $i_1+\cdots+i_m<j_1+\cdots+j_m$ ならば，$(i_1,\cdots,i_m)<(j_1,\cdots,j_m)$

（2） $i_1+\cdots+i_m=j_1+\cdots+j_m$ ならば，逆辞書式順序を入れる．すなわち，

もし，$i_1>j_1$ ならば，$(i_1,\cdots,i_m)<(j_1,\cdots,j_m)$，もし，$i_1=j_1$ で $i_2>j_2$ ならば $(i_1,\cdots,i_m)<(j_1,\cdots,j_m)$，もし，$i_1=j_1$，$i_2=j_2$，$i_3>j_3$ ならば $(i_1,\cdots,i_m)<(j_1,\cdots,j_m)$ 等々．たとえば $N(2;3)$ の元を上の順序に並べると，(1,0)，(0,1)，(2,0)，(1,1)，(0,2)，(3,0)，(2,1)，(1,2)，(0,3)．そのとき，多項式 $\sum a_{i_1,\cdots,i_m}x_1^{i_1},\cdots,x_m^{i_m}$ の係数 $a_{i_1,\cdots,i_m}$ が上の対応によってはいるべき座標の順番は $\sigma(i_1,\cdots,i_m)$ である．ただし $\sigma(i_p,\cdots,i_m)$ は $(i_p,\cdots,i_m)$ の $N(m,r)$ における順番である.

注意 3.3　上の問題3.2の（iv）より，$J^r(m,n)$ は集合として $\boldsymbol{R}^N$ と対等である．すなわち，1対1かつ上への写像 $\varphi:J^r(m,n)\to\boldsymbol{R}^N$ が存在する．その φ をとおして，$J^r(m,n)$ に $\boldsymbol{R}^N$ と同じユークリッド空間の構造がはいる．今後，$J^r(m,n)$ をユークリッド空間と考える．したがってもちろん，$J^r(m,n)$ はベクトル空間であり，また，C^∞ 級多様体である.

r, s を $r>s\geqq 0$ なる整数とする．そのとき写像 $\pi_s{}^r:J^r(m,n)\to J^s(m,n)$ を，$\pi_s{}^r(j^rf(o))=j^sf(o)$ で定義する．この定義は $j^rf(o)$ の代表元 f の選び方によらないことは明らかである．すなわち，$j^rf(o)=j^rg(o)$ であれば，もちろんジェットの定義により，$j^sf(o)=j^sg(o)$ が成り立つからである．$\pi_s{}^r$ を $J^r(m,n)$ から $J^s(m,n)$ の上への**自然な射影**という．$\pi_s{}^r$ は $J^r(m,n)$ および $J^s(m,n)$ を，問題 3.2（iv）および注意 3.3 のように，ユークリッド空間 $\boldsymbol{R}^{N_1}$ および $\boldsymbol{R}^{N_2}$ と考えたときにも，ユークリッド空間の自然な射影

$$(x_1,\cdots,x_{N_2},x_{N_2+1},\cdots,x_{N_1})\to(x_1,\cdots,x_{N_2})$$

となっている．したがって $\pi_s{}^r$ は C^∞ 級の写像である.

$$L^1(m)=\{j^1f(o)\in J^1(m,m)\,|\,|J_f(o)|\neq 0\}$$

とおく．逆関数の定理によると，$L^1(m)$ は原点の近傍から原点の近傍の上への C^∞ 級同相写像の，原点におけるジェットの集合である．

$$L^r(m)=(\pi_1{}^r)^{-1}(L^1(m))=\{j^rf(o)\in J^r(m,m)\,|\,j^1f(o)\in L^1(m)\}$$

とおく．

命題 3.4　$L^r(m)$ は $J^r(m,m)$ の開集合である．したがって，$L^r(m)$ は $J^r(m,m)$ の開部分多様体である．

証明　$\pi_1{}^r: J^r(m,m)\to J^1(m,m)$ は C^∞ 級写像，したがって，連続写像である．それゆえ，命題を証明するには，$L^1(m)$ が $J^1(m,m)$ の開集合であることをみるとよい．ところが，問題 3.2 の (iii) により，$J^1(m,m)$ は m 次の正方行列全体の集合 $\mathcal{M}(m,m)$ と考えてよい（このように考えても，$J^1(m,m)$ のユークリッド空間としての構造は変わらない）．さて，そのように考えるとき，$L^1(m)$ は $GL(m,\boldsymbol{R})$ となる．

$$D:\mathcal{M}(m,m)\to\boldsymbol{R}$$

を行列 $A\in\mathcal{M}(m,m)$ に対して A の行列式を対応させる関数とすると，D は連続関数である．$L^1(m)=GL(m,\boldsymbol{R})=D^{-1}(\boldsymbol{R}-\{0\})$ なので，$L^1(m)$ は $J^1(m,m)=\mathcal{M}(m,m)$ の開集合である．

（証明終）

定理 3.5　$L^r(m)$ はリー群である．

証明　(A)　<u>$L^r(m)$ は群になる．</u>群演算 $\mu: L^r(m)\times L^r(m)\to L^r(m)$ を $\mu(j^rf(o),j^rg(o))=j^r(f\circ g)(o)$ で与えるとき，写像 μ がジェットの代表元のとり方によらず定まることは明らかである．

（証）$j^rf(o)=j^rf'(o)$, $j^rg(o)=j^rg'(o)$ のとき，$j^r(f\circ g)(o)=j^r(f'\circ g')(o)$ となることは，合成関数の微分の鎖則より明らかである．

$L^r(m)$ が群になることを証明するのには，この演算に関して，結合法則，単位元の存在，および逆元の存在を示せばよい．

結合法則　$\mu(j^rf(o),\mu(j^rg(o),j^rh(o)))=\mu(j^rf(o),j^r(g\circ h)(o))=j^r(f\circ g\circ h)(o)=\mu(j^r(f\circ g)(o),j^rh(o))=\mu(\mu(j^rf(o),j^rg(o)),j^rh(o))$.

単位元の存在　i で $\boldsymbol{R}^m$ の恒等写像をあらわすとき，$\mu(j^rf(o),j^ri(o))=j^r(f\circ i)(o)=j^rf(o)$ が成り立つので，$j^ri(o)$ はこの群演算の単位元である．

逆元の存在　これには第3章 補助定理6.6を使う．$j^rf(o)\in L^r(m)$

とする．すると f の原点におけるヤコビアンは 0 でない．したがって，逆関数の定理（第3章 定理 1.3）より f は原点のある近傍 V から同じく原点のある近傍 W の上への C^∞ 級同相写像となる．$f|V:V\to W$ の逆写像を $g=(g_1,\cdots,g_m):W\to V$ であらわす．W が原点の近傍なので，

$$C^m(o,a)=\{(x_1,\cdots,x_m)\in \boldsymbol{R}^m|\max x_i\leqq a\}\subset W$$

となる正の実数 a が存在する．φ を第3章 補助定理 6.6 で得られた関数とするとき，$\varphi_a(x)=\varphi(x/a)$ で定義される関数は C^∞ 級の関数で次の性質をもつ：

$$\begin{cases}\varphi_a(x)=1 & x\in C^m(o;\ a/2)\\ \varphi_a(x)=0 & x\notin C^m(o;\ 1).\end{cases}$$

次に写像 $h=(h_1,\cdots,h_m):\boldsymbol{R}^m\to\boldsymbol{R}^m$ を，

$$\begin{cases}h_i(x_1,\cdots,x_m)=\varphi_a(x)\cdot g_i(x_1,\cdots,x_m) & x\in W\\ h_i(x_1,\cdots,x_m)=0 & x\notin W\end{cases}$$

で定義すると，h は C^∞ 級で $h|C^m(o;\ a/2)=g|C^m(o;\ a/2)$ が成り立つ．したがって $f\circ h|C^m(o;\ a/2)=f\circ g|C^m(o;\ a/2)=i|C^m(o;\ a/2)$．ゆえに，$\mu(j^rf(o),j^rh(o))=j^r(f\circ h)(o)=j^ri(o)$．同様に，$\mu(j^rh(o),j^rf(o))=j^ri(o)$．ゆえに，$j^rf(o)$ の逆元 $j^rh(o)$ が存在したことになる．

（B）　群演算 μ は C^∞ 級写像である．命題 3.4 により，$L^r(m)$ は $J^r(m,m)$ の開部分多様体である．次に，m 変数の任意の多項式 $g(x_1,\cdots,x_m)$ に対して，$\pi_r(g)$ で，多項式 g から g の $r+1$ 次以上の項を除いた r 次の多項式をあらわすとしよう．たとえば，$g=x_1{}^2+2x_2+x_1{}^3-x_1x_2-3x_1{}^2x_2{}^2$ に対しては $\pi_2(g)=x_1{}^2+2x_2-x_1x_2$ となる．

問題 3.2 により，$J^r(m,m)$ は $P^0(m;r)\times\cdots\times P^0(m;r)$（$m$ 個の直積）と同一視できる．このように同一視するとき，上の群演算 μ は $f=(f_1,\cdots,f_m)$，$g=(g_1,\cdots,g_m)\in L^r(m)\subset P^0(m;r)\times\cdots\times P^0(m;r)$ に対して

$$\mu(f,g)=\pi_r(f\circ g)=(\pi_r(f_1\circ g),\cdots,\pi_r(f_m\circ g))$$

となる．したがって，$h=(h_1,\cdots,h_m)=\pi_r(f\circ g)=\mu(f\circ g)$ とするとき，$h_i(x_1,\cdots,x_m)=\sum c_{i,(j_1,\cdots,j_m)}x_1{}^{j_1},\cdots,x_m{}^{j_m}$ の係数 $c_{i,(j_1,\cdots,j_m)}$ は，$f_i(x_1,\cdots,x_m)=\sum a_{i,(j_1',\cdots,j_m')}x_1{}^{j_1'},\cdots,x_m{}^{j_m'}$ の係数 $a_{i,(j_1',\cdots,j_m')}$ と，$g_l(x_1,\cdots,x_m)=\sum b_{l,(j_1'',\cdots,j_m'')}x_1{}^{j_1''},\cdots,x_m{}^{j_m''}$ の係数 $b_{l,(j_1'',\cdots,j_m'')}$ の多項式

であらわされる．したがって問題 3.2 の（iv）と注意 3.3 の多様体の構造の入れ方より，μ は C^∞ 級写像である．

（C） 逆元を対応させる写像は C^∞ 級である． 証明のキィポイントは，群演算 μ に対して，陰関数の定理（第3章 1.7）を適用することである．$L^r(m)$ は $J^r(m,m)=\boldsymbol{R}^N$ の開集合なので，$L^r(m)$ の座標関数として，$\boldsymbol{R}^N$ の座標がそのまま使える．$L^r(m)\times L^r(m)$ の座標を $(a_1, \cdots, a_N, b_1, \cdots, b_N)$ であらわそう．そのとき次の順序で証明する．

（i） 任意の点 $q\in L^r(m)$ に対して，対応 $q\to pq$ で定義される写像 $\mu_p: L^r(m)\to L^r(m)$ は C^∞ 級同相写像である．実際，p の逆元を p^{-1} とするとき，$(\mu_p)\circ(\mu_{p^{-1}})$ は $L^r(m)$ の恒等写像である．一方，演算 μ は (B) でみたように，C^∞ 級なので，μ_p および $\mu_{p^{-1}}$ はともに C^∞ 級写像である．

（ii） 任意の点 $(p,q)\in L^r(m)\times L^r(m)$ における群演算 $\mu=(\mu_1, \cdots, \mu_N)$ のヤコビ行列を考える．

$$\frac{D(\mu_1, \cdots, \mu_N)}{D(b_1, \cdots, b_N)}=\det\begin{pmatrix} \dfrac{\partial\mu_1}{\partial b_1}(p,q) & \cdots & \dfrac{\partial\mu_1}{\partial b_N}(p,q) \\ & \cdots\cdots\cdots\cdots & \\ \dfrac{\partial\mu_N}{\partial b_1}(p,q) & \cdots & \dfrac{\partial\mu_N}{\partial b_N}(p,q)\end{pmatrix}$$

とおくとき，$D(\mu_1, \cdots, \mu_N)/D(b_1, \cdots, b_N)\neq 0$ が成り立つ．

（証） $D(\mu_1, \cdots, \mu_N)/D(b_1, \cdots, b_N)$ は μ_p の点 q におけるヤコビ行列式にほかならず，μ_p は（i）で見たように C^∞ 級同相写像であるので，$D(\mu_1, \cdots, \mu_N)/D(b_1, \cdots, b_N)\neq 0$.

（iii） $\varepsilon=j^r i(o)$ を (A) で与えた $L^r(m)$ の単位元とする．任意の点 $p_0\in L^r(m)$ をとり，それを固定して考える．p_0 の逆元を p_0^{-1} であらわすとき，もちろん $\mu(p_0, p_0^{-1})=\varepsilon$ である．（ii）で述べたように，$D(\mu_1, \cdots, \mu_N)/D(b_1, \cdots, b_N)\neq 0$ なので陰関数の定理（第3章 1.6）より，$\mu(a_1, \cdots, a_N, b_1, \cdots, b_N)=\varepsilon$ を満たす (p_0, p_0^{-1}) の近傍の点 $(p,q)=(a_1, \cdots, a_N, b_1, \cdots, b_N)$ に対して，b_j は $a_1, \cdots, a_N$ の C^∞ 級関数としてあらわされる．ところがこのような組 (p,q) において，q は p の逆元にほかならないので，$b_1, \cdots, b_N$ は元 $p=(a_1, \cdots, a_N)$ の逆元の座標をあらわしている．このようにして対応 $p\to p^{-1}$ が C^∞ 級の写像であることが証明された．

（定理 3.5 証明終）

さて，定理 3.5 により，$L^r(m)$ はリー群になる．したがってリー群 $L^r(n)$ と $L^r(m)$ の直積 $L^r(n)\times L^r(m)$ もリー群になる（第3章例 5.2.2 参照）．さらに，リー群 $L^r(m)$ および $L^r(n)\times L^r(m)$ はそれぞれ，作用

$$\mu_1 : L^r(m)\times J^r(m,n)\to J^r(m,n),$$
$$\mu_1(j^rh(o), j^rf(o))=j^r(f\circ h)(o),$$

および　$\mu_2 : L^r(n)\times L^r(m)\times J^r(m,n)\to J^r(m,n),$

$$\mu_2(j^rh_1(o), j^rh_2(o), j^rf(o))=j^r(h_1\circ f\circ h_2)(o)$$

により，$J^r(m,n)$ のリー変換群となる．

問題 3.6　作用 μ_1 および μ_2 によって，$L^r(m)$ および $L^r(n)\times L^r(m)$ が $J^r(m,n)$ のリー変換群となることを確かめよ．

ヒント　μ_1 および μ_2 の微分可能性が問題であるが，それは定理 3.5 の証明 (B) とまったく同様に証明できる．

第3章の§5（定理 5.7）で見たように，変換群 $L^r(m)$ および $L^r(n)\times L^r(m)$ のジェット $z=j^rf(o)\in J^r(m,n)$ を通る軌道は，それぞれ，$J^r(m,n)$ の部分多様体である．第7章で，これら軌道の多様体としての性質（特に接空間の構造）が重要な働きをするが，この章ではこれ以上触れない．

問題 3.7　定理 3.5 の証明の (C) にならって，次のことを証明せよ：群 G が同時に C^∞ 級多様体であるとき，群演算の写像 $(x,y)\to xy$ が C^∞ 級であれば G はリー群となる（すなわち，逆元を対応させる写像 $x\to x^{-1}$ も C^∞ 級となる）．

§4　ジェット空間

M^m, N^n を C^∞ 級多様体とする．$C^\infty(M,N)$ は，M から N の中への C^∞ 級写像全体の集合を示した．ここでは，§2 で $C^\infty(\boldsymbol{R}^m, \boldsymbol{R}^n)$ に対して定義したジェットの概念を，写像 $f\in C^\infty(M,N)$ と点 $p\in M$ に対して拡張する．$p\in M$，$q\in N$ とする．

$$C^\infty(M,N,p,q)=\{f\in C^\infty(M,N)\,|\,f(p)=q\}$$

とおく．

定義 4.1　$f, g\in C^\infty(M,N)$ が点 $p\in M$ において **r-同値** (equivalent of order r at p) であるとは，$g\in C^\infty(M,N,p,f(p))$ であって，p を中心とする，ある（したがってすべての）局所座標系 (U, φ) と

$f(p)$ を中心とする，ある（したがってすべての）局所座標系 (V, ψ) に対して，$\psi\circ f\circ\varphi^{-1}$ と $\psi\circ g\circ\varphi^{-1}$ とが定義 3.1 の意味で r-同値になるときにいう．特に，f と g が点 p において 0-同値であるとは $f(p)=g(p)$ のときにいう．

r-同値という関係は，$C^\infty(M,N)$ の元の間の同値関係である．写像 $f\in C^r(M,N,p,q)$ に属するこの同値関係による同値類のことを，f の点 p における **r-ジェット**といい，記号 $j^rf(p)$ であらわす．$C^\infty(M, N, p, q)$ の元の点 p における r-シェッと全体の集合を，記号 $J^r(M, N, p, q)$ であらわす．

$$J^r(M,N)=\bigcup_{(p,q)\in M\times N}J^r(M,N,p,q)$$

とおく．$J^r(M,N)$ が C^∞ 級多様体になることを示そう．

注意　$J^0(M,N)$ は集合として $M\times N$ に対等である．

補助定理 4.2　M^m, N^n を C^∞ 級多様体，U を M の開集合，$p\in U$ とする．そのとき，任意の写像 $f\in C^\infty(U,N)$ に対して，写像 $g\in C^\infty(M,N)$ で，点 p のある近傍 $U_0(\subset U)$ 上で等式 $g|U_0=f|U_0$ が成り立つような g が存在する．

証明　$q=f(p)$ とおく．(V,φ), (W,ψ) をそれぞれ，p および q を中心とする M, N の局所座標系で，$V\subset U$ を満たすものとする．特に $\psi(W)$ が $\boldsymbol{R}^n$ の中心が $\boldsymbol{o}$ で半径 l の開球 $B^n(l)=\{(x_1, \cdots, x_n)\in \boldsymbol{R}^n \mid x_1{}^2+\cdots+x_n{}^2<l^2\}$ となっていると仮定してよい．

（証）もしそうでなければ，$\psi(W)$ は $\boldsymbol{R}^n$ の原点 o の近傍なので，$B^n(l)\subset\psi(W)$ となる十分小さい正の実数 $l>0$ が存在する．そのとき $W'=\psi^{-1}(B^n(l))$, $\psi'=\psi|W'$ とおけば，(W',ψ') が望む性質をもっている．

$B^m(d)=\{(x_1, \cdots, x_m)\in\boldsymbol{R}^m \mid x_1{}^2+\cdots+x_m{}^2<d^2\}$ とおくとき，d を十分小さくとると，$B^m(d)\subset\varphi(V)$ とできる．すると第3章 補助定理 6.6 より，C^∞ 級関数 $\alpha:\boldsymbol{R}^m\to\boldsymbol{R}$ で，条件

$$\begin{cases}\alpha(x)=1 & x\in\overline{B^m(d)}\\ \alpha(x)=0 & x\notin\varphi(V)\\ 0\leqq\alpha(x)\leqq 1 & x\in\boldsymbol{R}^m\end{cases}$$

を満足するものが存在する．そのとき，写像

$$\alpha(\psi\circ f\circ\varphi^{-1}):\varphi(U)\to\boldsymbol{R}^n$$

を

$$\alpha(\psi\circ f\circ\varphi^{-1})(x)=(\alpha(x)\cdot\psi_1\circ f\circ\varphi^{-1}(x),\cdots,\alpha(x)\cdot\psi_n\circ f\circ\varphi^{-1}(x))$$

で定義する．次に写像 $g: M\to N$ を

$$g(p')=\begin{cases}\psi^{-1}\circ(\alpha(\psi\circ f\circ\varphi^{-1}))\circ\varphi(p') & p'\in U\\ q=f(p) & p'\notin U\end{cases}$$

で定義すると，g が求めるものである（$U_0=\varphi^{-1}(B^m(d))$ とおけばよい）．

（証明終）

補助定理 4.3　U を多様体 M の，V を多様体 N の開集合とし，$p\in U$, $q\in V$ とする．そのとき，$J^r(U, V, p, q)$ と $J^r(M, N, p, q)$ は集合として対等である．

証明　$j^rf(p)\in J^r(U, V, p, q)$ に対して $j^rg(p)\in J^r(M, N, p, q)$ を対応させる写像は，$J^r(U, V, p, q)$ から $J^r(M, N, p, q)$ の上への1対1写像である：ただし g は補助定理 4.2 の条件を満たす f に対応する写像である．

（証明終）

今後，上のような状況にあるとき，$J^r(U, V, p, q)$ と $J^r(M, N, p, q)$ を同一視する．

補助定理 4.4　M, N をそれぞれ m, n 次元の多様体とするとき，任意の $p\in M$ および $q\in N$ に対して，$J^r(M, N, p, q)$ は集合として，$J^r(m, n)$ と対等である．

証明　(U, φ) および (V, ψ) をそれぞれ p および q を中心とする M および N の局所座標系とする．補助定理 4.3 より，

$$J^r(M, N, p, q)=J^r(U, V, p, q)$$

である．一方，$j^rf(p)\to j^r(\psi\circ f\circ\varphi^{-1})(o)$ は $J^r(U, V, p, q)$ から $J^r(\varphi(U), \psi(V), o, o)$ の上への1対1対応を与える．したがって

$$\begin{aligned}J^r(M, N, p, q)&=J^r(U, V, p, q)\sim J^r(\varphi(V), \psi(V), o, o)\\&=J^r(\boldsymbol{R}^m, \boldsymbol{R}^n, o, o)=J^r(m, n).\end{aligned}$$

（証明終）

次に $J^r(M, N)$ について考えよう．

補助定理 4.5　U および V をそれぞれ $\boldsymbol{R}^m$ および $\boldsymbol{R}^n$ の開集合とするとき，集合 $J^r(U, V)$ から $U\times V\times J^r(m, n)$ の上への1対1の自然な対応 Φ がある．

証明 点 $p\in U$ および $q\in V$ に対して，次のように定義される平行移動 $h_p:\boldsymbol{R}^m\to\boldsymbol{R}^m$，$h_q:\boldsymbol{R}^n\to\boldsymbol{R}^n$ を考える：

$$\begin{cases} h_p(x)=x+p=(x_1+p_1,\cdots,x_m+p_m) \\ h_q'(y)=y-q=(y_1-q_1,\cdots,y_m-q_m). \end{cases}$$

そのとき，$\Phi:J^r(U,V)\to U\times V\times J^r(m,n)$ を

$$\Phi(j^r f(p))=(p,q=f(p),j^r(h_q'\circ f\circ h_p((o)))$$

で与える．すると Φ は1対1，上への対応であることは容易にみることができる．

(証明終)

補助定理4.5のゆえに，$J^r(U,V)\sim U\times V\times J^r(m,n)=U\times V\times\boldsymbol{R}^N$ となる．この対応 Φ で $J^r(U,V)$ に C^∞ 級多様体の構造を入れよう．次に一般の多様体 M,N に対しても，$J^r(M,N)$ に C^∞ 級多様体の構造を入れることができる．$J^r(M,N)$ を **r-ジェット空間**という．

定理 4.6 $J^r(M,N)$ は自然な位相により，C^∞ 級多様体となる．

証明 M,N の座標近傍系をそれぞれ $\{(U_\alpha,\varphi_\alpha)\}$，$\{(V_\iota,\psi_\iota)\}$ とする．補助定理4.3より，$J^r(U_\alpha,V_\iota)$ は $J^r(M,N)$ の部分集合である．そのとき，写像

$$\begin{aligned}\Phi_{\alpha,\iota}:J^r(U_\alpha,V_\iota)&\to\varphi_\alpha(U_\alpha)\times\psi_\iota(V_\iota)\times J^r(m,n)\\ &=J^r(\varphi_\alpha(U_\alpha),\psi_\iota(V_\iota))\end{aligned}$$

を $\Phi_{\alpha,\iota}(j^r f(p))=j^r(\psi_\iota\circ f\circ\varphi_\alpha^{-1})(\varphi_\alpha(p))$ で定義する $(\varphi_\alpha(U_\alpha)\times\psi_\iota(V_\iota)\times J^r(m,n)$ は $\boldsymbol{R}^m\times\boldsymbol{R}^n\times\boldsymbol{R}^N$ の開集合であることに注意せよ．また，右辺の等式は補助定理4.5を使って同一視している)．$\Phi_{\alpha,\iota}$ が同相写像となるように $J^r(M,N)$ に位相を入れると，$J^r(M,N)$ は位相多様体となる．さらに，$\{(J^r(U_\alpha,V_\iota),\Phi_{\alpha,\iota}\}$ が $J^r(M,N)$ の C^∞ 級座標近傍系となることは容易に確かめられる．

(証明終)

§5 写像空間の位相

この節では，多様体 M から多様体 N の中への C^∞ 級写像全体の集合 $C^\infty(M,N)$ に，関数空間の一様収束位相を精密化した，**ホィットニィ位相**を導入する．

定義 5.1 写像 $f \in C^\infty(M, N)$ の $\boldsymbol{r}$**-拡大** (r-extension) $j^r f: M \to J^r(M, N)$ とは，各点 $p \in M$ に対して，f の p における r-ジェット $j^r f(p)$ を対応させる写像である．

例 5.2.1 $J^0(M, N) = M \times N$（定義 4.1 の下の注を参照）なので，$j^0 f(p) = (p, f(p))$ となる．すなわち，$j^0 f$ の像は f のグラフにほかならない．

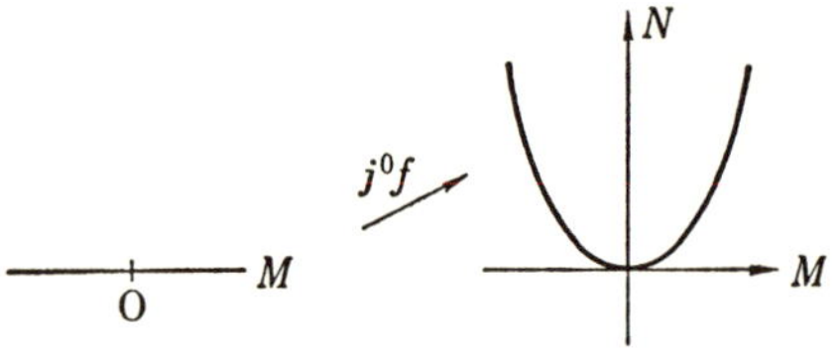

$M = N = R$, $f(x) = x^2$ の場合の $j^0 f$

図 27

例 5.2.2 $M = \boldsymbol{R}^m$, $N = \boldsymbol{R}^n$ の場合；$J^r(\boldsymbol{R}^m, \boldsymbol{R}^n) = \boldsymbol{R}^m \times \boldsymbol{R}^n \times J^r(m, n)$ かつ，$J^r(m, n) = \boldsymbol{R}^N$ である（補助定理 4.5 および問題 3.2 参照）．そのとき，$f = (f_1, \cdots, f_n) \in C^\infty(\boldsymbol{R}^m, \boldsymbol{R}^n)$ に対して，

$$j^r f: \boldsymbol{R}^m \to J^r(\boldsymbol{R}^m, \boldsymbol{R}^n) = \boldsymbol{R}^m \times \boldsymbol{R}^n \times J^r(m, n)$$

は対応

$$j^r f(p) = \Big(p, f(p), \frac{\partial f_1}{\partial x_1}(p), \cdots, \frac{\partial f_1}{\partial x_m}(p), \cdots, \frac{\partial f_n}{\partial x_1}(p), \cdots, \frac{\partial f_n}{\partial x_m}(p), \frac{\partial^2 f_1}{\partial {x_1}^2}(p), \frac{\partial^2 f_1}{\partial x_1 \partial x_2}(p), \cdots, \frac{\partial^2 f_n}{\partial {x_1}^2}(p), \cdots, \frac{\partial^2 f_n}{\partial {x_m}^2}(p), \frac{\partial^3 f_1}{\partial {x_1}^3}(p), \cdots\Big)$$

となっている．

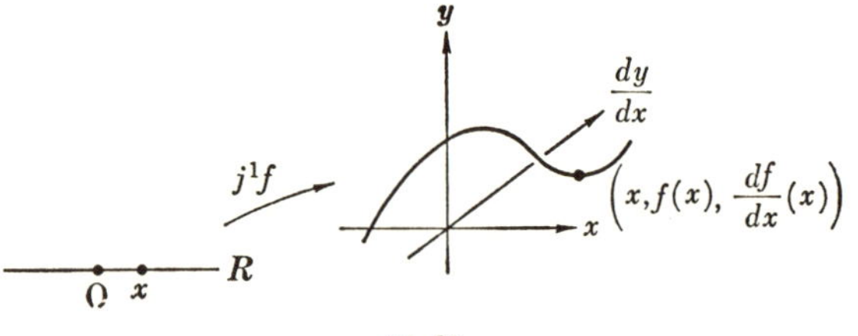

図 28

定理 5.3 C^∞ 級写像 $f \in C^\infty(M, N)$ の r-拡大 $j^r f: M \to J^r(M,$

N) は C^∞ 級写像である．

証明 微分可能性は局所的な性質なので，$M=\boldsymbol{R}^m$, $N=\boldsymbol{R}^n$ の場合に証明すれば十分である．その場合，上の例4.2.2に示したように

$$j^r f(p)=\left(p, f(p), \frac{\partial f_1}{\partial x_1}(p), \cdots, \frac{\partial^{i_1+\cdots+i_m} f_j}{\partial x_1{}^{i_1}\cdot\cdots\cdot\partial x_m{}^{i_m}}(p), \cdots\right)$$

である．ところで f が C^∞ 級なので，$\partial^{i_1+\cdots+i_m} f_j/\partial x_1{}^{i_1}\cdot\cdots\cdot\partial x_m{}^{i_m}$ も C^∞ 級である．したがって $j^r f$ は C^∞ 級である．

（証明終）

問題 5.4 （1） $r>s$ とする．そのとき，自然な射影 $\pi_s{}^r : J^r(M,N)\to J^s(M,N)$ $(j^r f(p)\to j^s f(p))$ は C^∞ 級の写像であることを証明せよ．

（2） $\pi_M{}^r : J^r(M,N)\to M$ および，$\pi_N{}^r : J^r(M,N)\to N$ を $\pi_M{}^r(j^r f(p))=p$ および $\pi_N{}^r(j^r f(p))=f(p)$ で定義するとき，$\pi_M{}^r$, $\pi_N{}^r$ は C^∞ 級の写像である．

（3） M と M' が C^∞ 級同相，N と N' が C^∞ 級同相ならば，$J^r(M,N)$ と $J^r(M',N')$ は C^∞ 級同相である．

ヒント $h_1 : M\to M'$, $h_2 : N\to N'$ を C^∞ 級同相写像とするとき，

$$j^r f(p)\to j^r(h_2\circ f\circ h_1{}^{-1})(h_1(p))\in J^r(M',N')$$

が C^∞ 級同相写像であることを示せ．

（4） M, N, P を C^∞ 級多様体，$\varphi : N\to P$ を C^∞ 級写像とするとき，$j^r f(q)\to j^r(\varphi\circ f)(q)$ で定義される写像

$$\varphi_*{}^r : J^r(M,N)\to J^r(M,P)$$

は C^∞ 級写像である．

さて $C^\infty(M,N)$ に C^r 位相，ホィットニィ-C^r 位相とよばれる位相を次のように入れる．$\mathcal{K}$ を M のコンパクト部分集合全体の族，$\mathcal{O}$ を $J^r(M,N)$ の開集合全体の族とする．

定義 5.5 K を M のコンパクト部分集合，O を $J^r(M,N)$ の開集合とするとき，

$$W(K,O)=\{f\in C^\infty(M,N)\,|\,j^r f(K)\subset O\}$$

とおく．そのとき，集合族 $\{W(K,O)\}_{K\in\mathcal{K}, O\in\mathcal{O}}$ を開集合系の基とする $C^\infty(M,N)$ の位相が存在する．その位相を $C^\infty(M,N)$ の C^r **位相** (C^r topology) という．

定義 5.6 $J^r(M,N)$ の開集合 O に対して，

$$W(O)=\{f\in C^\infty(M,N)\,|\,j^r f(M)\subset O\}$$

とおく．そのとき，集合族 $\{W(O)\}_{O\in\mathcal{O}}$ を開集合の基とする $C^\infty(M,N)$

の位相がある．その位相を $C^\infty(M, N)$ のホィットニィ C^r **位相** (Whitney C^r topology)，または単に W^r **位相**という．

問題 5.7 関数列 $\{f_n\}$，$f_n \in C^\infty(M, \boldsymbol{R})$ に対して，次のことを証明せよ．

（1） f_n が $f \in C^\infty(M, \boldsymbol{R})$ に W^0 位相で収束するならば f_n は $f \in C^\infty(M, \boldsymbol{R})$ に一様収束する．

さらに，関数列 $\{f_n\}$，$f_n \in C^\infty(I, \boldsymbol{R})$，$I$ は $\boldsymbol{R}$ の区間，に対し次のことが成り立つ．

（2） f_n が $f \in C^\infty(I, \boldsymbol{R})$ に W^r 位相で収束するならば f_n は f に一様収束し，すべての $i \leqq r$ に対し，$d^i f_n / dt^i$ は $d^i f / dt^i$ に一様収束する．

この問題から，ホィットニィ C^r 位相が，一様収束位相をより精密にしたものであることがわかる．

問題 5.8 （1） M がコンパクト多様体のときは，C^r 位相と W^r 位相は一致する．

（2） C^0 位相はコンパクト開位相*) と一致する．

定義 5.9 $\mathcal{K}^r(M, N)$ で $C^\infty(M, N)$ の C^r 位相での開集合全体の集合とする．そのとき，集合族

$$\bigcup_{r=1}^{\infty} \mathcal{K}^r(M, N)$$

を開集合の基とする $C^\infty(M, N)$ の位相が存在する．その位相を写像空間 $C^\infty(M, N)$ の C^∞ **位相** (C^∞ topology) という．

$\mathcal{W}^r(M, N)$ で $C^\infty(M, N)$ のホィットニィ C^r 位相での開集合全体の集合とする．そのとき，集合族

$$\bigcup_{r=1}^{\infty} \mathcal{W}^r(M, N)$$

を開集合の基とする $C^\infty(M, N)$ の位相が存在する．その位相を写像空間 $C^\infty(M, N)$ のホィットニィ C^∞ **位相** (Whitney C^∞ topology)，または単に，W^∞ **位相**という．

---

*) 位相空間 X から位相空間 Y の中への連続写像の集合 $C^0(X, Y)$ に次の位相を入れる．O を Y の開集合，K を X のコンパクト部分集合とするとき，$N(K, O) = \{f \in C^0(X, Y) \mid f(K) \subset O\}$ とおく．$\mathcal{K}$ を X のコンパクト部分集合全体の族，$\mathcal{O}$ を Y の開集合全体の族とするとき，集合族 $\{N(K, O)\}_{N \in \mathcal{K}, O \in \mathcal{O}}$ を開集合の基とする $C^0(X, Y)$ の位相を，$C^0(X, Y)$ の**コンパクト-開位相**という．$C^0(X, Y)$ の部分集合 $\mathcal{F}$ にコンパクト開位相から誘導される位相を入れるとき，この位相をも $\mathcal{F}$ のコンパクト開位相という．

問題 5.10 M, N, P を C^∞ 級多様体とする．そのとき，C^∞ 級写像 $\varphi : N \to P$ に対して，$f \to \varphi\circ f$ で定義される写像 $\varphi_* : C^\infty(M, N) \to C^\infty(M, P)$ は W^r 位相で（したがって W^∞ 位相で）連続である．

ヒント　問題5.4の 4) で証明した $\varphi_*{}^r : J^r(M,N) \to J^r(M,P)$ の連続性を使え：任意の $f \in C^\infty(M,N)$ と $\varphi\circ f$ の任意の近傍 $W(\varphi\circ f) \subset C^\infty(M,P)$ に対して，$\varphi\circ f \in W(O) \subset W(\varphi\circ f)$ なる基本近傍が存在する：ただし，$W(O)=\{g \in C^\infty(M,P) | j^r g(M) \subset O\}$，$O$ は $J^r(M,P)$ の近傍．そのとき，$O' = \varphi_*{}^{r-1}(O) \subset J^r(M,N)$ とおき

$$W(O') = \{g \in C^\infty(M,N) | j^r g(M) \subset O'\}$$

とおけば，$W(O')$ は f の近傍で，$\varphi_*{}^r(N'(O')) \subset N(O) \subset N(\varphi\circ f)$．

問題 5.10 に関連して，次の問題を考える．

問題 5.11 C^∞ 級写像 $\varphi : M \to N$ に対して，$g \to g\circ\varphi$ で定義される写像 $\varphi^* : C^\infty(N,P) \to C^\infty(M,P)$ は，W^∞ 位相で連続であるか？

実は M がコンパクトの場合には φ^* は連続であることが知られている．証明は長いので与えない（J. Mather [25] 参照）．M がコンパクトでない場合 φ^* が必ずしも連続とならないことは次の例からわかる．

例 5.12 M を開区間 $(-1,1)$，N を任意のコンパクト多様体，$P = \boldsymbol{R}$ とする．$p \in N$ とし，$\pi : (-1,1) \to N$ を，$\pi(t) = p$ $({}^\forall t \in (-1,1))$ なる定値写像とする．そのとき，関数列 $\{g_i\}$，$g_i \in C^\infty(N, \boldsymbol{R})$ で，次の条件を満たすものが存在する：

（1） $\{g_i\}$ はある $g \in C^\infty(N, \boldsymbol{R})$ に W^∞ 位相で収束する．

（2） $g_i(p) \neq g(p)$，$i = 1, 2, 3, \cdots$．

そのとき，$\{g_i\circ\pi\}$ は W^∞ 位相で $g\circ\pi$ に収束しない．

（証） $J^0(M, \boldsymbol{R}) = J^0((-1,1), \boldsymbol{R})$ は，4.1 の下の注意で見たように，多様体として，$J^0(M, \boldsymbol{R}) = M \times \boldsymbol{R} = (-1,1) \times \boldsymbol{R}$ である．いま，$g(p) = 0$ と仮定してよい．$J^0((-1,1), \boldsymbol{R})$ の開集合として，

$$O = \{(t, x) \in (-1,1) \times \boldsymbol{R} | t^2 + x^2 < 1\}$$

とおくと

$$W(O) = \{f \in C^\infty((-1,1), \boldsymbol{R}) | j^0 f(-1,1) \subset O\}$$

は $g\circ\pi$ の近傍である．ところがいかなる $g_i\circ\pi$ も $g_i\circ\pi \notin W(O)$ である．したがって $g_i\circ\pi$ はホイットニィ C^0 位相で $g\circ\pi$ に収束しない．

§6 構造安定性

§2 で述べたように，C^∞ 級写像（の特異点）すべてを分類することはあまりに煩雑である．そこで“安定した写像(の特異点)”を分類する

ことを考える．まず定義を与えよう．

定義 6.1　$f\in C^\infty(M,N)$ とする．f に C^∞ 同値な写像全部の集合が W^∞ 位相での $C^\infty(M,N)$ の開集合となるとき，f は C^∞ **安定写像**，または単に**安定写像** (C^∞ stable, stable mapping) という．また，f が C^0 **安定写像**，または**位相安定写像** (topologically stable mapping) であるとは，f に C^0 同値な写像全体の集合が f の近傍になっているときにいう．

問題 6.2　次のことは同値である：

（1）$f\in C^\infty(M,N)$ は C^∞ 安定写像である．

（2）W^∞ 位相での f の $C^\infty(M,N)$ における近傍 $N(f)$ で，すべての $g\in N(f)$ が f に C^∞ 同値であるようなものが存在する．

$$S^\infty(M,N)=\{f\in C^\infty(M,N)\,|\,f \text{ は } C^\infty \text{ 安定}\}$$
$$S^0(M,N)=\{f\in C^\infty(M,N)\,|\,f \text{ は } C^0 \text{ 安定}\}$$

とおこう．われわれが $S^\infty(M,N)$ に期待していることは，次の2点である．

(6.3.1)　**$S^\infty(M,N)$ の元の特異点を C^∞ 同値で分類するとスッキリ分類できるであろう．**

(6.3.2)　**$S^\infty(M,N)$ は $C^\infty(M,N)$ の中で，開集合であり，かつ稠密であろう．**

注意　$S^\infty(M,N)$ は，安定写像の定義から，開集合であることがわかる．

(6.3.2) は構造安定性の問題とよばれ，トムにより提起された（[17] 参照）．

構造安定性の問題　$S^\infty(M,N)$ は $C^\infty(M,N)$ の中で稠密か？

今後 M はコンパクトな多様体としよう．この問題に対しては，歴史的に部分解が与えられ，最近ジョン・マザー (J. Mather) によって決定的に解決された [24]～[29]．マザーの定理の証明は大部の論文6編にわたっているので，ここでは紹介できない．しかし，その原理はわれわれが第5章および第6章で述べる部分解の中にうかがうことができる．

部分解 1　$S^\infty(M,\boldsymbol{R})$ は $C^\infty(M,\boldsymbol{R})$ の中で稠密である（モース (Morse) の定理，第5章 §3）

部分解 2　$\dim N\geqq 2\dim M+1$ ならば，$S^\infty(M,N)$ は $C^\infty(M,N)$

の中で稠密である（ホィットニィの埋込み定理，第5章 §2）.

部分解 3 $\dim M=2$, $\dim N=2$ のとき，$S^\infty(M,N)$ は $C^\infty(M,N)$ の中で稠密である（ホィットニィの平面写像，第6章 §4, §5）

部分解 4 $S^\infty(M, N)$ が $C^\infty(M, N)$ の中で稠密でない例（トムの例，第5章 §4）

以上の部分解は，第5章および第6章で述べる**トムの横断性定理**と**ワイヤシュトラス-マルグランジュ (Weierstraß-Malgrange) の予備定理**の応用として与えられる．

(6.3.1) については，後ほど上記の部分解の中で述べるように，肯定的である（実際マザーはこの問題に対しても，決定的な定理を与えている [27]）.

マザーの安定性に関する結果を述べておく．

定理 6.4（マザー [24]〜[29] の安定性定理） M をコンパクト m 次元多様体，N を n 次元多様体とする．$S^\infty(M,N)$ が $C^\infty(M,N)$ で稠密である必要十分条件は組 (m, n) が次の不等式 ①〜⑤ のうちの一つを満足することである．

① $m<\dfrac{6}{7}n+\dfrac{8}{7}$ で $n-m\geqq 4$

② $m<\dfrac{6}{7}n+\dfrac{9}{7}$ で $3\geqq n-m\geqq 0$

③ $n<8$ で $n-m=-1$

④ $n<6$ で $n-m=-2$

⑤ $n<7$ で $n-m\leqq -3$

さらに，C^0 安定性に関しては次の定理がある．

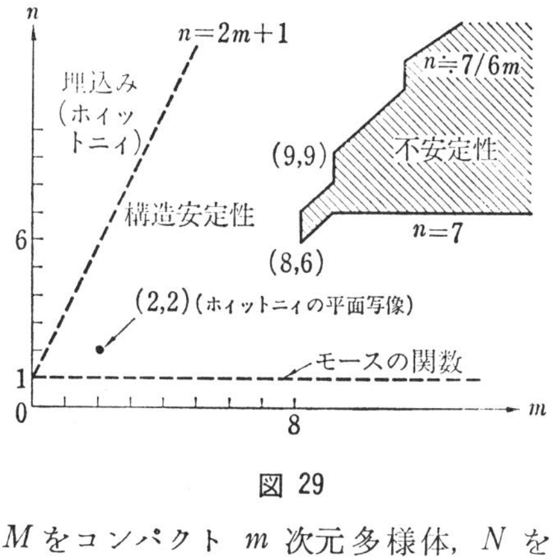

図 29

定理 6.5（マザー [30]） M をコンパクト m 次元多様体，N を n 次元多様体とする．M, N の次元のいかんにかかわらず，$S^0(M,N)$ は常に $C^\infty(M,N)$ の中で稠密である．

この定理 6.5 は，トムが示した証明のアウトラインに従って，マザーが証明したものである．

第5章　トムの横断性定理

この章では，カタストロフィー理論の三つの基本的な道具（中山の補助定理，トムの横断性定理，ワイヤシュトラス-マルグランジュの予備定理）のうち，**トムの横断性定理**について考察する．§1 でこの定理を証明し，以下§2〜§4 で，その構造安定性の問題への応用として，ホイットニィの埋込み定理，モースの関数，トムの不安定性定理を紹介する．

§1　トムの横断性定理

定義 1.1　M, N をそれぞれ m, n 次元の C^∞ 級多様体，S を N の部分多様体，$f: M \to N$ を C^∞ 級写像とする．次の二つの条件のうちいずれかが成り立つとき，f は点 $p \in M$ で S に**横断的** (transversal to S at p) であるという：

（i）　$f(p) \notin S$,

（ii）　$f(p) \in S$ かつ $df_p(T_p(M)) + T_{f(p)}(S) = T_{f(p)}(N)$,

ここに，（ii）における記号 ＋ はベクトル空間の和をあらわす．すなわち，V_1, V_2 をベクトル空間 W の部分ベクトル空間とするとき，$V_1 + V_2$ は V_1 および V_2 を含む W の最小の部分ベクトル空間である．

すべての点 $p \in M$ において，f が S に横断的であるとき，単に f は S に**横断的**であるという．また，M の部分集合 A のすべての点において f が S に横断的のとき，f は A で S に**横断的**という．$f(p) \in S$ かつ，f が S に横断的であるとき f は（点 p で）S に**横断的に交わる**という．

例 1.2.1　$M = \boldsymbol{R}$，$N = \boldsymbol{R}^2$，$S = \{(x, 1) \in \boldsymbol{R}^2 | x \in \boldsymbol{R}\}$　$f: \boldsymbol{R} \to \boldsymbol{R}^2$ を $f(x) = (x, x^2)$ とすると，f は S に横断的である（図 30 左）．

例 1.2.2　M, N, S を例 1.2.1 と同じとする．$f(x) = (x, x^3 - x^2 + 1)$ とすると f は原点 o 以外では S に横断的だが，o では横断的でない（図 30 右）．

問題 1.3　1）S が N の開部分多様体ならば，任意の写像 $f: M \to N$ は S に横断的である．

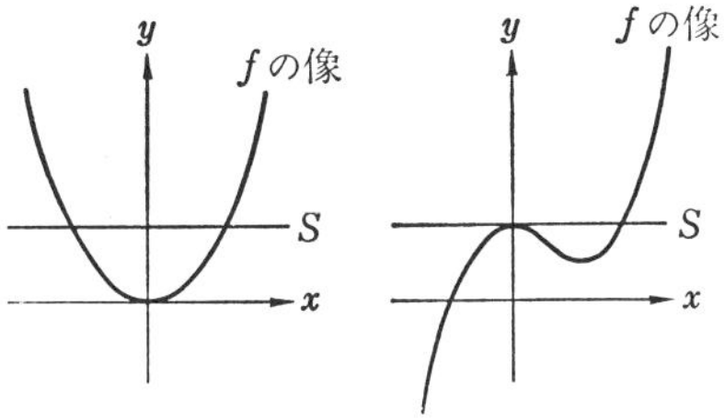

図 30

2) $f(M)\subset S$ かつ $\dim S<\dim N$ ならば，$f: M\to N$ は S に横断的でない．

3) $f: M\to N$ が S に横断的に交わるならば，$\dim M+\dim S\geqq\dim N$.

4) $f: M\to N$ が S に横断的で $\dim M+\dim S<\dim N$ ならば，$f^{-1}(S)=\phi$.

定理 1.4 $f: M\to N$ が N の余次元 k の部分多様体 S に横断的に交わるとき，$f^{-1}(S)$ は M の余次元 k の部分多様体である．

証明 S は C^∞ 級多様体なので，$\boldsymbol{R}^{n-k}$ の開集合に C^∞ 級同相な可算個の開集合 U_i でおおえる．U_i が N の正規部分多様体であるとして一般性を失わない．$S_i=\bigcup_{j=1}^{i} U_j$ とおくと S_i は S の開部分多様体であり，かつ N の正規部分多様体である．さらに $S_1\subset S_2\subset S_3\subset\cdots$ および $S=\cup S_i$ なる性質をもつ．したがって，$f^{-1}(S)$ が M の余次元 k の部分多様体であることを示すには，$f^{-1}(S_i)$ が M の余次元 k の正規部分多様体であることを示すとよい．

$f^{-1}(S_i)$ の任意の点 p をとる．S_i が N の余次元 k の正規部分多様体なので，第3章，定理 3.6 より，$f(p)$ を中心とする N の局所座標系 (V,ψ)，$\psi=(\psi_1,\cdots,\psi_n)$ で条件

$$V\cap S_i=\psi_{n-k+1}{}^{-1}(0)\cap\psi_{n-k+2}{}^{-1}(0)\cap\cdots\cap\psi_n{}^{-1}(0)$$

を満たすものがある．そのとき，$U(p)=f^{-1}(V)$，$g=(\psi_{n-k+1},\cdots,\psi_n)\circ f: U(p)\to\boldsymbol{R}^k$ とおくと，g と $U(p)$ は次の条件を満足する：

(a) g の p における階数は k,

(b) $f^{-1}(S_i)\cap U(p)=g^{-1}(o)$.

(証) 条件 (b) は ψ の条件と g の定義より明らか．(a) を確かめよう．(V,ψ) の条件より，$(V\cap S_i,(\psi_1,\cdots,\psi_{n-k})|V\cap S_i: V\cap S_i\to\boldsymbol{R}^{n-k})$ は $f(p)$ を中心とする S_i の局所座標系．一方，f は点 p で S_i に横断的なので，

$$df_p(T_p(M))+T_{f(p)}(S_i)=T_{f(p)}(N).$$

したがって，$(\psi_{n-k+1},\cdots,\psi_n)\circ f$ の点 p における階数は k である．ゆえに (a) が成り立つ．

上の (a)，(b) が成り立つと，第3章 定理 3.6 より，$f^{-1}(S_i)$ は M の余次元 k の正規部分多様体になる．

（証明終）

この本で重要な役割を果たすトムの横断性定理とは，次の定理 1.5, 1.6 である：M, N を C^∞ 級多様体とし，W を N の部分多様体，S を $J^r(M,N)$ の部分多様体とする．そのとき，

$$T_W=\{f\in C^\infty(M,N)\,|\,f \text{ は } W \text{ に横断的である}\}$$
$$T_S=\{f\in C^\infty(M,N)\,|\,j^rf \text{ は } S \text{ に横断的である}\}$$

とおく．

定理 1.5（トムの弱横断性定理 [50]）　T_W は W^∞ 位相に関して，$C^\infty(M,N)$ の中で稠密である．

定理 1.6（トムの強横断性定理 [50]）　T_S は W^∞ 位相に関して，$C^\infty(M,N)$ の中で稠密である．

定理 1.5 は，定理 1.6 の特別の場合である．

（証） $\pi_N{}^r:J^r(M,N)\to N$ を，問題 5.4 で定義された C^∞ 級の自然な射影とする：$\pi_N{}^r(j^rf(p))=f(p)$．$\pi_N{}^r$ は N の上への至るところ正則な写像である．したがって，$\pi_N{}^r$ は N の任意の部分多様体に横断的である．よって定理 1.4 より，$(\pi_N{}^r)^{-1}(W)$ は $J^r(M,N)$ の部分多様体である．f が点 $p\in M$ で W に横断的である必要十分条件は，容易にわかるように，j^rf が点 p で $(\pi_N{}^r)^{-1}(W)$ に横断的であることである．したがって，定理 1.6 から定理 1.5 が特別の場合としてでてくる．

例 1.7　横断性定理 1.6 がどのようなことを主張しているかを，非常に簡単な場合；$M=\boldsymbol{R}$, $N=\boldsymbol{R}$, $r=0$ の場合；に見てみよう．第4章 例 5.2.1 で見たように，$J^0(M,N)=M\times N$ であり，j^0f の像は f のグラフにほかならない：$j^0f(p)=(p,f(p))\in M\times N$．いま S を $M\times N=\boldsymbol{R}\times\boldsymbol{R}$ の中の1次元部分多様体（＝曲線）とする．定理 1.6 は，“任意の関数 $f:\boldsymbol{R}\to\boldsymbol{R}$

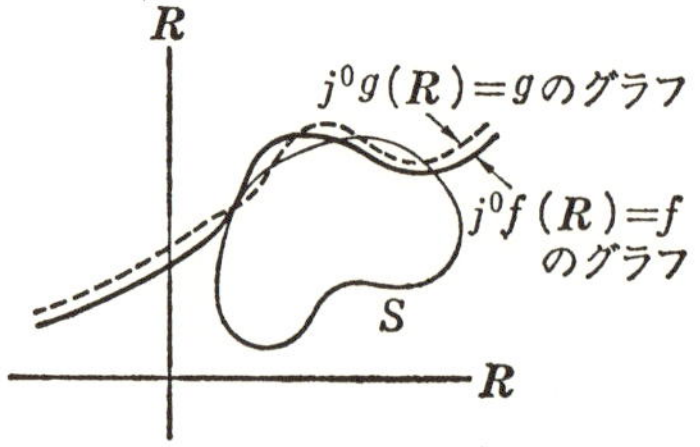

図 31

は，そのグラフが曲線 S に接しないような関数 g でいくらでも近似できる”ことを主張していることになる．

定理 1.6 の証明のまえに，証明の簡単な局所横断性定理 1.8 を証明する．この 1.8 で，われわれの初等カタストロフィーの分類には十分であり，1.8 の証明は，原理的には定理 1.6 の証明を含んでいる．

定理 1.8（局所横断性定理）　U を $\boldsymbol{R}^m$ の有界な開集合，S を $J^r(U, \boldsymbol{R}^n)$ の部分多様体とする．そのとき，集合

$$T_S=\{f\in C^\infty(U, \boldsymbol{R}^n)\,|\,j^r f \text{ は } S \text{ に横断的である}\}$$

は $C^\infty(U, \boldsymbol{R}^n)$ の中で，W^∞ 位相に関して稠密である．

証明　いま，$f\in C^\infty(U, \boldsymbol{R}^n)$ とする．そのとき，f にいくらでも近く，T_S の元がとれることを示せば，定理が証明されたことになる．$(x_1, \cdots, x_m)$ で $\boldsymbol{R}^m$ の座標をあらわすものとする．$P(m, n; s)$ で，$\boldsymbol{R}^m$ から $\boldsymbol{R}^n$ への次数 s 以下の多項式写像全体の集合をあらわす：

$$P(m, n; s)=\{h=(h_1, \cdots, h_n):\boldsymbol{R}^m\to\boldsymbol{R}^n\,|\text{ 各成分 } h_i \text{ は次数が } s \text{ 以下の多項式}\}.$$

すると，$P(m, n; s)$ は集合として，$\boldsymbol{R}^N$ と対等である，$N=n\binom{m+p}{p}$（第 4 章 問題 3.2 参照）．そこで $P(m, n; s)$ を $\boldsymbol{R}^N$ と同一視して，多様体と考える．$s\geqq r$ とする．

f に対して，次の式で定義される写像 $F: U\times P(m, n; s)\to J^r(U, \boldsymbol{R}^n)$ を考える：

$$F(x, h)=j^r(f+h)(x).$$

F は上への写像で，かつその微分 dF も至るところ上への対応となっている．したがって，$W=F^{-1}(S)$ とおくと，定理 1.4 より，W は $U\times P(m, n; s)$ の部分多様体である．

$\pi: U\times P(m, n; s)\to P(m, n; s)$ を $\pi(x, h)=h$ で定義される自然な射影とする．また，$h\in P(m, n; s)$ に対して $i_h: U\to U\times P(m, n; s)$ を $i_h(x)=(x, h)$ で定義される自然な包含写像とする．

次のことが成り立つ：

$j^r(f+h|U)$ が点 $x\in U$ で S に横断的である．

$\Longleftrightarrow F\circ i_h$ が点 $x\in U$ で S に横断的である．

$\Longleftrightarrow i_h$ が点 $x\in U$ で $W=F^{-1}(S)$ に横断的である．

$\Longleftrightarrow (x, h)\notin W$ または $\pi|W: W\to P(m, n; s)$ が点 (x, h) で正則

である．$\Longleftarrow h$ は写像 $\pi|W: W\to P(m,n;s)$ の正則値である．

したがって，$\pi|W$ の正則値 h に対して，$f+h$ の r-拡大 $j^r(f+h)$ が S に横断的になる．ところが，Sard の定理（第3章 定理 4.8）より，正則値 h はいくらでも 0 に近くとれる．したがって f にいくらでも近く，T_S の元がとれることになる．

（定理 1.8 証明終）

定理 1.6 のために次の二つの補助定理を準備する．

補助定理 1.9（拡張定理その 1） $\boldsymbol{R}^m$ の開集合 U から $\boldsymbol{R}^n$ の中への C^∞ 級写像 f の r-拡大 j^rf が，U の閉集合 A 上で $J^r(U,\boldsymbol{R}^n)$ の部分多様体 S に横断的であるとする．そのとき，U に含まれる任意のコンパクト集合 K と，K の任意の近傍 $V(\subset U)$ に対して，次の条件を満たす写像 $g\in C^\infty(U,\boldsymbol{R}^n)$ が，（W^∞ 位相の意味で）f にいくらでも近く存在する：

（1） j^rg は $A\cup K$ で S に横断的

（2） $g|U-V=f|U-V$

（3） $g|A=f|A$

証明 K の開近傍 O で次の条件を満たすものをとる：

（4） $\bar{O}$ はコンパクト，かつ $\bar{O}\subset V$.

$\alpha: U\to\boldsymbol{R}$ を第4章のホイットニィの例 2.2 で保障された，次の条件を満たす C^∞ 級関数とする：

（5） $\alpha^{-1}(0)=A\cup O^c$.

そのとき，f に対して，次の式で定義される写像 $G:(O-A)\times P(m,n;s)\to J^r(U,\boldsymbol{R}^n)$ を考える：

（6） $G(x,h)=j^r(f+\alpha\cdot h)(x)$,

ここに写像 $f+\alpha\cdot h: U\to\boldsymbol{R}^n$ は，$f=(f_1,\cdots,f_n)$，$h=(h_1,\cdots,h_n)$ とするとき，

$$(f+\alpha\cdot h)(x)=(f_1(x)+\alpha(x)h_1(x),\cdots,f_n(x)+\alpha(x)h_n(x))$$

で定義される写像である．$x\in O-A$ に対して $\alpha(x)\neq 0$ である事実と，積関数 $\alpha(x)\cdot h(x)$ の微分の公式を考え合わせると，$s\geqq r$ のとき，その微分 $dG(x,h)$ は $(O-A)\times P(m,n;s)$ の点で上への線形写像となる．したがって $W=G^{-1}(S)$ とおくと，W は $(O-A)\times P(m,n;s)$ の部分多様体である．あとは定理 1.8 とまったく同じ議論で，$j^r(f+\alpha h)$

が $O-A$ 上で S に横断的であるような $h\in P(m,n;s)$ が 0 にいくらでも近く存在する．その h に対して，$g=f+\alpha h$ とおけば，この g が求めるものである．

(1.9 証明終)

補助定理 1.10 (拡張定理その 2) C^∞ 級写像 $f:M\to N$ の r-拡大 j^rf が，M の閉集合 A 上で $J^r(M,N)$ の部分多様体 S に横断的であるとする．そのとき M の任意のコンパクト部分集合 K と，K の任意の近傍 U に対して，次の条件を満たす写像 $g\in C^\infty(M,N)$ が (W^∞ 位相の意味で) f にいくらでも近く存在する：

(1) j^rg は $A\cup K$ の上で S に横断的，

(2) $g|M-U=f|M-U$,

(3) $g|A=f|A$.

証明 K がコンパクトなので，次の条件 (4), (5), (6) を満たす有限個のコンパクト集合 $K_1,\cdots,K_k$ が存在する：

(4) $K=K_1\cup\cdots\cup K_k$,

(5) 各 i に対して N の座標近傍 (V_i,ψ_i) が存在して $f(K_i)\subset V_i$, かつ $\psi_i(V_i)=\boldsymbol{R}^n$ を満たす,

(6) 各 i に対して M の座標近傍 (U_i,φ_i) が存在して $K_i\subset U_i\subset U$, かつ $f(U_i)\subset V_i$.

そのとき，次の条件を満たす写像 $g_i:M\to N$, $i=0,\cdots,k$ を帰納的に g_{i-1} の十分近くに構成すれば，補助定理を証明したことになる：

$(1)_i$ j^rg_i は $A\cup K_1\cup\cdots\cup K_i$ で S に横断的

$(2)_i$ $g_i|M-U_i=g_{i-1}|M-U_i$

$(3)_i$ $g_i|A\cup K_1\cup\cdots\cup K_{i-1}=g_{i-1}|A\cup K_1\cup\cdots\cup K_{i-1}$

$g_0=f$ とおく．g_{i-1} が構成できたとして，g_i を構成するには結局 K が次の条件を満たす場合に補助定理を証明すれば十分である：

(4) M の座標近傍 (U,φ) と N の座標近傍 (V,ψ) が存在して，条件 $K\subset U$, $f(K)\subset V$, $\psi(V)=\boldsymbol{R}^n$ を満たす．

しかし，この場合は補助定理 1.9 にほかならない．

(1.10 証明終)

定理 1.6 の証明 $f\in C^\infty(M,N)$ とする．そのとき，W^∞ 位相で，f にいくらでも近くに $g\in T_S$ が存在することを示そう．M は連結である

として一般性を失わない．M に対して，M の可算個の開部分集合からなる局所有限な M の開被覆 $\{V_i\}$ で，各 V_i の閉包 $\bar{V}_i=K_i$ がコンパクトであるものが存在する．$N_i=\{$自然数 $j|\bar{V}_j\cap\bar{V}_i\neq\phi\}$ とおき，

$$U_i=\bigcup_{j\in N_i} V_j$$

とおく．すると U_i は局所有限な開被覆で，$K_i=\bar{V}_i\subset U_i$ なる性質をもつ．$g_0=f$ とおき，次の性質を満たす．$g_i\in C^\infty(M,N)$，$i=1,2,\cdots$，を帰納的に構成する：

$(1)_i$　$j^r g_i$ は $K_1\cup\cdots\cup K_i$ 上で S に横断的

$(2)_i$　$g_i|M-U_i=g_{i-1}|M-U_i$

$(3)_i$　$g_i|K_1\cup\cdots\cup K_{i-1}=g_{i-1}|K_1\cup\cdots\cup K_{i-1}$.

ところが，このような g_i の存在は補助定理1.10で保証されていて，しかも W^∞ 位相で g_{i-1} にいくらでも近くとれる．写像 $g:M\to N$ を

$$g(x)=g_i(x)\quad x\in K_i$$

で定義すると，g_i は C^∞ 写像となり，$j^r g$ は S に横断的で f に十分近い．

(1.6 証明終)

§2　ホィットニィの挿入および埋込み定理

横断性定理の最初の応用例として，ホィットニィの挿入定理および埋込み定理をあげよう．多様体 M の多様体 N への挿入の全体を $\mathrm{Imm}(M,N)$ であらわし，M の N の中への埋込み全体の集合を記号 $\mathrm{Emb}(M,N)$ であらわす．$\dim M=m$，$\dim N=n$ とする．この節では次の三つの定理を証明する．

定理 2.1（ホィットニィの挿入定理）　$n\geqq 2m$ ならば，$\mathrm{Imm}(M,N)$ は $C^\infty(M,N)$ の稠密な開集合である．

定理 2.2（ホィットニィの埋込み定理）　$n\geqq 2m+1$ ならば，$\mathrm{Emb}(M,N)$ は $C^\infty(M,N)$ の稠密な開集合である．

定理 2.3　コンパクト多様体 M から多様体 N の中への埋込みは C^∞ 安定である．

上記の定理2.1は $n\geqq 2m$ ならば，任意の写像 $f:M\to N$ はいくらでも挿入で近似できること，および $f:M\to N$ が挿入であれば，f に十分近い写像はまた挿入であることを意味している（定理2.2について

も同様).

定理2.2と定理2.3からただちにでてくる系として，§6で触れた，構造安定性の部分解2を得る：

系 2.4 (第4章 §6 部分解 2)　1) M がコンパクトで $\dim N \geqq 2\dim M+1$ ならば $S^{\infty}(M,N)$ は $C^{\infty}(M,N)$ の中で稠密である.

2) $S^{\infty}(M,N)=\mathrm{Emb}(M,N)$.

系 2.4 の 2) から，$\dim N \geqq 2\dim M+1$ の場合，安定写像は特異点をもたないことになり，第4章 §1 で述べた局所的考察は，第4章 定理1.3で述べたとおり，単純になる．また，$\dim N=2\dim M$ の場合も定理 2.1 より，$S^{\infty}(M,N)\subset \mathrm{Imm}(M,N)$ となり，この場合も局所問題は単純である.

定理2.1の証明のために少し準備をする．$\mathcal{M}(n,m)$ で $(n\times m)$ 実行列全体のなす集合をあらわす．$\mathcal{M}(n,m)$ は自然な対応によって，ユークリッド空間 $\boldsymbol{R}^{n\times m}$ と集合として対等なので，$\mathcal{M}(n,m)$ を $\boldsymbol{R}^{n\times m}$ と同一視する.

$q=\min(m,n)$ とおく．そのとき，$0\leqq k\leqq q$ なる整数 k に対して，

$$S_k=\{A\in\mathcal{M}(n,m)\,|\,\mathrm{rank}\,A=k\}$$

とおく.

補助定理 2.4　S_k は $\mathcal{M}(n,m)=\boldsymbol{R}^{n\times m}$ の余次元 $(m-k)(n-k)$ の正規部分多様体である.

証明　$GL(m:\boldsymbol{R})$，$GL(n:\boldsymbol{R})$ をそれぞれ，m,n 次元の一般線形群とする．第4章 定理 3.5 で見たように，$GL(m:\boldsymbol{R})=L^1(m)$，$GL(n:\boldsymbol{R})=L^1(n)$ はリー群である．したがって $GL(n:\boldsymbol{R})\times GL(m:\boldsymbol{R})$ はリー群となる．また，第4章 問題3.7に示したように，次の式で定義される作用 $\mu: GL(n:\boldsymbol{R})\times GL(m:\boldsymbol{R})\times\mathcal{M}(n,m)\to\mathcal{M}(n,m)$ により，$GL(n:\boldsymbol{R})\times GL(m:\boldsymbol{R})$ は $\mathcal{M}(n,m)=J^1(m,n)$ のリー変換群となる：

$$\mu(P,Q,A)=PAQ.$$

すると S_k は行列

$$E_k=\underbrace{\begin{pmatrix} I_k & 0\\ 0 & 0\end{pmatrix}}_{m}\Big\}\,n$$

を通る作用 μ の軌道である．ここで，I_k は (k,k) 単位行列である.

したがって，第3章 定理 5.7 より，S_k は $\mathcal{M}(n,m)$ の部分多様体である．

S_k が余次元 $(m-k)(n-k)$ の正規部分多様体であることを見るには，行列 E_k のある近傍 U から $\boldsymbol{R}^{(m-k)(n-k)}$ への写像 $f: U\to\boldsymbol{R}^{(m-k)(n-k)}$ で次の条件を満たすものが存在することをいえばよい（第3章 定理 3.6 参照）．

(a) f の点 E_k における階数は $(m-k)(n-k)$,

(b) $S_k\cap U=f^{-1}(0)$.

$\mathcal{M}(n,m)$ の元 X を

$$X=\begin{pmatrix} A & B \\ C & D \end{pmatrix},\quad A:(k\times k)\ \text{行列}$$

の形にあらわすとき，U を $\mathcal{M}(n,m)$ の元 X で左上隅の $(k\times k)$ 行列 A が正則であるもの全体とする．すると U は E_k の開近傍である．そのとき，$X\in U$ が $X\in S_k$ となる必要十分条件は $D=CA^{-1}B$ である．そのとき $f: U\to\boldsymbol{R}^{(m-k)(n-k)}$ を $f(X)=D-CA^{-1}B$ で与えると，f が条件 (a), (b) を満たすことは明らかである．

（補助定理 2.4 証明終）

$$S_k(M,N)=\{j^1f(p)\in J^1(M,N)\,|\,f\ \text{の}\ p\ \text{における階数}=k\}$$

とおく．

補助定理 2.5 $S_k(M,N)$ は $J^1(M,N)$ の余次元 $(m-k)(n-k)$ の正則部分多様体である．

証明 $S_k(M,N)$ が $J^1(M,N)$ の余次元 $(m-k)(n-k)$ の正規部分多様体であることを示すには，任意のジェット $j^1f(p)\in S_k(M,N)$ に対して，$j^1f(p)$ の近傍 U が存在して，$S_k(M,N)\cap U$ が U の余次元 $(m-k)(n-k)$ の正則部分多様体であることを示すとよい．したがって，第4章 定理 4.6 および補助定理 4.5 の考察により，$M=\boldsymbol{R}^m$, $N=\boldsymbol{R}^n$ の場合に証明すれば十分である．ところが，$J^1(\boldsymbol{R}^m,\boldsymbol{R}^n)=\boldsymbol{R}^m\times\boldsymbol{R}^n\times J^1(m,n)=\boldsymbol{R}^m\times\boldsymbol{R}^n\times\mathcal{M}(n,m)$, $S_k(\boldsymbol{R}^m,\boldsymbol{R}^n)=\boldsymbol{R}^m\times\boldsymbol{R}^n\times S_k$ であるので，補助定理 2.4 より，$S_k(\boldsymbol{R}^m,\boldsymbol{R}^n)$ は $J^1(\boldsymbol{R}^m,\boldsymbol{R}^n)$ の余次元 $(m-k)\times(n-k)$ の正規部分多様体である．

（証明終）

定理 2.1 の証明 $n\geqq 2m$ とする．$\sum(M,N)=\bigcup_{k=0}^{m-1}S_k(M,N)$ とおく

と，$f:M\to N$ が挿入である必要十分条件は，$j^1f(M)\cap\sum(M,N)=\phi$ となることである．いま，S_l の $J^1(m,n)$ における閉包 $\overline{S_l}$ は，$\overline{S_l}=\bigcup_{k=0}^{l}S_k$ であるので，$S_l(M,N)$ の $J^1(M,N)$ における閉包 $\overline{S_l(M,N)}$ は $\overline{S_l(M,N)}=\bigcup_{k=0}^{l}S_l(M,N)$ である．k に関して次のことを証明すれば，定理を証明したことになる．

$k<m$ のとき，集合 $T_{\overline{S_k}}=\{f\in C^\infty(M,N)\,|\,j^1f(M)\cap\overline{S_k(M,N)}=\phi\}$ は $C^\infty(M,N)$ の稠密な開部分集合である（$k=m-1$ とおけば，$\overline{S_{m-1}(M,N)}=\sum(M,N)$ なので，定理2.1を証明したことになる）．

まず，$\overline{S_k(M,N)}$ は $J^1(M,N)$ の閉集合なので，$J^1(M,N)-\overline{S_k(M,N)}$ は開集合である．したがって，

$$\begin{aligned}T_{\overline{S_k}}&=\{f\in C^\infty(M,N)\,|\,jf(M)\cap\overline{S_k(M,N)}=\phi\}\\&=\{f\in C^\infty(M,N)\,|\,j^1f(M)\subset J^1(M,N)-\overline{S_k(M,N)}\}\end{aligned}$$

は $C^\infty(M,N)$ の開集合である．

次に稠密性を k に関する帰納法で証明しよう．$\overline{S_0(M,N)}=S_0(M,N)$ は，補助定理8.4より，$J^1(M,N)$ の余次元 $mn\geqq 2m^2$ の正規部分多様体である．いま，$S_0(M,N)$ の余次元 $>m$ なので，$j^1f(M)\cap S_0(M,N)=\phi$ であることと，j^1f が $S_0(M,N)$ に横断的であることとは同値である（問題 7.3.4）．一方，定理 1.6（トムの横断性定理）により，j^1f が $S_0(M,N)$ に横断的であるような f は $C^\infty(M,N)$ の中で稠密である．ゆえに $T_{\overline{S_0}}$ は $C^\infty(M,N)$ の稠密な開部分集合である．

さて，$T_{\overline{S_{k-1}}}$ が $C^\infty(M,N)$ の中で稠密な開集合であると仮定して，$k<m$ のとき，$T_{\overline{S_k}}$ が $C^\infty(M,N)$ の中で稠密であることを証明しよう．

$\overline{S_k(M,N)}=\overline{S_{k-1}(M,N)}\cup S_k(M,N)$ なので

$$A=\{f\in C^\infty(M,N)\,|\,j^1f(M)\cap S_k(M,N)=\phi\}$$

とおくと，$T_{\overline{S_k}}=A\cap T_{\overline{S_{k-1}}}$ となる．$k<m$ なので，$S_k(M,N)$ の余次元は $(m-k)(n-k)\geqq 1\cdot(n-(m-1))\geqq 2m-m+1>m$．したがって $j^1f(M)\cap S_k(M,N)=\phi$ となることと，j^1f が $S_k(M,N)$ に横断的であることとは同値である．したがって定理1.6より，A は $C^\infty(M,N)$ の中で稠密である．一方，$T_{\overline{S_{k-1}}}$ は帰納法の仮定より $C^\infty(M,N)$ の中で稠密な開集合である．したがって，$T_{\overline{S_k}}=A\cap T_{\overline{S_{k-1}}}$ は $C^\infty(M,N)$ の中で稠密である．

（定理2.1証明終）

定理 2.2 の証明には，定理 1.6 を少し拡張したほうが便利である（定理 1.6 と補助定理 1.10 から直接証明できるが，議論が少しわずらわしくなる）.

定義 2.6 M^k で多様体 M の k 個のコピーの直積 $M\times\cdots\times M$ をあらわすとする. $M^{(k)}=\{(p_1,\cdots,p_k)\in M^k|p_i\neq p_j, i\neq j\}$ とする. $\pi_M: J^r(M,N)\to M$ を $\pi_M(j^rf(p))=p$ で定義される自然な射影とし，$\pi_M{}^k: J^r(M,N)^k=J^r(M,N)\times\cdots\times J^r(M,N)\to M^k$ を $\pi_M{}^k(j^rf_1(p_1),\cdots,j^rf_k(p_k))=(p_1,\cdots,p_k)$ で定義される，π_M の直積とする.

$$_kJ^r(M,N)=(\pi_M{}^k)^{-1}(M^{(k)})$$

とおく．すなわち，$_kJ^r(M,N)$ は r-ジェットの k 個の組 $(j^rf_1(p_1),\cdots,j^rf_k(p_k))$ で，$p_i\neq p_j$ なるものの集まりである. $_kJ^r(M,N)$ を **k 重 r-ジェット空間** (k fold r jet space) または単に，**多重ジェット空間** (multi jet space) という．また $_kJ^r(M,N)$ の元を **k 重 r-ジェット**，または単に**多重ジェット**という.

$f:M\to N$ を C^∞ 級写像とするとき，次の式で定義される写像 $_kj^rf: M^{(k)}\to {_kJ^r(M,N)}$ を f の**多重 r-拡大** (multi r-extension) という：

$$_kj^rf(p_1,\cdots,p_k)=(j^rf(p_1),\cdots,j^rf(p_k)).$$

そのとき，次の定理を得る.

定理 2.7（多重横断性定理，マザー [26]） S を $_kJ^r(M,N)$ の部分多様体とする．そのとき，集合

$$T_S=\{f\in C^\infty(M,N)|{_kj^rf}\ \text{は}\ S\ \text{に横断的である}\}$$

は，W^∞ 位相に関して $C^\infty(M,N)$ の中で稠密である.

証明は，定理 1.6 の証明とまったく同じ原理で行なうが，次の補助定理を必要とする.

補助定理 2.8 $\boldsymbol{R}^m$ の相異なる k 個の点 $p_1,\cdots,p_k$ と，$C^\infty(\boldsymbol{R}^m,\boldsymbol{R}^n)$ の任意の元 $f_1,\cdots,f_k$ に対して，$P(m,n;k(r+1))$ の元 h で，次の条件を満たすものが存在する：

$$j^rh(p_1)=j^rf_1(p_1),\cdots,j^rh(p_k)=j^rf_k(p_k).$$

ただし，$P(m,n;k(r+1))$ は $\boldsymbol{R}^m$ から $\boldsymbol{R}^n$ の中への次数 $\leqq k(r+1)$ の多項式写像全体の集合である.

証明 $n=1$ のときに証明すれば十分である．また，煩雑さを避ける

ために，$k=2$ のときの証明のみ与える（$k>2$ の場合もまったく同様に証明できる）．

$a\neq b\in \boldsymbol{R}^m$，$f, g\in C^\infty(\boldsymbol{R}^m, \boldsymbol{R})$ とする．一般に点 $p\in \boldsymbol{R}^m$ の近傍で定義された C^∞ 級関数 h に対して，$T^l h(p)$ で h の p における l 次の Taylor 級数をあらわすとする，すなわち：

$$T^l h(p) = \sum_{0\leq i_1+\cdots+i_m\leq l} \frac{1}{i_1!\cdots i_m!}\frac{\partial^{i_1+\cdots+i_m}h}{\partial x_1{}^{i_1}\cdots\partial x_m{}^{i_m}}(p)(x_1-p_1)^{i_1}\cdots(x_m-p_m)^{i_m}.$$

h_1，h_2 が点 p の近傍で定義されているとき，関数の積 $h_1\cdot h_2$ に対して，

$$T^l(h_1\cdot h_2)(p) = T^l(T^l(h_1(p))\cdot T^l(h_2(p)))(p)$$

が成り立つ．

そこで，上記の $a\neq b\in \boldsymbol{R}^m$ と $f, g\in C^\infty(\boldsymbol{R}^m, \boldsymbol{R})$ に対して，$h\in P(m, 1:2(r+1))$ を次のように定める．$a=(a_1, \cdots, a_m)$，$b=(b_1, \cdots, b_m)$ とするとき，$a_1\neq b_1$ と仮定して一般性を失わない．そのとき，

$$h=(x_1-b_1)^{r+1}T^{r+1}\left(\frac{f}{(x_1-b_1)^{r+1}}\right)(a)$$
$$+(x_1-a_1)^{r+1}T^{r+1}\left(\frac{g}{(x_1-a_1)^{r+1}}\right)(b).$$

$j^r h(a)=j^r f(a)$，$j^r h(b)=j^r g(b)$ は h の定義より直ちにでる．

（証明終）

補助定理 2.9（局所多重横断性定理）　U を $\boldsymbol{R}^m$ の開集合，S を ${}_kJ^r(U, \boldsymbol{R}^n)$ の部分多様体とする．そのとき，集合

$$T_S=\{f\in C^\infty(U, \boldsymbol{R}^n) \mid {}_kj^r f \text{ は } S \text{ に横断的である}\}.$$

は $C^\infty(U, \boldsymbol{R}^n)$ の中で，W^∞ 位相に関して稠密である．

証明　証明は補助定理 2.8 を使うことを除いてまったく定理 1.8 の証明と同じである．

$f\in C^\infty(U, \boldsymbol{R}^n)$ に対して，f にいくらでも近く T_S の元がとれることを示す．

f に対して次の式で定義される写像 $F: U^{(k)}\times P(m, n: k(r+1))\to {}_kJ^r(U, \boldsymbol{R}^n)$ を考える：

$$F((p_1, \cdots, p_k), h)=(j^r(f+h)(p_1), \cdots, j^r(f+h)(p_k)).$$

補助定理 2.8 で見たように，F は上への写像かつ，その微分 dF も至る

ところ上への対応になっている．$W=F^{-1}(S)$，$\pi: U^{(k)}\times P(m,n:k(r+1))\to P(m,n:k(r+1))$ を，$\pi((p_1,\cdots,p_k),h)=h$ で定義される自然な射影とおくと，あとは定理 1.8 の証明とまったく同様である．

（証明終）

定理 2.7 の証明の概略　補助定理 2.9 と同じ手法を使って，補助定理 1.9，1.10 に相当する補助定理を構成すれば，定理 1.6 と同じく証明できる．

（証明の概略終）

問題 2.10　上の方針に従って定理 2.7 を証明せよ．

定理 2.2 の証明　$N^2=N\times N$ の部分集合 $\Delta_N=\{(y,y)|y\in N\}$ は N^2 の余次元 n の部分多様体である．$\pi_{N^2}: {}_2J^r(M,N)\to N^2$ を，$\pi_{N^2}(j^rf_1(p_1),j^rf_2(p_2))=(f_1(p_1),f_2(p_2))$ で与えるとき，π_{N^2} はその微分 $d\pi_{N^2}$ が至るところ全射となっている．したがって $(\pi_{N^2})^{-1}(\Delta N)=\Delta$ は ${}_2J^r(M,N)$ の余次元 n の閉部分多様体である．

さて，$f:M\to N$ が1対1である必要十分条件は，${}_2j^rf(M^{(2)})\cap\Delta=\phi$ である．ところで，$\dim(M^{(2)})=2m<n=\Delta$ の余次元，なので，問題1.3より，${}_2j^rf(M^{(2)})\cap\Delta=\phi$ であることと，${}_2j^rf$ が Δ に横断的であることとは同値である．Δ が閉部分集合であることと定理 2.7 を使うと，${}_2j^rf(M^{(2)})\cap\Delta=\phi$ となる f は $C^\infty(M,N)$ の稠密な開集合である．

$$A=\{f:M\to N|f \text{ は挿入}\}$$
$$B=\{f:M\to N|f \text{ は1対1}\}$$
$$C=\{f:M\to N|f \text{ は埋込み}\}$$

とおくと，$C=A\cap B$ で，定理 2.1 といまの議論とから，A，B はともに稠密な開集合，したがって C も稠密な開集合である．

（証明終）

定理 2.3 の証明　まず，埋込み全体の集合 $\mathrm{Emb}(M,N)$ は $C^\infty(M,N)$ の開集合である．

（証）$g\in\mathrm{Emb}(M,N)$ である必要十分条件は，$j^1g(M)\subset J^1(M,N)-\Sigma(M,N)$（定理 2.1 の証明参照）かつ，${}_2j^rg(M^{(2)})\subset{}_2J^r(M,N)-\Delta$(定理 2.2 の証明参照)．$\Sigma(M,N)$ および Δ は閉集合であるので，W^∞ 位相の入れ方より，$\mathrm{Emb}(M,N)$ は $C^\infty(M,N)$ の開集合である)．

定理を $N=\boldsymbol{R}^n$ の場合に証明しよう（一般の多様体 N の場合も同じ

に証明できるが，われわれが定義していない測地線の概念を必要とする)．いま，f に十分近い $g\in C^\infty(M, \boldsymbol{R}^n)$ をとるとき，f と g が C^∞ 同値であることを証明すればよい．

$\mathrm{Emb}(M, N)$ が $C^\infty(M, N)$ の中で開集合なので，写像 $g_t\in C^\infty(M, N)$ $(t\in\boldsymbol{R})$ を，$g_t(x)=(1-t)f(x)+tg(x)$ で与えると，$|t|<2$ に対して，$g_t\in\mathrm{Emb}(M, N)$ となるように g を十分に f の近くにとる (N が $\boldsymbol{R}^n$ でない場合は測地線を使って，$g_0=f$，$g_1=g$ となる t に関しても C^∞ な埋込みの族 g_t がとれる)．

$G: M\times(-2, 2)\to N\times(-2, 2)$，$\pi: N\times(-2, 2)\to(-2, 2)$ を，$G(x, t)=(g_t(x), t)$，$\pi(y, t)=t$ で定義すると，G は埋込み，π は自然な射影である．そのとき，次の条件を満たすベクトル場 X, Y が存在する：

(1)　X は $M\times(-2,2)$ 上のベクトル場であり，Y は $N\times(-2,2)$ 上のベクトル場である．

(2)　$dG_{(x,t)}(X(x, t))=Y(G(x, t))$

(3)　$d\pi_{(y,t)}(Y(y, t))=(\partial/\partial t)(t)$

(4)　$G(M\times(-2,2))$ のある近傍 U の外では，$Y|U^c=(\partial/\partial t)|U^c$.

ただし，(3) の $(\partial/\partial t)$ は数直線 $\boldsymbol{R}$ 上の正の向きの単位ベクトル場であり，(4) の $(\partial/\partial t)$ は $N\times\boldsymbol{R}$ の $\boldsymbol{R}$ 軸に平行で至るところ長さ1のベクトル場である（第3章 記号7.5参照)．

X, Y の存在を仮定して，g と f が C^∞ 同値であることを証明しよ

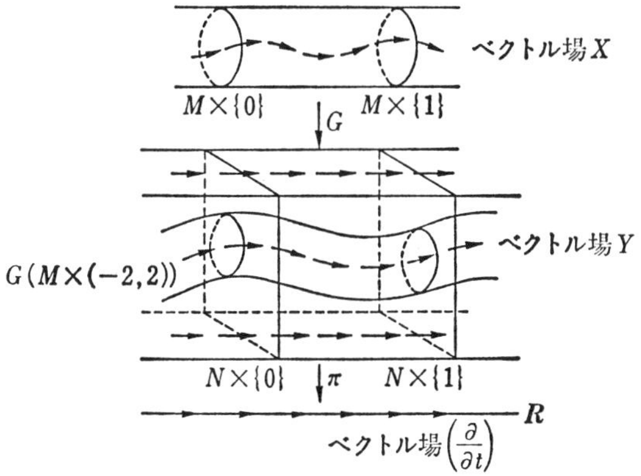

図 32

う．

X の積分曲線を $\varphi(t)$，Y の積分曲線を $\psi(t)$ であらわすとき，第3章 補助定理 7.4 より，$\varphi_1: M\times\{0\}\to M\times\{1\}$ および $\psi_1: N\times\{0\}\to N\times\{1\}$ は C^∞ 級同相写像である．関係式（2）と第3章 補助定理 7.7 より，$(G|M\times\{1\})\circ\varphi_1=\psi_1\circ(G|M\times\{0\})$ を得る．

$\varphi_1(x,0)=(h_1(x),1)$，$\psi_1(y,0)=(h_2(y),1)$ とあらわすとき，上の式は $f\circ h_1=h_2\circ g$ にほかならない．ゆえに f と g は C^∞ 同値である．

あとは条件（1）〜（4）を満たすベクトル場 X と Y の存在を示せばよい．そのために，次の補助定理 2.11 を準備する．

$m=\dim M\geqq\dim N=n$ とする（定理 2.3 ではもちろん $m\leqq n$ である．$m\geqq n$ の仮定は次の補助定理 2.11 のみで用いる点に注意せよ）．そのとき，特異点を全然もたない写像 $f: M\to N$ を押し込み (submersion) という．典型的な例として，$m\geqq n$ のとき，自然な射影 $\pi: \boldsymbol{R}^m\to\boldsymbol{R}^n$，$(x_1,\cdots,x_n,x_{n+1},\cdots,x_m)\to(x_1,\cdots,x_n)$ は押し込みである．

補助定理 2.11 $f: M\to N$ を押し込み，Y を N 上のベクトル場とする．そのとき，M 上のベクトル場 X で次の条件を満たすものが存在する：

（5） 各点 $p\in M$ に対して，$df_p(X(p))=Y(f(p))$

証明 M, N を次の条件を満たす局所有限な局所座標系 $\{(U_\alpha,\varphi_\alpha)\}_{\alpha\in A}$，$\{(V_i,\psi_i)\}_{i\in I}$ でおおう：

（6） $M=\cup U_\alpha$，$N=\cup V_i$，

（7） 任意の $\alpha\in A$ に対して，ある $i\in I$ で次の条件を満たすものが存在する：

$f(U_\alpha)\subset V_i$ かつ $\psi_i\circ f\circ\varphi_\alpha^{-1}(x_1,\cdots,x_m)=(x_1,\cdots,x_n)$，

（8） $\{U_\alpha\}$ に従属する1の分割 $\{\phi_\alpha\}_{\alpha\in A}$ が存在する．

このような $\{(U_\alpha,\varphi_\alpha)\}_{\alpha\in A}$ と $\{(V_i,\psi_i)\}_{i\in I}$ が存在することは，第4章 定理 1.3 と第3章 定理 6.5 から容易にわかる．$\boldsymbol{R}^m$ の標準的な座標を $(x_1,\cdots,x_m)$，$\boldsymbol{R}^n$ の標準的な座標を $(y_1,\cdots,y_n)$ とあらわすとき，Y を V_i に制限したものは，第3章 問題 7.6 (2) により，次の形にあらわされる：

（9） $Y(q)=\sum_{j=1}^n a_j(q)\left(\dfrac{\partial}{\partial y_j}\right)(q)$，$q\in V_i$．

さて，$\alpha\in A$ に対して，U_α 上のベクトル場 X_α を次の式で定義する：

(10) $X_\alpha(p)=\sum_{j=1}^{n} a_j(f(p))\left(\dfrac{\partial}{\partial x_j}\right)(p)$, $p\in U_\alpha$,

ただし，a_j は（7）の条件を満たす (V_i,ψ_i) の下に，Y が（9）の形にあらわされたときの係数 a_j である．すると，

$$df_p\left(\left(\frac{\partial}{\partial x_j}\right)(p)\right)=\frac{\partial}{\partial y_j}(f(p))$$

なので，

(11) $df_p(X_\alpha(p))=Y(f(p))$, $p\in U_\alpha$.

を得る．そのとき，M 上のベクトル場 X を

(12) $X(p)=\sum_{\alpha\in A}\phi_\alpha(p)X_\alpha(p)$

で定義すると，ϕ_α が $\{U_\alpha\}_{\alpha\in A}$ に従属する1の分割なので，X はうまく定義できて，C^∞ 級のベクトル場である．X が条件（5）を満たすことは条件 (11) と $\sum_{\alpha\in A}\phi_\alpha(p)=1$ からでてくる．

（補助定理 2.11 証明終）

定理2.3の証明にもどる．

ベクトル場 Y の構成　$N\times(-2,2)$ を次の条件を満たす局所有限な局所座標系 $\{(U_\alpha,\varphi_\alpha)\}_{\alpha\in A}$ でおおう：

(13) $\{U_\alpha\}_{\alpha\in A}$ に従属する1の分割 $\{\phi_\alpha\}_{\alpha\in A}$ が存在する，

(14) $U_\alpha\cap G(M\times(-2,2))\neq\phi$ なる $\alpha\in A$ に対しては，$\varphi_\alpha(U_\alpha\cap G(M\times(-2,2)))=\varphi_\alpha(U_\alpha)\cap \boldsymbol{R}^{m+1}$ が成り立つ，

ただし，ここで $\boldsymbol{R}^{m+1}$ は自然な埋込み $(x_1,\cdots,x_m,x_{m+1})\to(x_1,\cdots,x_m,x_{m+1},0,\cdots,0)$ により $\boldsymbol{R}^{n+1}$ の部分集合と考えている．

条件 (13)，(14) を満たす $\{(U_\alpha,\varphi_\alpha)\}$ の存在は，第3章 定理 3.6 と第3章 定理6.5より容易に確かめられる．

$\alpha\in A$ に対して，次の条件 (15) を満たす U_α 上のベクトル場 Y_α を構成する：

(15) (a) $d\pi_q(Y_\alpha(q))=(\partial/\partial t)(\pi(q))$, $q\in U_\alpha$

(b) $U_\alpha\cap G(M\times(-2,2))$ 上の点 q では，

$Y_\alpha(q)\in T_q(G(M\times(-2,2)))$,

(c) $U_\alpha\cap G(M\times(-2,2))=\phi$ なる U_α の点 q では $Y_\alpha(q)=(\partial/\partial t)(q)$.

まず

(16) $U_\alpha\cap G(M\times(-2,2))=\phi$ の場合：$Y_\alpha(q)=(\partial/\partial t)(q)$，$q\in U_\alpha$ とおく．次に

(17) $U_\alpha\cap G(M\times(-2,2))\neq\phi$ の場合：$\pi: N\times(-2,2)\to(-2,2)$ を自然な射影とするとき，π を $U_\alpha\cap G(M\times(-2,2))$ に制限した

$$\pi(U_\alpha\cap G(M\times(-2,2))) : U_\alpha\cap(G(M\times(-2,2)))\to(-2,2)$$

は押し込みである．したがって補助定理 2.11 より，$U_\alpha\cap G(M\times(-2,2))$ 上のベクトル場 Z_α で条件

$$\text{(d)}\quad d\pi_q(Z_\alpha(q))=\frac{\partial}{\partial t}(\pi(q)),\quad q\in U_\alpha\cap G(M\times(-2,2))$$

を満たすものが存在する．$Z_\alpha(q)$ は第3章 問題7.6より

$$\text{(e)}\quad Z_\alpha(q)=\sum_{i=1}^{m+1}a_i(q)\left(\frac{\partial}{\partial x_i}\right)(q)$$

と書きあらわされる．そのとき，U_α 上のベクトル場 $\tilde{Y}_\alpha$ を

$$\text{(f)}\quad \tilde{Y}_\alpha(q)=\sum_{i=1}^{m+1}\tilde{a}_i(q)\left(\frac{\partial}{\partial x_i}\right)(q)$$

で与える．ただし，$\tilde{a}_i : U_\alpha\to\boldsymbol{R}$ は $\pi' : \boldsymbol{R}^{n+1}\to\boldsymbol{R}^{m+1}$ を $(x_1,\cdots,x_{m+1},x_{m+2},\cdots,x_{n+1})\to(x_1,\cdots,x_{m+1})$ なる自然な射影とするとき，$\tilde{a}_i=a_i\circ\varphi_\alpha^{-1}\circ\pi'\circ\varphi_\alpha$ である．そのとき，U_α 上のベクトル場 Y_α を

$$\text{(g)}\quad Y_\alpha(q)=\frac{1}{|d\pi_i(\tilde{Y}_\alpha(q)|}\tilde{Y}_\alpha(q)$$

で定義する，ただし｜　｜はベクトルの長さをあらわす．すると Y_α は条件 (15) を満たしている．

最後に $N\times(-2,2)$ 上のベクトル場 Y を

$$\text{(18)}\quad Y(q)=\sum_{\alpha\in A}\phi_\alpha(q)Y_\alpha(q)$$

で与えると，Y は条件（1），（3），（4）を満たし，さらに

$$\text{(19)}\quad Y(q)\in T_q(G(M\times(-2,2)),\quad q\in G(M\times(-2,2))$$

を満たす．

ベクトル場 X の構成　$G: M\times(-2,2)\to G(M\times(-2,2))$ は C^∞ 級同相なので，その逆写像を G^{-1} とするとき，

$$\text{(20)}\quad X(p)=dG_{G(p)}{}^{-1}(Y(G(p)))$$

とおく．すると X と Y は（1），（2）を満足する．

（定理 2.3 証明終）

§3 モースの関数

この節では，横断性定理の第二の応用例として，モースの関数を紹介す

る.

関数 $f:M\to \boldsymbol{R}$ の特異点のことを，関数の場合には特に，f の**臨界点** (critical point) ともいう. p が f の臨界点となる必要十分条件は，p の近傍 U における局所座標系 $(x_1,\cdots,x_m)$ に対して

$$\frac{\partial f}{\partial x_1}(p)=\frac{\partial f}{\partial x_2}(p)=\cdots=\frac{\partial f}{\partial x_m}(p)=0$$

となることである.

定義 3.1 $p\in M$ が，関数 $f:M\to \boldsymbol{R}$ の臨界点とする. $(U,\varphi=(x_1,\cdots,x_m))$ を，$p\in U$ なる局所座標系とするとき，行列

$$\left(\frac{\partial^2 f}{\partial x_i\partial x_j}(p)\right)=\left(\frac{\partial^2 f\circ\varphi^{-1}}{\partial x_i\partial x_j}(\varphi(p))\right)$$

を，f の p における**ヘッシアン** (Hessian) という. ヘッシアンが正則行列のとき，p を f の**非退化臨界点** (non-degenerate critical point) といい，そうでないとき，**退化臨界点** (degenerate critical point) という.

問題 3.2 1) $S(M,\boldsymbol{R})=\left\{j^1f(p)\in J^1(M,\boldsymbol{R})\,\middle|\,\frac{\partial f}{\partial x_1}(p)=\cdots=\frac{\partial f}{\partial x_m}(p)=0\right\}$ とおくとき，S は $J^1(M,\boldsymbol{R})$ の余次元 m の部分多様体であることを証明せよ.

2) $p\in M$ が $f:M\to\boldsymbol{R}$ の非退化臨界点であるための必要十分条件は，j^1f が点 p で $S(M,\boldsymbol{R})$ に横断的に交わることである.

ヒント 1) 問題は局所的なので，$M=\boldsymbol{R}^m$ のときに示せ. $J^1(\boldsymbol{R}^m,\boldsymbol{R})=J^1(m,1)\,\boldsymbol{R}^m\times\boldsymbol{R}\times$ とあらわすとき，$S(\boldsymbol{R}^m,\boldsymbol{R})=\boldsymbol{R}^m\times\boldsymbol{R}\times\{0\}$ となる.

2) 一般に W の部分多様体 S が局所的に k 個の関数 $\varphi_1=\cdots=\varphi_k=0$ で定義されているとき，$f:V\to W$ が S に横断的である必要十分条件は，$f(p)\in S$ なる点で，$\varphi\circ f:V\to\boldsymbol{R}^k$ の階数が k であることに注意せよ (定理 1.4 の証明参照). ところで $S(M,\boldsymbol{R})$ は局所的に，

$$\frac{\partial f}{\partial x_1}(p)=\cdots=\frac{\partial f}{\partial x_m}(p)=0$$

で定義されている.

ヘッシアンは対称行列である. したがってその固有値はすべて実数である. 重複度も込めた固有値 0 の個数をヘッシアンの**退化次数** (nullity)，重複度も込めた負の固有値の個数を，ヘッシアンの**指標** (index) とよぶ. f の p におけるヘッシアンの退化次数を k，指標を l とするとき，ある正則行列 P が存在して，

$$\left(\frac{\partial^2 f}{\partial x_i \partial x_j}(p)\right)=P^{-1}\begin{pmatrix} -\lambda_1 & & & & & & & & \\ & \ddots & & & & & & & \\ & & -\lambda_l & & & & & & \\ & & & \lambda_{l+1} & & & & & \\ & & & & \ddots & & & & \\ & & & & & \lambda_{m-k} & & & \\ & & & & & & 0 & & \\ & & & & & & & \ddots & \\ & & & & & & & & 0 \end{pmatrix}P$$

（右下の k 個の 0 に $\}k$）

となる．すなわち，ヘッシアンは右辺の対角行列と，行列として相似である．

問題 3.3 f の p におけるヘッシアン

$$\left(\frac{\partial^2 f}{\partial x_i \partial x_j}(p)\right)$$

は局所座標系 (U, φ) によるが，その退化次数および指標は，(U, φ) の選び方によらないことを示せ．

ヒント (U,φ)，(V,ψ) を二つの局所座標系とするとき，

$$\frac{\partial^2(f\circ\varphi^{-1})}{\partial x_i \partial x_j}(\varphi(p))=\left(\frac{\partial^2(f\circ\psi^{-1}\circ\psi\circ\varphi^{-1})}{\partial x_i \partial x_j}(\varphi(p))\right)$$

を使って，

$$\left(\frac{\partial^2(f\circ\varphi^{-1})}{\partial x_i \partial x_j}(\varphi(p))\right)$$
$$={}^t(J(\psi\circ\varphi^{-1})(\varphi(p)))\left(\frac{\partial^2(f\circ\psi^{-1})}{\partial x_i \partial x_j}(\psi(p))\right)(J(\psi\circ\varphi^{-1})(\varphi(p)))$$

を示せ．そして一般に，A を対称行列，P を正則行列とするとき，A の負の固有値の数と，${}^tPAP$ の負の固有値の数は一致する（シルベスター (Sylvester) の慣性法則（佐竹一郎：行列と行列式，裳華房，p. 159～160 参照）を用いよ）．

ヘッシアン

$$\left(\frac{\partial^2 f}{\partial x_i \partial x_j}(p)\right)$$

の指標を f **の点** p **における指標**という．また，f の点 p における指標が l のとき，点 p を f **の指標** l **の臨界点**という．

次のモースの補助定理は，f の非退化臨界点 p における挙動（すなわち f at p の C^∞ 型）は，f の p における指標によって完全に決定されることを示している．

定理 3.4（モースの補助定理）

1) p を $f: M \to \boldsymbol{R}$ の指標 λ の非退化な臨界点とする．そのとき，p を中心とする局所座標系 $(U, (x_1, \cdots, x_m))$ で，U 上で次の等式が成り立つものがある：

（i） $f = f(p) - x_1{}^2 - x_2{}^2 - \cdots - x_\lambda{}^2 + x_{\lambda+1}{}^2 + \cdots + x_m{}^2.$

2) C^∞ 級関数 $F: M \times \boldsymbol{R}^k \to \boldsymbol{R}$ と点 $a \in \boldsymbol{R}^k$ に対して，$f_a: M \to \boldsymbol{R}$ を $f_a(p) = F(p, a)$ で定義する．いま，点 $p_0 \in M$ が，$f_0(o \in \boldsymbol{R}^k)$ の指標 λ の非退化臨界点とする．そのとき，$\boldsymbol{R}^k$ の原点の近傍 V と，p_0 の M における近傍 U と，C^∞ 級写像 $P: V \to U$ および $x = (x_1, \cdots, x_m): U \times V \to \boldsymbol{R}^m$ で，次の条件（ii）〜(iv) を満たすものが存在する．

（ii） $P(o) = p_0$

(iii) $x_{i,a}: U \to \boldsymbol{R}$ を $x_{i,a}(q) = x_i(q, a)$ で定義すると（ただし $a \in V$），$(U, (x_{1,a}, \cdots, x_{m,a}))$ は $p_a = P(a)$ を中心とする M の局所座標系である．

(iv) U 上で次の等式が成り立つ．

$$f_a = f_a(p_a) - x_{1,a}{}^2 - x_{2,a}{}^2 - \cdots - x_{\lambda,a}{}^2 + x_{\lambda+1,a}{}^2 + \cdots + x_{m,n}{}^2$$

次の図 33〜35 は，$\boldsymbol{R}^2$ 上の関数の指標がそれぞれ，0，1，2 の非退化臨界点のグラフをあらわしている：

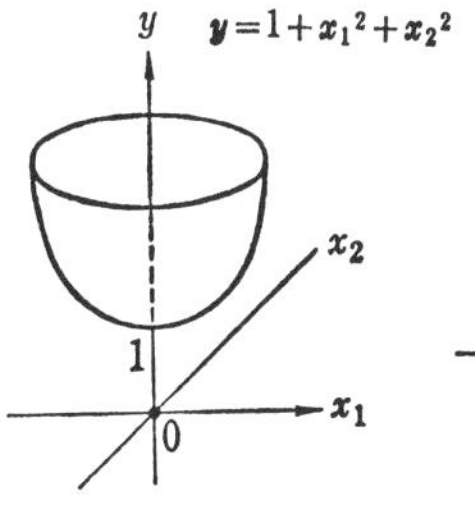

図 33

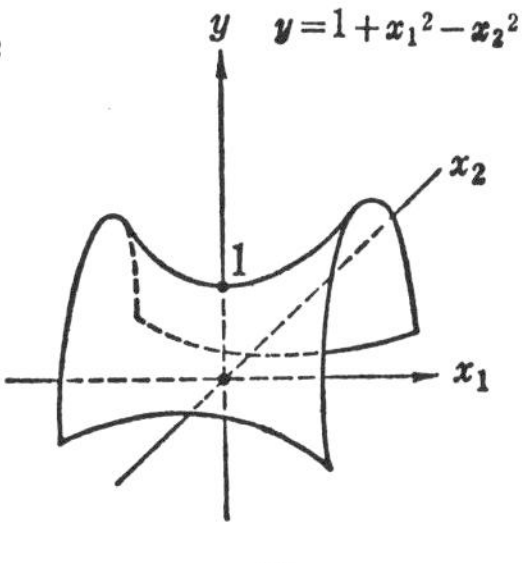

図 34

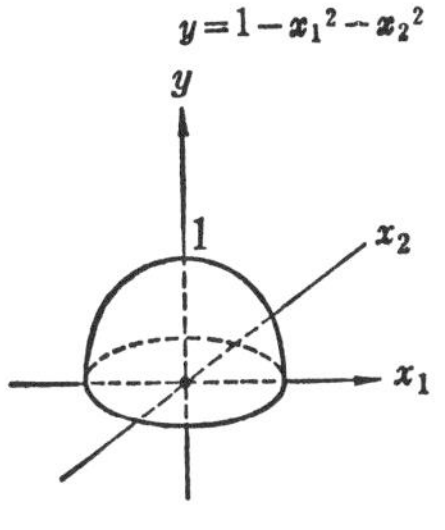

図 35

注意 1) 上の定理は f の指標が λ であると，f at p は $\boldsymbol{R}^n$ に定義された次の関数 g at O に C^∞ 同値であることを意味している：

$$g(x_1, \cdots, x_m) = -x_1{}^2 - x_2{}^2 - \cdots - x_\lambda{}^2 + x_{\lambda+1}{}^2 + \cdots + x_m{}^2.$$

2) さらに 2) は，関数 f_a がパラメーター a に連続に依存するとき，局所座標系も a に関して連続にとれることを意味している．$F = f$ とすると 2)⇒1) が示される．

問題 3.5 モースの補助定理を使って次のことを示せ．p を f の非退化な臨界点とすると，p は孤立臨界点である．すなわち，p 以外には f の臨界点を含まないような p の近傍が存在する．

モースの補助定理を証明するのに，一つの補助定理を準備しよう．

補助定理 3.6 f を $\boldsymbol{R}^m$ における o の凸近傍*) V で定義された C^∞ 級関数とする．そのとき，条件

$$f(x_1, \cdots, x_m) = f(0) + \sum_{i=1}^{m} x_i g_i(x_1, \cdots, x_m),$$

$$g_i(0) = \frac{\partial f}{\partial x_i}(0)$$

を満足する V 上の C^∞ 級関数 g_i，$i=1, \cdots, m$ が存在する．

証明 $f(x_1, \cdots, x_m) = f(0) + \int_0^1 \frac{df(tx_1, \cdots, tx_m)}{dt} dt.$

$$= f(0) + \int_0^1 \sum_{i=1}^{m} \frac{\partial f}{\partial x_i}(tx_1, \cdots, tx_m) x_i dt$$

となるので，

$$g_i(x_1, \cdots, x_m) = \int_0^1 \frac{\partial f}{\partial x_i}(tx_1, \cdots, tx_m) dt$$

とおくとよい．

（証明終）

モースの補助定理の証明 3.4 の 2) を証明する．問題は局所的性質のものなので，$M = \boldsymbol{R}^m$，$p_0 = o \in \boldsymbol{R}^m$ と仮定してよい．いま，$\boldsymbol{R}^m \times \boldsymbol{R}^k$ の原点 $(0, 0)$ の近傍で，集合

$$S = \left\{ (x, a) \,\middle|\, \frac{\partial F}{\partial x_1}(x, a) = \cdots = \frac{\partial F}{\partial x_m}(x, a) = 0 \right\}$$

を考える．f_0 が原点 $o \in \boldsymbol{R}^m$ を非退化臨界点にもつので，

$$\det\left(\frac{\partial^2 F}{\partial x_i \partial x_j}(0, 0) \right) \neq 0$$

が成り立つ．したがって陰関数の定理（第3章 定理 1.7）より，$\boldsymbol{R}^k$ の原点の近傍 V から $\boldsymbol{R}^m$ の原点の近傍 U の中への C^∞ 級写像 P が存在して，

$$S \cap (U \times V) = \{ (P(a), a) \mid a \in V \}$$

---

*) $\boldsymbol{R}^m$ の部分集合 V が凸集合であるとは，V の任意の2点 a, b を結ぶ線分 $(1-t)a + tb$, $0 \leqq t \leqq 1$ が V に含まれるときにいう．凸集合である近傍を凸近傍という．

と書きあらわせる．$(y_1, \cdots, y_m): U \times V \to \boldsymbol{R}^m$ を $y_i(x, a) = x_i - P_i(a)$, $P(a) = (P_1(a), \cdots, P_m(a))$ で定義すると，$y_{i,a}(x) = y_i(x, a)$ で定義される関数の組 $(y_{1,a}, \cdots, y_{m,a})$ は $P(a)$ を中心とする U の新しい座標となっている．

すると補助定理3.6より，

$$F(y, a) = F(P(a), a) + \sum_{i=1}^{m} y_i g_i(y_1, \cdots, y_m, a_1, \cdots, a_k)$$

と書きあらわせる．

$$g_i(y_1, \cdots, y_m, a_1, \cdots, a_k) = \int_0^1 \frac{\partial F}{\partial y_i}(ty_1, \cdots, ty_m, a_1, \cdots, a_k)\,dt$$

なので，g_i は $(y_1, \cdots, y_m, a_1, \cdots, a_k)$ の C^∞ 級関数である．いま

$$g_i(o, a) = \frac{\partial F}{\partial y_i}(o, a) = \frac{\partial F}{\partial x_i}(P(a), a) = 0$$

なので，再び補助定理3.6を使うと，

$$g_i(y_1, \cdots, y_m, a_1, \cdots, a_k) = \sum_{j=1}^{m} y_j h_{ij}(y_1, \cdots, y_m, a_1, \cdots, a_k)$$

とあらわせる．したがって

$$F(y_1, \cdots, y_m, a_1, \cdots, a_k) = F(P(a), a) + \sum_{i,j=1}^{m} y_i y_j h_{ij}(y_1, \cdots, y_m, a_1, \cdots, a_k)$$

とあらわせる．h_{ij} は再び (y, a) の C^∞ 級関数である．ここで，$h_{ij} = h_{ji}$ と仮定することができる．実際そうでないときは，$\bar{h}_{ij} = (h_{ij} + h_{ji})/2$ とおくと，$\bar{h}_{ij} = \bar{h}_{ji}$ かつ $F = \sum y_i y_j h_{ij} + F(P(a), a)$ となる．

次の（性質）$_r$ を，r に関する帰納法で証明すれば，定理が証明されたことになる．

（性質）$_r$：$o \in \boldsymbol{R}^m$ のある近傍 U_1 と，$o \in \boldsymbol{R}^k$ のある近傍 V_1，および，C^∞ 級写像 $(u_1, \cdots, u_m): U_1 \times V_1 \to \boldsymbol{R}^m$ で次の条件を満たすものが存在する：

（i） $u_{i,a}(p) = u_i(p, a)$ で定義される $(u_{1,a}, \cdots, u_{m,a})$ は $P(a)$ を中心とする U_1 の局所座標系である．

（ii） $$F(u, a) = F(P(a), a) \pm (u_1)^2 \pm \cdots \pm (u_{r-1})^2 + \sum_{i,j \geqq r} u_i u_j H_{ij}(u, a)$$

とあらわせる．ここに，$H_{ij}(u, a) = H_{ji}(u, a)$ である．

（性質）$_1$ は自動的に満たされている．（性質）$_r$ を仮定して，（性質）$_{r+1}$

を証明しよう．問題3.3より，指標は局所座標系の選び方によらないので，

$$f_0 \text{ の指標} = \{\text{行列 } (H_{ij}(o,o)) \text{ の負の固有値の数}\}$$
$$+\{\pm(u_1)^2\pm\cdots\pm(u_{r-1})^2 \text{ の係数が } -1 \text{ の項の数}\}$$

となることに注意しておく．また，行列 $(\partial^2 F/\partial x_i\partial x_j(o,o))$ が正則行列であることから，行列 $(H_{ij}(o,o))$ は対称な正則行列である．したがって，座標 $(u_r,\cdots,u_m)$ に適当な線形変換を行なって，$H_{rr}(o,o)\neq 0$ と仮定できる（$H_{rr}(o,o)$ が行列 $(H_{ij}(o,o))$ の一つの固有値とすることができる．行列の対角化を参照）．

$$g(u_1,\cdots,u_m,a_1,\cdots,a_k)=\sqrt{|H_{rr}(u,a)|}$$

とおく．いま，$H_{rr}(o,o)\neq 0$ なので，g は原点の小さい近傍 W で C^∞ 級である．$(v_1,\cdots,v_m): W\to \boldsymbol{R}^m$ を

$$v_i=u_i$$
$$v_r(u,a)=g(u,a)[u_r+\sum_{i>r}u_iH_{ir}(u,a)/H_{rr}(u,a)]$$

とおく．$\boldsymbol{R}^m$ および $\boldsymbol{R}^k$ の原点の近傍 U_1', V_1' を十分小さくとると，逆関数の定理より，$a\in V_1'$ に対して，$(v_{1,a},\cdots,v_{m,a})$ は $P(a)$ を中心とする U_1' 上で定義された局所座標系となる．

$$F(v,a)=F(P(a),a)\pm(v_1)^2\pm\cdots\pm(v_r)^2+\sum_{i,j\geqq r+1}v_iv_jH_{ij}'(v,a)$$

とあらわされることは容易に確かめられる． ここで $\pm(v_r)^2$ の符号は $H_{rr}(o,o)$ の符号と一致する．これで（性質）$_{r+1}$ が証明できた．

（定理3.4証明終）

定義 3.7 次の条件（1），（2）を満たす関数 $f: M\to\boldsymbol{R}$ を**モースの関数** (Morse function) という．

（1） f の臨界点はすべて非退化である．

（2） 各臨界点における f の値はすべて異なる：すなわち $p\neq q$ を f の二つの臨界点とするとき，$f(p)\neq f(q)$．

図 36 および図 37 は球面 S^2 を $\boldsymbol{R}^3$ の中に埋め込んだ図である．その埋め込みをそれぞれ，$f=(f_1,f_2,f_3)$，$g=(g_1,g_2,g_3)$ とするとき，S^2 上の関数 f_3 の臨界点はすべて非退化であるが，f_3 はモースの関数ではない．g_3 はモースの関数である．また，各臨界点におけるカッコ付の数字 (λ) はその点の指標をあらわしている．

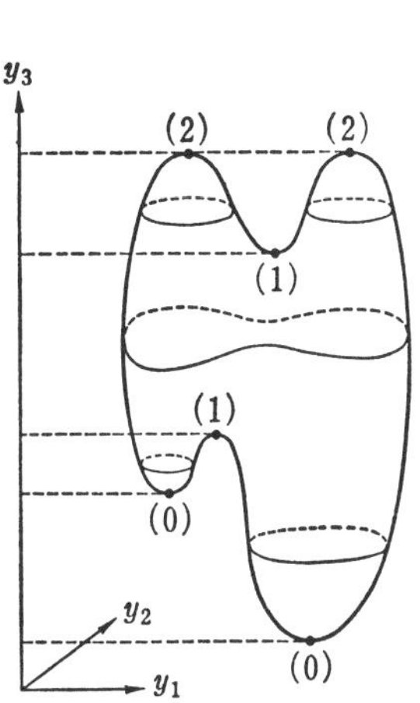

図 36

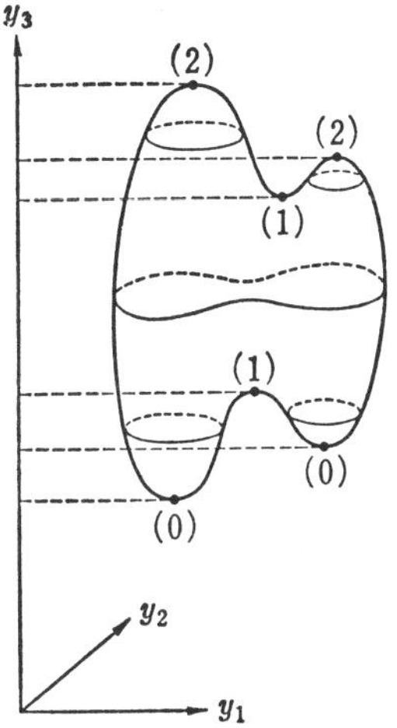

図 37

この節の残りで，次の二つの定理を証明しよう．

定理 3.8 M 上のモースの関数全体の集合は，$C^\infty(M, \boldsymbol{R})$ の稠密な開部分集合である．

定理 3.9 コンパクト多様体上のモースの関数は C^∞ 安定である．

以上の二つの定理から，安定性に関する次の系が直ちに出る：

系 3.10 (第4章 §6 部分解 1) M をコンパクト多様体とする．

1) $f \in C^\infty(M, \boldsymbol{R})$ が C^∞ 安定 $\Longleftrightarrow f$ はモースの関数である．

2) $S^\infty(M, \boldsymbol{R})$ は $C^\infty(M, \boldsymbol{R})$ の中で，稠密な開集合である．

系 3.11 (特異点の分類) 安定した関数の特異点はすべて非退化で，その C^∞ 型は指標によって一意に定まる（定理 3.4 参照）．

定理 3.8 の証明 証明の方針は，定理 2.1 および定理 2.2 と同じである．

$$S(M, \boldsymbol{R}) = \left\{ j^1 f(p) \in J^1(M, \boldsymbol{R}) \,\middle|\, \frac{\partial f}{\partial x_1}(p) = \cdots = \frac{\partial f}{\partial x_m}(p) = 0 \right\}$$

$$\begin{aligned}\textstyle\sum(M, \boldsymbol{R}) = \{ (j^1 f(p), j^1 g(q)) \in {}_2J^1(M, \boldsymbol{R}) \mid & (j^1 f(p), j^1 g(q)) \\ & \in S(M, \boldsymbol{R}) \times S(M, \boldsymbol{R}),\ f(p) = g(q) \}\end{aligned}$$

$$D(M, \boldsymbol{R}) = \{ j^2 f(p) \in J^2(M, \boldsymbol{R}) \mid p \text{ は } f \text{ の退化臨界点} \}$$

とおく．そのとき，f がモースの関数であるための必要十分条件は，

(1) $j^2 f(M) \cap D(M, \boldsymbol{R}) = \phi$

（2）　${}_2j^1f(M^{(2)})\cap\sum(M,\boldsymbol{R})=\phi.$

ところで問題 3.2 で見たように，（1）は次の条件（1）′ と同値である：

(1)′　j^1f が $S(M,\boldsymbol{R})$ に横断的である．

$D(M,\boldsymbol{R})$ は $J^2(M,\boldsymbol{R})$ の閉集合なので，W^∞ 位相の入れ方より，（1）を満たす関数全体の集合は $C^\infty(M,\boldsymbol{R})$ の開部分集合である．一方，(1)′ を満たす関数全体の集合は，横断性定理により $C^\infty(M,\boldsymbol{R})$ の中で稠密である．したがって（1）を満たす関数全体の集合は $C^\infty(M,\boldsymbol{R})$ の稠密な開部分集合である．

したがって（2）を満たす関数全体の集合が，$C^\infty(M,\boldsymbol{R})$ の稠密な開集合であることを示せば，定理が証明されたことになる．

それゆえ $\sum(M,\boldsymbol{R})$ が ${}_2J^1(M,\boldsymbol{R})$ の余次元 $>2m$ の部分多様体であることが示されれば，横断性定理により，定理が証明されたことになる．ところで，問題は局所的なので，$M=\boldsymbol{R}^m$ のときに考えればよい．${}_2J^1(\boldsymbol{R}^m,\boldsymbol{R})=J^1(m,1)\times J^1(m,1)\times(\boldsymbol{R}^m)^{(2)}\times R\times R$ であるので，$\varDelta_{\boldsymbol{R}^2}=\{(y,y)\in\boldsymbol{R}^2\}$ とおくと，$\{o\}=S(\boldsymbol{R}^m,\ \boldsymbol{R})\cap J^1(m,\ 1)$ であるから，$\sum(\boldsymbol{R}^m,\boldsymbol{R})=\{o\}\times\{o\}\times(\boldsymbol{R}^m)^{(2)}\times\varDelta_{\boldsymbol{R}^2}$ となる．$\{o\}$ は $J^1(m,1)$ の余次元 m の部分多様体であり；$\varDelta_{\boldsymbol{R}^2}$ は $\boldsymbol{R}^2$ の余次元 1 の部分多様体である．したがって，$\sum(\boldsymbol{R}^m,\boldsymbol{R})$ は ${}_2J^1(\boldsymbol{R}^m,\boldsymbol{R})$ の余次元 $2m+1$ の部分多様体となる．したがって，定理は証明されたことになる．

（証明終）

定理 3.9 の証明　証明の方針は定理 2.3 と同じである．$f:M\to\boldsymbol{R}$ をモースの関数とする．モースの関数全体の集合は，定理 3.7 で示したように，$C^\infty(M,\boldsymbol{R})$ の開集合なので，f の $C^\infty(M,\boldsymbol{R})$ における近傍 $N(f)$ で次の条件を満たすものが存在する：任意の $g\in N(f)$ と任意の $t\in(-2,2)$ に対して，

（1）　$g_t(p)=(1-t)f(p)+tg(p),\ \ p\in M,\ \ t\in(-2,2)$

で定義される関数はモースの関数である．

$g\in N(f)$ とし，g と f が C^∞ 同値であることを示そう．写像，$G:M\times(-2,2)\to\boldsymbol{R}\times(-2,2)$ および $\pi:\boldsymbol{R}\times(-2,2)\to(-2,2)$ を，

（2）　$G(p,t)=(g_t(p),t),\ \ \pi(x,t)=t$

で定義する．$S=\{(p,t)\in M\times(-2,2)\,|\,p$ は g_t の臨界点$\}$，$C=\{(y,\ t)$

$\in \boldsymbol{R}\times(-2,2)|y$ は g_t の臨界値$\}$ とおくと，S, C はそれぞれ，$M\times(-2,2)$, $\boldsymbol{R}\times(-2,2)$ の１次元の正規部分多様体であり，$\pi|C : C\to(-2,2)$ および，$\pi\circ G|S : S\to(-2,2)$ は押込みとなる．実際 M がコンパクトであって，f の臨界点は孤立している（問題 9.5）ので，f の臨界点は有限個である．それを，$p_1, \cdots, p_k$ とする．いま，$f(p_i)\neq f(p_j)$ $(i\neq j)$ なる事実と，定理 3.4 の 2）より，上記のことが確かめられる．

定理3.8の証明のためには，定理2.3の証明の場合と同じく，次の条件を満たす $M\times(-2,2)$ 上の C^∞ 級のベクトル場 X と $\boldsymbol{R}\times(-2,2)$ 上の C^∞ 級ベクトル場 Y を構成するとよい：

（３） $dG_{(p,t)}(X(p,t))=Y(G(p,t))$

（４） $(p,t)\in S$ において，$X(p,t)$ は S に接する

（５） $(y,t)\in C$ において，$Y(y,t)$ は C に接する

（６） C のある近傍 W の外側では，$Y|W^c=(\partial/\partial t)|W^c$

（７） $d\pi_{(y,t)}(Y(y,t))=(\partial/\partial t)(t)$

ここに，（７）の $(\partial/\partial t)$ は数直線 $(-2,2)$ 上の正の向きの単位ベクトル場であり，（６）の $(\partial/\partial t)$ は $\boldsymbol{R}\times(-2,2)$ の $(-2,2)$ 軸に平行で，長さ 1 の正の向きのベクトル場である．

ベクトル場 X および Y の構成　多様体 $\boldsymbol{R}\times(-2,2)$ の 1 の分割を使うことを考慮に入れると，$\boldsymbol{R}\times(-2,2)$ の各点 (y_0,t_0) に対して，(y_0,t_0) の十分小さい近傍 V と，V 上の C^r 級のベクトル場 Y_V および $G^{-1}(V)$ 上の C^∞ 級のベクトル場 X_V で次の条件を満たすものを構成すればよい：

$(3)'$ $dG_{(p,t)}(X_V(p,t))=Y_V(G(p,t))$, $(p,t)\in G^{-1}(V)$

$(4)'$ $(p,t)\in G^{-1}(V)\cap S$ において $X_V(p,t)$ は S に接する

$(5)'$ $(y,t)\in V\cap C$ において，$Y_V(y,t)$ は C に接する

$(6)'$ $(y_0,t_0)\notin C$ のときは，$Y_V=(\partial/\partial t)|V$

$(7)'$ $d\pi_{(y,t)}(Y_V(y,t))=(\partial/\partial t)(t)$, $(y,t)\in V$.

実際，各点 (y_0,t_0) に対して，上のような V, X_V, Y_V が存在すると，$\boldsymbol{R}\times(-2,2)$ はパラコンパクトなので，$\boldsymbol{R}\times(-2,2)$ は上のような V の局所有限な族 $\{V_\alpha\}_{\alpha\in A}$ であって，それに従属する 1 の分割 $\{\varphi_\alpha\}_{\alpha\in A}$ をもつものでおおうことができる．そのとき

(8)　$X=\sum_{\alpha\in A}(\varphi_\alpha\cdot G)X_{V_\alpha},\quad Y=\sum_{\alpha\in A}\varphi_\alpha\cdot Y_{V_\alpha}$

とおくと，X および Y は確かに条件（3）～（7）を満足する．

$(\boldsymbol{y}_0,\boldsymbol{t}_0)\notin\boldsymbol{C}$ の場合：　この場合は，$V\cap C=\phi$ なる (y_0,t_0) の近傍 V が存在するので，$Y_V=(\partial/\partial t)|V$ とおく．Y_V は明らかに，条件 (5)′～(7)′ を満たす．いま，$G|G^{-1}(V):G^{-1}(V)\to V$ は押込みなので（$V\cap C=\phi$ に注意），補助定理 8.11 より条件 (3)′ を満足するベクトル場 X_V が存在する．$V\cap C=\phi$ なので X_V は自動的に (4)′ を満足する．

$(\boldsymbol{y}_0,\boldsymbol{t}_0)\in\boldsymbol{C}$ の場合：　$(p_0,t_0)\in S$ を $G(p_0,t_0)=(y_0,t_0)$ となる点とする．そのとき，モースの補助定理3.4より，p_0 の近傍 U と，t_0 の近傍 $I=(t_0-\varepsilon,t_0+\varepsilon)$，$C^\infty$ 級写像 $P:I\to U$，および C^∞ 級写像 $x=(x_1,\cdots,x_m):U\times I\to \boldsymbol{R}^m$ で，次の条件を満たすものが存在する：

(9)　$P(t_0)=p_0$

(10)　$t\in(t_0-\varepsilon,t_0+\varepsilon)$ に対して，$(U,(x_{1,t},\cdots,x_{m,t}))$ は $p_t=P(t)$ を中心とする M の局所座標系である；ここに $x_{i,t}(p)=x_i(p,t)$，$p\in U$.

(11)　$t\in I=(t_0-\varepsilon,t_0+\varepsilon)$ に対して，U 上で，

$$g_t=g_t(p_t)-x_{1,t}{}^2-x_{2,t}{}^2-\cdots-x_{\lambda,t}{}^2+x_{\lambda+1,t}{}^2+\cdots+x_{m,t}{}^2$$

が成り立つ．

$V=G(U\times I)$ とおく．すると，g_t がモースの関数であって，M がコンパクトなことから，$G^{-1}(V)\cap S=(U\times I)\cap S$ と仮定してよい．$V\cap C=\{(g_k(p_t),t)\in R\times(-2,2)\}$，$U\times I\cap S=\{(p_t,t)\in U\times I\}$ となる．

$(y_1,\cdots,y_m,t)$ および (z,t) をそれぞれ次の式で定義される $U\times I$ および V 上の局所座標系とする：

$$\begin{cases}y_i(p,t)=x_{i,t}(p)-p_t=x_i(p,t)-P(t)\\ t=t\end{cases}$$

$$\begin{cases}z(y,t)=y-g_t(p_t)\\ t=t.\end{cases}$$

写像 G を新しい座標 $(y_1,\cdots,y_m,t)$ および (z,t) であらわすと，

(12)　$$\begin{cases}z\circ G(y_1,\cdots,y_m,t)=-y_1{}^2-\cdots-y_\lambda{}^2+y_{\lambda+1}{}^2+\cdots+y_m{}^2\\ t\circ G(y_1,\cdots,y_m,t)=t.\end{cases}$$

となる．また，$C\cap V=\{(z,t)|z=0\}$，$S\cap(U\times I)=\{(y_1,\cdots,y_m,t)|y_1=\cdots=y_m=0\}$ となる．$(\partial/\partial t)_{U\times I}$ を座標系 $(y_1,\cdots,y_n,t)$ の t に双対なベクトル場 $(\partial/\partial t)$，$(\partial/\partial t)_V$ を座標系 (z,t) の t に双対なベクトル場

$(\partial/\partial t)$ とする (第3章 注意7.5参照). $X_{U\times I}=(\partial/\partial t)_{U\times I}$, $Y_V=(\partial/\partial t)_V$ とおくと, $X_{U\times I}$ と Y_V は G の (12) 式の表示より, 明らかに, 条件 $(3)'\sim(7)'$ をすべて (X_V を $X_{U\times I}$ と読みかえて) 満足する. $W=G^{-1}(V)-S$ には G の特異点は存在しないので, 補助定理2.11より W 上のベクトル場 X_W で, 条件 $dG_{(p,t)}(X_W)(p,t)=Y_V(G(p,t))$ を満たすものが存在する.

$X_{U\times I}$ と X_W とを $G^{-1}(V)$ の 1 の分割ではり合わせたものを X_V とおくと, X_V と Y_V は条件 $(3)'\sim(7)'$ を満足する.

(定理3.9証明終)

§4 トムの不安定性定理

この節では, 横断性定理の応用の一つとして, $S^\infty(M,N)$ が $C^\infty(M,N)$ の中で稠密でない多様体の組 M, N の例を紹介する.

定理 4.1 (トム [17], 第4章 §6 部分解 4)　M, N を C^∞ 級多様体で, $\dim M=\dim N=n^2$, $n\geqq 4$ とする. すると $S^\infty(M,N)$ は $C^\infty(M,N)$ の中で稠密でない.

まずいくつか準備をする. $L^r(m)=\{j^rf(0)\in J^r(m,m)\,|\,f$ の原点におけるヤコビアン$\neq 0\}$ とおくと, 第4章 定理3.5より $L^r(m)$, $L^r(m)\times L^r(n)$ はリー群となり, さらに第4章 問題3.6より, $L^r(m)\times L^r(n)$ は $J^r(m,n)$ のリー変換群となる. $z\in J^r(m,n)$ に対して z を通る $L^r(m)\times L^r(n)$ の軌道を $L^r(z)$ であらわすことにしよう.

定義 4.2　$J^r(m,n)$ の部分集合 A が, $L^r(m)\times L^r(n)$-不変であるとは,

$$\bigcup_{z\in A}L^r(z)=A$$

となるときにいう.

ジェット $z\in J^r(m,n)$ を通る軌道 $L^r(z)$ はもちろん $L^r(m)\times L^r(n)$-不変である. また, さらに

$$S_k=\{j^1f(o)\in J^1(m,n)\,|\,f \text{ の } o \text{ における階数}=k\}$$

とおくと, S_k は $L^1(m)\times L^1(n)$-不変である.

次に M, N をそれぞれ m, n 次元の C^∞ 級多様体とする. $A\subset J^r(m,n)$ を $L^r(m)\times L^r(n)$-不変な集合とする. そのとき, 集合 $A(M,N)\subset J^r(M,N)$ を次のように定義する.

$\{(U_\alpha, \varphi_\alpha)\}_{\alpha\in A}$, $\{(V_\iota, \psi_\iota)\}_{\iota\in A}$ をそれぞれ M, N の C^∞ 級座標近傍系とする．すると，第4章 定理 4.6 より $J^r(U_\alpha, V_\iota)$ は $J^r(M,N)$ の開集合で，C^∞ 級同相写像

$$\Phi_{\alpha_\iota}: J^r(U_\alpha, V_\iota) \to \varphi_\alpha(U_\alpha)\times\psi_\iota(V_\iota)\times J^r(m,n) = J^r(\varphi_\alpha(U_\alpha), \psi_\iota(V_\iota))$$

が存在して，$\{(J^r(U_\alpha, V_\iota), \Phi_{\alpha_\iota})\}$ は $J^r(M,N)$ の C^∞ 級座標近傍系となる（第4章 定理 4.6 の証明参照）.

$$A(M,N) = \bigcup_{(\alpha,\iota)\in A\times I} \Phi_{\alpha_\iota}{}^{-1}(\varphi_\alpha(U_\alpha)\times\psi_\iota(V_\iota)\times A)$$

とおく．A は $L^r(m)\times L^r(n)$-不変なので，A が $J^r(m,n)$ の余次元 q の部分多様体ならば，$A(M,N)$ も $J^r(M,N)$ の余次元 q の部分多様体となる．

$$S_{n^2-n} = \{j^1 f(o)\in J^1(n^2, n^2) \mid f \text{ の } o \text{ における階数} = n^2-n\}$$

$$S_{n^2-n}{}^* = \{j^2 f(o)\in J^2(n^2, n^2) \mid f \text{ の } o \text{ における階数} = n^2-n\}$$

とおく．

補助定理 4.3　$n\geqq 4$ ならば，任意の $z\in S_{n^2-n}{}^*$ に対して，$\dim L^2(z) < \dim S_{n^2-n}{}^*$ である．

この補助定理が定理 4.10 の鍵であるが，証明は長いので省略する．[17] p. 64, Lemma 2. を参照してほしい．

次に $f\in C^\infty(M,N)$ とする．W を f の $C^\infty(M,N)$ における近傍とする．

$$W^r(M) = \{j^r g(p)\in J^r(M,N) \mid g\in W, p\in M\}$$

とおく．

補助定理 4.4　$W^r(M)$ は $j^r f(M)$ の近傍である．

この補助定理は直観的には自明であろう．この証明も省略する．同じく [17] p. 64, Lemma 1 を参照．

定理 4.1 の証明　$\dim M = \dim N = n^2$, $n\geqq 4$ とする．そのとき，$S^\infty(M,N)$ が $C^\infty(M,N)$ の中で稠密であると仮定して矛盾を導こう．補助定理 2.5 より，$S_{n^2-n}(M,N)$ は $J^1(M,N)$ の余次元 $(n^2-(n^2-n))(n^2-(n^2-n)) = n^2$ の部分多様体である．

$$\mathcal{T}_S = \{f\in C^\infty(M,N) \mid j^1 f \text{ は } S_{n^2-n}(M,N) \text{ に横断的であり，}$$
$$j^1 f(M)\cap S_{n^2-n}(M,N) \neq \phi\}$$

とおくと，$S_{n^2-n}(M,N)$ の余次元 $= n^2$ なので，$\mathcal{T}_S\neq\phi$ で，$\mathcal{T}_S$ は開集合である．したがって，$S^\infty(M,N)\cap\mathcal{T}_S\neq\phi$. $f\in S^\infty(M,N)\cap\mathcal{T}_S$ とする．

j^1f は $S_{n^2-n}(M,N)$ と横断的に交わるので，$j^1f^{-1}(S_{n^2-n}(M,N))$ はたかだか可算個の孤立点の集合である．

$$S_{n^2-n}{}^T(M,N)=\{j^2g(p)\in S_{n^2-n}{}^*(M,N)\,|\,j^2g \text{ は } p \text{ で } S_{n^2-n}(M,N) \text{ に横断的で，} j^1g(p)\in S_{n^2-n}\}$$

とおく．すると，$S_{n^2-n}{}^T(M,N)$ は $S_{n^2-n}{}^*(M,N)$ の開集合である．したがって，任意のジェット $z\in S_{n^2-n}{}^T(M,N)$ に対して，補助定理 4.3 より，$\dim L^2(z)(M,N)<\dim S_{n^2-n}{}^T(M,N)$ となる．したがって，$S_{n^2-n}{}^T(M,N)$ の中には，連続濃度だけの $L^2(n^2)\times L^2(n^2)$ 軌道が存在する．一方，$j^1f^{-1}(S_{n^2-n}(M,N))$ はたかだか可算であったので，

（a）　$S_{n^2-n}{}^T(M,N)-\bigcup_{z\in j^2f(M)}L^2(z)(M,N)$ は $S_{n^2-n}{}^T(M,N)$ の中で稠密である．

一方，f は仮定より，C^∞ 安定である．したがって f の $C^\infty(M,N)$ における近傍 W で，すべての $g\in W$ が f に C^∞-同値であるようなものが存在する．補助定理 4.4 によれば，$W^2(M)=\{j^2g(p)\,|\,g\in W,\ p\in M\}$ は $j^2f(M)$ の近傍である．したがって $W^2(M)\cap S_{n^2-n}{}^T(M,N)$ は $S_{n^2-n}{}^T(M,N)$ の空でない開部分集合である．一方，すべての $g\in W$ が f に C^∞ 同値であるので，$W^2(M)\subset\bigcup_{z\in j^2f(M)}L^2(z)(M,N)$ である．したがって，

（b）　$S_{n^2-n}{}^T(M,N)$ の空でないある開集合が $\bigcup_{z\in j^2f(M)}L^2(z)(M,N)$ に含まれる．

(a) と (b) は明らかに矛盾する．

（定理 4.1 証明終）

第6章　ワイヤシュトラス-マルグランジュの予備定理

この章では，ワイヤシュトラス-マルグランジュ (Weierstraß-Malgrange) の予備定理を紹介し，その応用として，ホィットニィの平面から平面の中への写像の特異点の分類定理を与える．

§1　ワイヤシュトラスの予備定理

1880 年ころ，ワイヤシュトラス (K. Weierstraß) は予備定理 (the preparation theorem, 独 Verbereitungssatz) とよばれる次の定理 1.1 を証明した．この定理は超曲面 (hypersurface) (C^n の領域 Ω 上の正則関数 f に対して，f の零点の集合 $f^{-1}(0)$ を f によって定まる**超曲面**という）の研究のために準備されたものであるので，このように名づけられた．

$G(t, z_1, \cdots, z_k)$ を $\boldsymbol{C}^{k+1}$ の原点 o の近傍で収束する複素変数の級数（すなわち原点の近傍で定義された正則関数）とする．$G(t, o)$ は t の関数として恒等的に 0 ではなく，$t=0$ は正則関数 $G(t, o)$ の**位数** s **の零点** (zero point of order s) とする；すなわち，

$$G(t, o)=t^s(c+g(t)),\quad \text{定数}\quad c\neq 0,\ g(0)=0,$$

と書けるとする（注．s は $\partial^s G/\partial t^s(o)\neq 0$ となる最小の整数である）．このとき，G は t に関して**位数** s **の正則性をもつ** (regular of order s) という．

ワイヤシュトラスの予備定理は次のように述べることができる．

定理 1.1（**ワイヤシュトラスの予備定理** [59]）　$G(t, z_1, \cdots, z_k)$ が t に関して位数 s の正則性をもつとき，$G(t, z)$ は次の形に書ける．

(1)　$G(t, z)=(t^s+H_1(z)t^{s-1}+\cdots+H_{s-1}(z)t+H_s(z))Q(t, z)$

ここで，Q および H_i は o の近傍で定義された正則関数で，$Q(o, o)\neq 0$ である．さらに，上のようにあらわされる Q および H_i はただ一つしか存在しない．

定理 1.1 の証明のために次の定理 1.2 を準備しよう．$\lambda=(\lambda_1, \cdots, \lambda_s)$

$\in C^s$ に対して,

$$P_s(t,\lambda)=t^s+\sum_{i=1}^{s}\lambda_i t^{s-i}$$

なる形の次数 s の t の多項式を考える.

定理 1.2 (割り算の定理, the division theorem) C^{k+s+1} の原点の近傍で定義された任意の正則関数 $F(t,z,\lambda)$ に対して, 関係式

(1) $$F(t,z,\lambda)=P_s(t,\lambda)Q(t,z,\lambda)+\sum_{i=1}^{s}A_i(z,\lambda)t^{s-i}$$

を満たす原点の近傍で正則な関数 $Q, A=(A_1,\cdots,A_s)$ がただ一つずつ存在する.

証明 $i<s$ に対して, $P_i(t,\lambda)=t^i+\sum_{j=1}^{i}\lambda_j t^{i-j}$ とおくとき,

$$\begin{aligned}P_s(u,\lambda)-P_s(t,\lambda)&=(u^s-t^s)+\sum_{j=1}^{s}\lambda_j(u^{s-j}-t^{s-j})\\&=(u-t)(u^{s-1}+u^{s-2}t+\cdots+ut^{s-2}+t^{s-1})\\&\quad+\sum_{j=1}^{s}\lambda_j(u-t)(u^{s-j-1}+u^{s-j-2}t+\cdots+ut^{s-j-2}+t^{s-j-1})\\&=(u-t)\sum_{i=1}^{p}\left\{\left(u^{i-1}+\sum_{j=1}^{i-1}\lambda_j u^{i-j-1}\right)t^{s-i}\right\}\end{aligned}$$

なので, 等式

$$P_s(u,\lambda)=P_s(t,\lambda)+\left(\sum_{i=1}^{s}P_{i-1}(u,\lambda)t^{s-i}\right)(u-t)$$

を得る. この式より,

$$\frac{1}{u-t}=\frac{P_s(t,\lambda)}{P_s(u,\lambda)(u-t)}+\sum_{i=1}^{s}\frac{P_{i-1}(u,\lambda)}{P_s(u,\lambda)}t^{s-i}$$

を得る. γ を u-平面内の単純閉曲線で, その内側に原点 O, 点 t, および $P_s(u,\lambda)=0$ の根をすべて含むようなものとする. そのときコーシー (Cauchy) の積分公式より

(2) $$\begin{aligned}F(t,z,\lambda)&=\frac{1}{2\pi i}\int_\gamma\frac{F(t,z,\lambda)}{u-t}du\\&=\frac{1}{2\pi i}P_s(t,\lambda)\int_\gamma\frac{F(t,z,\lambda)}{P_s(u,\lambda)(u-t)}du\\&\quad+\frac{1}{2\pi i}\sum t^{s-i}\int_\gamma\frac{P_{i-1}(u,\lambda)F(u,z,\lambda)}{P_s(u,\lambda)}du\end{aligned}$$

と書ける. コーシーの積分定理より, 最後の式の二つの積分は γ のと

り方によらず確定する．それぞれ

$$(3)\quad Q(t,z,\lambda)=\frac{1}{2\pi i}\int_{\gamma}\frac{F(t,z,\lambda)}{P_s(u,\lambda)(u-t)}du$$

$$A_i(z,\lambda)=\frac{1}{2\pi i}\int_{\gamma}\frac{P_{i-1}(u,\lambda)F(u,z,\lambda)}{P_s(u,\lambda)}du$$

とおくとき，Q, A_i は原点の近傍で正則な関数となることは明らかである．

（2）と（3）より，

$$(1)\quad F(t,z,\lambda)=P_s(t,\lambda)Q(t,z,\lambda)+\sum_{i=1}^{s}A_i(z,\lambda)t^{s-i}$$

を得る．式（1）を満たす Q, A_i がただ一つずつしかないことは（1）を形式的ベキ級数の割り算とみたとき，（1）を満たすベキ級数がただ一つずつしかないことより明らかである．

（証明終）

定理 1.1 の証明 $G(t,z_1,\cdots,z_k)$ が t に関して位数 s の正則性をもつとする．そのとき，$F(t,z,\lambda)=G(t,z)$ とおくと，定理 1.2 より

$$(2)\quad G(t,z)=F(t,z,\lambda)=P_s(t,\lambda)Q(t,z,\lambda)+\sum_{i=1}^{s}A_i(z,\lambda)t^{s-i}$$

となる．いま，G が t に関して位数 s の正則性をもつので，

$$(3)\quad G(t,o)=t^s(c+g(t))\quad c\neq 0,\quad g(o)=0$$

と書ける．式（2）における両辺の t に関する位数を比較することにより，

$$(4)\quad Q(t,o,o)=C+g(t),\quad Q(o,o,o)=C\neq 0$$

を得る．さらに式（2）の両辺を λ_j で微分して比較して $\partial A_i/\partial\lambda_j(o,o)$ を計算すると，

$$(5)\quad \partial A_i/\partial\lambda_j(o,o)=\begin{cases}0 & j<i\\ c(\neq 0) & j=i\end{cases}$$

を得る．ここに定数 c は式（3）における c である．したがって

$$\det\left(\frac{\partial A_i}{\partial\lambda_j}(o,o)\right)=c^s\neq 0$$

なので陰関数の定理（第3章 定理 1.7）より，$A_i(z,\lambda(z))\equiv 0$ となる正則関数 $\lambda(z)=(\lambda_1(z),\cdots,\lambda_s(z))$ が存在する．

$$Q(t,z)=Q(t,z,\lambda(z))$$
$$A_i(z)=A_i(z,\lambda(z))=0$$

$$H_j(z)=\lambda_j(z)$$

とおき，式（2）に代入すると，

（1） $G(t,z)=(t^s+H_1(z)t^{s-1}+\cdots+H_s(z))Q(t,z)$

を得る．

（定理 1.1 証明終）

§2 マルグランジュの予備定理

1960 年にトムは正則な複素関数についてのワイヤシュトラスの予備定理が C^∞ 級の実関数の場合に成り立つと見ぬき，そしてそれが，C^∞ 級写像の特異点の研究に非常に有効であることを発見した．すなわち，彼はワイヤシュトラスの予備定理が C^∞ 級の場合にも成り立つと予見し，その仮定の下に，ホィットニィの $\boldsymbol{R}^2\to\boldsymbol{R}^2$ の特異点の分類定理の証明の簡略化を示し，上の定理の C^∞ 級化の重要性を表明した．この C^∞ 級化は，マルグランジュ (B. Malgrange) ([20]～[22]) によって成し遂げられた．

そして実際トムが予見したように，このマルグランジュの予備定理は，マザー [24] によって改良され，そして彼の特異点の分類，構造安定性の問題の解決において大きな力を発揮した．

マルグランジュによる C^∞ 級関数の割り算の定理の証明は，超関数の割り算に関するシュヴァルツ (L. Schwartz) の問題発見，ロジャシーヴィッ (S. Lojasiewicz) [18] による超関数の割り算定理の上に成り立っている．そして，ここでの方法は実解析集合に関する考察が主体になっていて，その証明は非常に長い（実際マルグランジュはその self-contained な証明のために 1 冊の本 [22] を書いた）．

マザーの証明はフーリエの積分公式を用いるまったく微積分の計算によるエレメンタリーな証明で，かつ，マルグランジュのそれに比し，非常に短くなっている．

最近ニレンバーグ (L. Nirenberg) [34] は，C^∞ 級関数の場合も，ワイヤシュトラスの予備定理とまったく同様に（一般化された）コーシーの積分公式を使って証明できることを発見した．それは証明の非常な簡略化であった．この節ではニレンバーグによる証明を紹介する．

$G(t,x_1,\cdots,x_k)$ を $\boldsymbol{R}^{k+1}$ の原点の近傍で定義された C^∞ 級関数とす

る．G が t に関して**位数** s **の正則性**をもつとは，$G(t, o)=t^s(c+g(t))$，定数 $c \neq 0$，$g(o)=0$，と書きあらわせるときにいう．

定理 2.1（**マルグランジュの予備定理**）　$G(t, x)$ を $\boldsymbol{R}^{k+1}$ の原点の近傍で定義された C^∞ 級関数で，t に関して位数 s の正則性をもつとする．すると $G(t, x)$ は原点 $(0, 0)$ の近傍で

$$G(t, x)=(t^s+H_1(x)t^{s-1}+\cdots+H_s(x))Q(t, x)$$

という形に書きあらわせる．ここで，Q, H_i は原点の近傍で定義された C^∞ 級関数で，条件 $Q(o) \neq 0$ を満たす．

注意　C^∞ 級関数の場合には，Q，H_i の単一性は成り立たない．

定理2.1が，次の定理2.2から出ることは，§1 の（定理1.2 ⇨ 定理1.1）の証明とまったく同じに証明できる（1.2 ⇨ 1.1 の証明は，本質的に仲立ちとして陰関数の定理を使うのみで，正則関数の性質は使わなかった）．

U を $\boldsymbol{R}^{k+1}$ の開集合とするとき，U 上で定義された C^∞ **級の複素数値関数** f とは，C^∞ 級写像 $f: U \to \boldsymbol{C}=\boldsymbol{R}^2$ のことをいう．

t を実変数，$\lambda=(\lambda_1, \cdots, \lambda_s) \in \boldsymbol{C}^s$ とするとき，

$$P(t, \lambda)=t^s+\sum_{i=1}^{s} \lambda_i t^{s-i}$$

とおく．

定理 2.2（**マルグランジュの割り算定理**）　$\boldsymbol{R}^{k+1}$ の原点の近傍で定義された任意の C^∞ 級複素数値関数 $f(t, x)$ に対して，関係式

$$f(t, x)=P(t, \lambda)Q(t, x, \lambda)+\sum_{i=1}^{s} A_i(x, \lambda)t^{s-i}$$

を満たす原点の近傍で定義された C^∞ 級複素数値関数 Q および A_i が存在する．f が実数値関数で，λ_i がすべて実数であれば，Q と A_i は実数値関数である．

定理2.2の証明には，次の補助定理を使う．

補助定理 2.3（**ニレンバーグの拡張定理**）　$f(t, x)$ を $\boldsymbol{R}^{k+1}$ の原点の近傍で定義された C^∞ 級の複素数値関数とする．そのとき，$\boldsymbol{C}^1 \times \boldsymbol{R}^k \times \boldsymbol{C}^s$ の原点の近傍で定義された C^∞ 級複素数値関数 $F(z, x, \lambda)$ で次の条件を満たすものが存在する；

（1）　$t \in \boldsymbol{R}^1$ のとき $F(t, x, \lambda) \equiv f(t, x)$

（2） $F_{\bar{z}}=\dfrac{\partial F}{\partial \bar{z}}$ については，集合 $\{(z, x, \lambda) | J_m z=0\}$ および集合 $\{(z, x, \lambda) | P(z, \lambda)=0\}$ の上で，関数 $\partial F/\partial \bar{z}$ の偏微係数はすべて 0 である．

証明 付録（II）を参照のこと．

注意 上の補助定理における記号について補足しておく．複素数 $z=x+iy$, $x, y \in \boldsymbol{R}$ に対して，$\mathrm{Im}\, z=iy$ である．また，一変数の複素数値関数 $g(z):=g(x+iy)$ に対して，

$$\frac{\partial g}{\partial z}=\frac{1}{2}\left(\frac{\partial g}{\partial x}-i\frac{\partial g}{\partial y}\right)$$

$$\frac{\partial g}{\partial \bar{z}}=\frac{1}{2}\left(\frac{\partial g}{\partial x}+i\frac{\partial g}{\partial y}\right)$$

と定義する．

定理 2.2 の証明 定理 2.2 の $f(t, x)$ に関して，補助定理 2.3 の条件を満たす $F(z, x, \lambda)$ を考える．D を $\boldsymbol{C}^1$ の原点を中心とする円板で，その内部に点 $t \in \boldsymbol{R}$ および $|\lambda|$ が十分小さいときの $P(z, \lambda)=0$ の根をすべて含むものとする．すると必ずしも正則でない関数に対するコーシー積分公式（付録（I）参照）により，次の等式をうる．

$$f(t, x)=F(t, x, \lambda)=\frac{1}{2\pi i}\int_{\partial D}\frac{F(z, x, \lambda)}{z-t}dz+\frac{1}{2\pi i}\iint_D \frac{F_{\bar{z}}}{z-t}dz\wedge d\bar{z}.$$

$P_l(z, \lambda)=z^l+\sum_{j=1}^{l}\lambda_j t^{l-j}$ とおくとき，定理 1.2 で示したように，

$$\frac{1}{z-t}=\frac{P(t, \lambda)}{P(z, \lambda)(z-t)}+\sum_{l=1}^{s}\frac{P_{l-1}(z, \lambda)t^{s-l}}{P(z, \lambda)}$$

を得る．したがって定理 1.2 の場合と同じく，

$$Q(t, x, \lambda)=\frac{1}{2\pi i}\int_{\partial D}\frac{F(z, x, \lambda)}{(z-t)P(z, \lambda)}dz+\frac{1}{2\pi i}\iint_D \frac{F_{\bar{z}}}{(z-1)P(z-\lambda)}dz\wedge d\bar{z}$$

$$A_l(x, \lambda)=\frac{1}{2\pi i}\int_{\partial D}\frac{F(z, x, \lambda)P_{l-1}(z, \lambda)}{P(z, \lambda)}dz$$
$$+\frac{1}{2\pi i}\iint_D \frac{F_{\bar{z}}(z, x, \lambda)P_{l-1}(z, \lambda)}{P(z, \lambda)}dz$$

とおくと，求める等式

$$f(t, x)=P(t, \lambda)Q(t, x, \lambda)+\sum_{l=1}^{s}A_l(x, \lambda)t^{s-l}$$

が形式的に得られる．

次に Q, および A_l が C^∞ 級であることをみよう．両方の定義式の第1項 $\int_{\partial D}$ は明らかに C^∞ 級である．第2項の2重積分 $\iint_D$ の中身の分母が，$P(z,\lambda)=0$ と $z=t$ の点で0となるが，分子 $F_{\bar{z}}$ が集合 $\{P(z,\lambda)=0\}$ と実軸上で，0次も含めてすべての偏微係数が0なので，2重積分は絶対収束する．さらに，$\iint_D$ を t,x,λ いずれの変数でも微分するには，積分記号の中身を微分して積分すればよいので，これも絶対収束する．したがって C^∞ 級である．

最後に，f および λ が実数（値）のとき，Q と A_l を実関数にとるには Q および A_l としてそれぞれ λ が実数のときの $Q(t,x,\lambda)$ および $A_l(x,\lambda)$ の実部をとればよい．Q と A_l がただ1通りに定まらないのは f の拡張 F が幾通りも存在するからである．

（定理2.2証明終）

§3 マルグランジュの予備定理の代数的表現

定義 3.1 X, Y を位相空間，x を X の点とする．X から Y の中への写像全体の集合を $M(X,Y)$ であらわす．f, g を $M(X,Y)$ の元とする．x の近傍 W が存在して，$f|W=g|W$ となるとき，f と g は点 x で同じ芽 (germ) をもつという．同じ芽をもつという関係は同値関係である．$f\in M(X,Y)$ の属するこの同値関係による同値類のことを，f の x における**写像芽**といい，$[f]_x$ であらわす．また f を写像芽 $[f]_x$ の**代表元**という．X, Y が C^∞ 級の多様体であるとき，C^∞ 級写像を代表元として含む写像芽のことを **C^∞-写像芽**という．

$\boldsymbol{R}^n$ で定義された C^∞ 級関数の原点における写像芽全体の集合を $\mathcal{E}_n$ であらわす．すなわち

$$\mathcal{E}_n=\{[f]_0|f\in C^\infty(\boldsymbol{R}^n,\boldsymbol{R})\}$$

問題 3.2 $\mathcal{E}_n$ に関して次の性質が成り立つことを示せ．

1) $\mathcal{E}_n$ は単位元をもつ可換環である．

2) $\mathcal{E}_n$ は $\boldsymbol{R}$-多元環である．

3) $\mathcal{M}_n=\{[f]_0\in\mathcal{E}_n|f(o)=0\}$ は $\mathcal{E}_n$ のただ一つの極大イデアルであり，$\mathcal{M}_n=\langle x_1,\cdots,x_n\rangle\mathcal{E}_n$ である．

4) 自然数 k に対して，$\mathcal{E}_n/\mathcal{M}_n{}^k$ は $\boldsymbol{R}$ 上有限次元ベクトル空間である．さらに $\mathcal{E}_n/\mathcal{M}_n{}^k$ は $\boldsymbol{R}$-多元環である．

ここに $\mathcal{M}_n{}^k$ は極大イデアル $\mathcal{M}_n$ の k 個の積である．たとえば $\mathcal{E}_1/\mathcal{M}_1{}^k$ はベク

トル空間として，$\boldsymbol{R}$ の座標関数を x とすると，$[1]_0+\mathcal{M}_1^k$，$[x]_0+\mathcal{M}_1^k$，$[x^2]_0+\mathcal{M}_1^k, \cdots, [x^{k-1}]_0+\mathcal{M}_1^k$ で生成される．

5) $\mathcal{M}_n^\infty=\bigcap_{k=1}^{\infty}\mathcal{M}_n^k$ は $\mathcal{E}_n$ のイデアルである．$\mathcal{E}_n/\mathcal{M}_n^\infty$ は $\boldsymbol{R}$ 加群の（$\boldsymbol{R}$ 上のベクトル空間）である．$f\in\mathcal{M}_n^\infty$ となる必要十分条件は f の原点におけるすべての偏微分係数が 0 となることである．たとえば e^{-1/x^2} は $\mathcal{M}_1^\infty$ の元である．

ヒント 1) $[f]_0, [g]_0\in\mathcal{E}_n$ に対して，和および積を $[f]_0+[g]_0=[f+g]_0$，$[f]_0[g]_0=[fg]_0$ で定義するとき，和および積は代表元のとり方によらず一意に定まる．0（および 1）で恒等的に $o(1)$ をとる定数関数をあらわすとき，零は $[o]_0$ であり，単位元は $[1]_0$ である．

2) $\alpha\in\boldsymbol{R}$ と $[f]_0\in\mathcal{E}_n$ に対して，$\alpha[f]_0=[\alpha f]_0$ で積を定めよ．

3) $\mathcal{M}_n$ がイデアルであることは容易にためすことができる．$\mathcal{M}_n$ が極大イデアルであることを示す．$\mathcal{M}_n\subsetneqq I$ なる $\mathcal{E}_n$ のイデアル I があったとする．$[f]_0\in I-\mathcal{M}_n$ に対して，原点の十分小さい近傍 V では $g(x)=1/f(x)$ を満たす C^∞ 級関数 $g:\boldsymbol{R}^n\to\boldsymbol{R}$ が存在する（第4章 補題 4.2 参照）．$[g]_0[f]_0=[1]_0$．$\therefore$ $[1]_0\in I$，$\therefore$ $I=\mathcal{E}_n$．また $\mathcal{M}_n=\langle x_1, \cdots, x_n\rangle\mathcal{E}_n$ であることは第5章 補助定理 3.6 より得られる．

4) $\mathcal{E}_n/\mathcal{M}_n^k$ が $\boldsymbol{R}$-加群（さらに $\boldsymbol{R}$-多元環）となることは第2章 例 3.4.3 参照．$\mathcal{E}_n/\mathcal{M}_n^k$ が $\boldsymbol{R}$ 上 $\{[x_1^{i_1}\cdots\cdots x_n^{i_n}]_0+\mathcal{M}_n^k|i_1+\cdots+i_n<k\}$ で生成されることは明らか．

5) 自明．

今後写像と写像芽を同じ記号であらわす．$f:X\to Y$ に対して，写像芽 $[f]_x$ をもまた同じ記号 f であらわす．f が x の写像芽であることを明示したいときには，$f:(X,x)-\to(Y,y)$，$y=f(x)$，とあらわす．

命題 3.3 $f:(\boldsymbol{R}^n,o)-\to(\boldsymbol{R}^p,o)$ を C^∞ 写像芽とする（$f(o)=o$ であることに注意）．そのとき次が成り立つ．

1) 次の式で定義される写像 $f^*:\mathcal{E}_p\to\mathcal{E}_n$ は $\boldsymbol{R}$-多元環の準同型である．$f^*(g)=g\circ f=[g\circ f]_0$，$g\in\mathcal{E}_n$

2) 任意の $\mathcal{E}_n$-加群 A は，$\alpha\in\mathcal{E}_p$ と $a\in A$ の積 $\alpha\cdot a$ を $\alpha\cdot a=f^*(\alpha)a$ で定義するとき，$\mathcal{E}_p$-加群となる．このとき，A は **f^* を通じて $\mathcal{E}_p$-加群になるという**．

3) $f^*(\mathcal{M}_p)\cdot\mathcal{E}_n=\{$有限和 $\sum f^*(\alpha_i)\cdot\beta_i|\alpha_i\in\mathcal{M}_p, \beta_i\in\mathcal{E}_n\}$ は $\mathcal{E}_n$ のイデアルとなる．$\mathcal{E}_n$-加群 A に対して，$A/f^*(\mathcal{M}_p)\cdot\mathcal{E}_n\cdot A=A/\{$有限和 $\sum\alpha_i a_i|\alpha_i\in f^*(\mathcal{M}_p)\cdot\mathcal{E}_n, a_i\in A\}$ は $\boldsymbol{R}$ 加群（すなわち $\boldsymbol{R}$ 上のベクトル空間）となる．これを単に $A/f^*\mathcal{M}_p\cdot A$ と書く．

証明　自明である．

マルグランジュの予備定理を代数学のことばで述べると，次のようになる．

定理 3.4（マルグランジュの予備定理）　$f:(\boldsymbol{R}^n,o)\dashrightarrow(\boldsymbol{R}^p,o)$ を C^∞ 写像芽，A を有限生成 $\mathcal{E}_n$ 加群とする．そのとき $A/f^*\mathcal{M}_p\cdot A$ が $\boldsymbol{R}$ 上の有限次元ベクトル空間ならば，実は A は有限生成 $\mathcal{E}_p$-加群である．

証明　$A/f^*\mathcal{M}_p\cdot A$ が $\boldsymbol{R}$ 上のベクトル空間であること，および A が $\mathcal{E}_p$ 加群であることは，命題 3.3 より明らかである．したがって，あとは A が $\mathcal{E}_p$ 上有限生成であることをみるとよい．

$f:(\boldsymbol{R}^n,o)\dashrightarrow(\boldsymbol{R}^p,o)$ を次のように分解する：

（1）　$(\boldsymbol{R}^n,o)\xrightarrow{f\times id}(\boldsymbol{R}^p\times\boldsymbol{R}^n,(o,o))\xrightarrow{\pi_n}(\boldsymbol{R}^p\times\boldsymbol{R}^{n-1},(o,o))\dashrightarrow\cdots\xrightarrow{\pi_2}(\boldsymbol{R}^p\times\boldsymbol{R},(o,o))\xrightarrow{\pi_1}(\boldsymbol{R}^p,o)$.

ここに $(f\times id)(x)=(f(x),x)$，$\pi_i:(\boldsymbol{R}^p\times\boldsymbol{R}^i,(o,o))\dashrightarrow(\boldsymbol{R}^p\times\boldsymbol{R}^{i-1},(o,o))$ は自然な射影 $\pi_i(y,(x_1,\cdots,x_i))=(y,(x_1,\cdots,x_{i-1}))$ である．このとき，容易に次のことがわかる．

（2）　A は $(f\times id)^*$ を通じて $\mathcal{E}_{p+n}$-加群となる．

（3）　A は $(\pi_{i+1}\circ\cdots\circ\pi_n\circ(f\times id))^*$ を通じて $\mathcal{E}_{p+i}$ 加群となる．

（4）　$f\times id:\boldsymbol{R}^n\to\boldsymbol{R}^p\times\boldsymbol{R}^n$ は埋込みである．したがって $(f\times id)^*:\mathcal{E}_{n+p}\to\mathcal{E}_n$ は上への対応である．ゆえに A は定理の仮定より，$\mathcal{E}_n$ 上有限生成なので，$(f\times id)^*$ を通して $\mathcal{E}_{n+p}$ 上有限生成となる．

以下帰納的に，A が $\mathcal{E}_{p+i+1}$ 加群として有限生成であるとき，A が $\mathcal{E}_{p+i}$ 加群として有限生成であることを見る．そうすれば定理が証明されたことになる．

$$\pi=\pi_{i+1}\circ\pi_{i+2}\circ\cdots\circ\pi_n\circ(f\times id):(\boldsymbol{R}^n,o)\dashrightarrow(\boldsymbol{R}^p\times\boldsymbol{R}^i,(o,o))$$
$$\pi'=\pi_{i+2}\circ\cdots\circ\pi_n\circ(f\times id):(\boldsymbol{R}^n,o)\dashrightarrow(\boldsymbol{R}^p\times\boldsymbol{R}^{i+1},(o,o))$$

とおく．

帰納法の仮定により，A は $(\pi')^*$ を通じて $\mathcal{E}_{p+i+1}$ 上有限生成である．その生成元を $\alpha_1,\cdots,\alpha_l$ とする．また，$A/f^*\mathcal{M}_pA$ は定理の仮定より $\boldsymbol{R}$ 上有限生成である．一方，$\pi^*(\mathcal{M}_{p+i})\supset f^*(\mathcal{M}_p)$ なので，$A/\pi^*\mathcal{M}_{p+i}A$ は $\boldsymbol{R}$ 上有限生成である．

A の $\mathcal{E}_{p+i+1}$-加群としての生成元 $\alpha_1,\cdots,\alpha_l$ にいくつかの元 α_{l+1},

$\cdots, \alpha_r$ をつけ加えることによって $\{\alpha_1, \cdots, \alpha_r\}$ は A の $\mathcal{E}_{p+l+1}$-加群としての生成元であり，かつ，$\{\alpha_1, \cdots, \alpha_r\}$ の $A/\pi^*\mathcal{M}_{p+l}A$ の中の像 $\{\alpha_1 + \pi^*\mathcal{M}_{p+l}A, \cdots, \alpha_r + \pi^*\mathcal{M}_{p+l}A\}$ が $A/\pi^*\mathcal{M}_{p+l}A$ の $\boldsymbol{R}$ 加群としての生成元であるようにすることができる．すると A の任意の元 a は次の形にあらわすことができる：

（5） $a=\sum_{j=1}^{r}(c_j+z_j)\alpha_j, \qquad c_j\in\boldsymbol{R},\ z_j\in\pi^*(\mathcal{M}_{p+l})\cdot\mathcal{E}_{p+l+1}$

$t=x_{l+1}$ を $\boldsymbol{R}^p\times\boldsymbol{R}^{l+1}$ の座標 $(y_1, \cdots, y_p, x_1, \cdots, x_{l+1})$ の最後の座標関数とする．上の a として，特に $x_{l+1}\cdot\alpha_j=t\alpha_j$ をとると

（6） $t\cdot\alpha_j=x_{l+1}\cdot\alpha_j=\sum_{k=1}^{r}(c_{jk}+z_{jk})\alpha_k,$

$$c_{jk}\in\boldsymbol{R},\ z_{jk}\in\pi^*(\mathcal{M}_{p+l})\cdot\mathcal{E}_{p+l+1}$$

を得る．

（7） $\Delta=\Delta(t, y, x_1, \cdots, x_l)=\det|t\delta_{jk}-c_{jk}-z_{jk}|$

とおく．$c_{jk}\in\boldsymbol{R}$ かつ $z_{jk}\in\pi^*(\mathcal{M}_{p+l})\cdot\mathcal{E}_{p+l+1}$ なので，$z_{jk}(o, o, t)\equiv 0$, $o\in\boldsymbol{R}^p$, $o\in\boldsymbol{R}^l$, $t\in\boldsymbol{R}$ をうる．したがってある整数 s が存在して，関数 Δ は t に関して位数 s の正則性をもつ．したがってマルグランジュの予備定理（定理 2.1）より，$\Delta(t, y, x)=\Delta(t, y, x_1, \cdots, x_l)=(t^s+H_1(y, x)t^{s-1}+\cdots+H_s(y, x))\cdot Q(t, y, x)$, $Q(o)\neq 0$, と書ける．ゆえに $\mathcal{E}_{p+l+1}/\langle\Delta\rangle=\mathcal{E}_{p+l+1}/\langle\Delta/Q\rangle$ したがって $\mathcal{E}_{p+l+1}/\langle\Delta\rangle$ は $\mathcal{E}_{p+l}$-加群として，$\{1, t, \cdots, t^s\}$ で生成される（定理 2.2）．ここに $\langle\Delta\rangle$ は Δ で生成される $\mathcal{E}_{p+l+1}$ のイデアルである．

一方，式（6）は行列であらわすと，次の式と同値である：

（8） $(t\delta_{jk}-c_{jk}-z_{jk})\begin{pmatrix}\alpha_1\\ \vdots\\ \alpha_r\end{pmatrix}=\begin{pmatrix}0\\ \vdots\\ 0\end{pmatrix}.$

したがって連立1次方程式のクレーマー (Cramer) の公式より，

（9） $\Delta\alpha_j=0,\ j=1, \cdots, r$

を得る．ゆえに A は $\mathcal{E}_{p+l+1}$-加群として $\{\alpha_1, \cdots, \alpha_r\}$ で生成されていたので，$\mathcal{E}_{p+l+1}/\langle\Delta\rangle$ 加群として $\{\alpha_1, \cdots, \alpha_r\}$ で生成される．一方，上に示したように $\mathcal{E}_{p+l+1}/\langle\Delta\rangle$ は $\mathcal{E}_{p+l}$ 加群として $\{1, t, \cdots, t^s\}$ で生成されるので，A は $\mathcal{E}_{p+l}$ 加群として $\{\alpha_j t^l\}_{j=1,\cdots,r,0\leq l\leq s}$ で生成される．したがって A は $\mathcal{E}_{p+l}$ 上有限生成である．

（定理 3.4 証明終）

定理 3.4 の系として，特異点の分類に非常に有効な一つの定理（定理

3.6) を得ることができる．

その証明のためにまず次の補助定理を準備する．

定理 3.5（中山の補助定理）　R を局所環とする．すなわち R は単位元をもつ可換環で，R 自身以外のすべてのイデアルを含む極大イデアル $\mathcal{M}(R)$ をもつ環とする．A を有限生成 R-加群，B を A の R-部分加群とする．そのとき $A=B+\mathcal{M}(R)\cdot A$ が成り立つならば実は $A=B$ である．

証明　$C=A/B$ とおくとき $C=\{o\}$ を証明すればよい．A が有限生成 R-加群なので C も有限生成 R-加群である．C の R-加群としての生成元を $x_1,\cdots,x_s$ とするとき，$x_1=\cdots=x_t=0$ を証明すれば $C=\{o\}$ を証明したことになる．次のことに注意する．

（1）　$\mathcal{M}(R)=\{r\in R|\cdot r$ は逆元をもたない$\}$

（2）　$z\in\mathcal{M}(R)\Rightarrow 1+z\notin\mathcal{M}(R)$（もし $1+z\in\mathcal{M}(R)$ なら $1=(1+z)-z\in\mathcal{M}(R)$ となり $\mathcal{M}(R)\neq R$ に反する）

（3）　$C=\mathcal{M}(R)\cdot C.$

（証）　$A=B+\mathcal{M}(R)A$ を B で割り，$C=\mathcal{M}(R)C$

さて，C の R 上の生成元 $x_1,\cdots,x_s$ に対して，$a_{ij}\in\mathcal{M}(R)$ が存在して

（4）　$x_i=\sum_{j=1}^{s}a_{ij}x_j$

が成り立つ．

（証）　$C=\mathcal{M}(R)C$ なので，$x_i=\sum_{k=1}^{l_i}b_{ik}y_k$，$b_{ik}\in\mathcal{M}(R)$，$y_{ik}\in C$ と書ける．ところが $y_{ik}\in C$ なので，$y_{ik}=\sum_{j=1}^{s}c_{ikj}x_j$，$c_{ik}\in R$ と書ける．ゆえに $x_i=\sum_k b_{ik}y_k=\sum_{k,j}b_{ik}c_{ikj}x_j=\sum_j(\sum b_{ik}c_{ikj})x_j$ と書ける．

式（4）を行列を使って書くと，

（5）　$(\delta_{ij}-a_{ij})\begin{pmatrix}x_1\\ \vdots\\ x_s\end{pmatrix}=\begin{pmatrix}0\\ \vdots\\ 0\end{pmatrix}$

となる．$a_{ij}\in\mathcal{M}(R)$ なので，$\det(\delta_{ij}-a_{ij})=1+z$，$z\in\mathcal{M}(R)$ の形をしている．ゆえに（1）と（2）より，$\det(\delta_{ij}-a_{ij})$ は逆元をもつ．したがって（5）の形の連立線形方程式の解は自明な解しかないので，$x_1=x_2=\cdots=x_s=0.$

（証明終）

$f:(\boldsymbol{R}^n,o)-\to(\boldsymbol{R}^p,o)$ を C^∞ 写像芽とする．$\mathcal{E}_n$ の元 b に対して，$\hat{b}=b+\mathcal{M}_n{}^\infty\in\mathcal{E}_n/\mathcal{M}_n{}^\infty$，$\bar{b}=b+f^*\mathcal{M}_p\mathcal{E}_n\in\mathcal{E}_n/f^*\mathcal{M}_p\mathcal{E}_n$，$\bar{\hat{b}}=b+\mathcal{M}_n{}^\infty+f^*\mathcal{M}_p\mathcal{E}_n\in\mathcal{E}_n/(\mathcal{M}_n{}^\infty+f^*\mathcal{M}_p\mathcal{E}_n)$ と定める．

定理 3.6　$f:(\boldsymbol{R}^n,o)-\to(\boldsymbol{R}^p,o)$ を C^∞ 写像芽，$b_1,\cdots,b_k$ を $\mathcal{E}_n$ の元とするとき，次の4条件は同値である：

（1）$\hat{b}_1,\cdots,\hat{b}_k$ は $\mathcal{E}_p/\mathcal{M}_p{}^\infty$-加群として $\mathcal{E}_n/\mathcal{M}_n{}^\infty$ を生成する．

（2）$\bar{b}_1,\cdots,\bar{b}_k$ は $\boldsymbol{R}$-加群として $\mathcal{E}_n/f^*\mathcal{M}_p\mathcal{E}_n$ を生成する．

（3）$\bar{\hat{b}}_1,\cdots,\bar{\hat{b}}_k$ は $\boldsymbol{R}$-加群として $\mathcal{E}_n/(\mathcal{M}_n{}^\infty+f^*\mathcal{M}_p\mathcal{E}_n)$ を生成する．

（4）$b_1,\cdots,b_k$ は $\mathcal{E}_p$-加群として $\mathcal{E}_n$ を生成する．

証明　（4）⇨（2）．$f^*(\mathcal{E}_p)=f^*\mathcal{M}_p+\boldsymbol{R}$ なので（4）⇨（2）は自明．（2）⇨（4）．$A=\mathcal{E}_n$ を $\mathcal{E}_p$-加群として考えると，定理 3.4 と条件（2）より，A は $\mathcal{E}_p$-加群として有限生成である．B を $b_1,\cdots,b_k$ で生成される A の $\mathcal{E}_p$-部分加群とすると（2）より，$A=B+f^*\mathcal{M}_pA$ が成り立つ．ここで中山の補助定理（定理 3.5）を使うと，$A=B$ となり，したがって B は $b_1,\cdots,b_k$ で生成される．

（2）⇔（3），（1）⇔（3）も同様に定理 3.4 と中山の補助定理を使って証明できる．

（証明終）

§4　予備定理の応用（ホイットニィの折り目とくさび）

定理 4.1（ホイットニィ [61]）　$f:\boldsymbol{R}^2\to\boldsymbol{R}^2$ を C^∞ 安定写像とする．f の特異点は次の式で定義される二つの写像の原点における状態のうちいずれかと C^∞ 同値である．

（1）**折り目**　$y_1=x_1$，
$y_2=x_2{}^2$

（2）**くさび**　$y_1=x_1$，
$y_2=-x_1x_2+x_2{}^3$

ここに，$(x_1,\ x_2)$，$(y_1,\ y_2)$ はそれぞれ $\boldsymbol{R}^2$ の座標である．

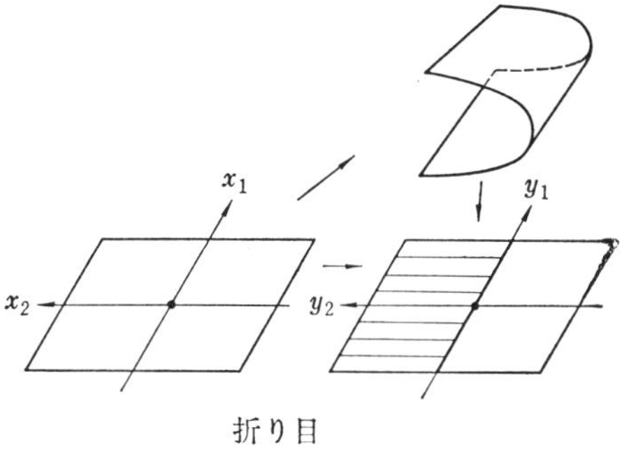

図 38

トムは予備定理を使って

この定理が簡単に証明できることを示した（ホィットニィの原論文 [61] は 60 ページをこえる長いものである）．以下トムによる証明を紹介する．

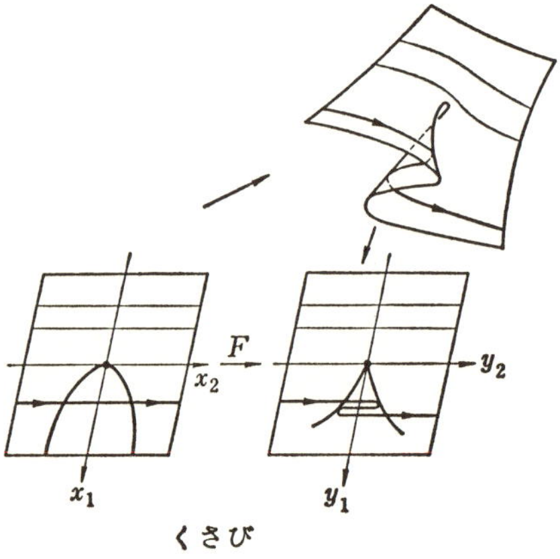

図 39

証明　f の原点におけるふるまいのみを考察すればよい．なぜならば，$\boldsymbol{R}^2$ の任意の点 p に対して，$h_p : \boldsymbol{R}^2 \to \boldsymbol{R}^2$ を $h_p(x) = x + p$ で定義される平行移動とすると，$f \circ h_p$ は安定写像で，かつ f at p は $f \circ h_p$ at o に C^∞-同値である．したがって，f at p を調べるには，$f \circ h_p$ at o を調べるとよい．

第1段階　$f = (f_1, f_2) : \boldsymbol{R}^2 \to \boldsymbol{R}^2$ を C^∞ 安定写像とする．そのとき，横断性定理（第5章 定理 1.6, 1.8）より，$\partial f_1/\partial x_1(o) \neq 0$ と仮定できる．

第1段階証明　$J^1(\boldsymbol{R}^2, \boldsymbol{R}^2) = \{(p, g(p) = (g_1(p), g_2(p)),\ \partial g_1/\partial x_1(p),\ \partial g_1/\partial x_2(p),\ \partial g_2/\partial x_1(p),\ \partial g_2/\partial x_2(p)) \mid p \in \boldsymbol{R}^2,\ g = (g_1, g_2) \in C^\infty(\boldsymbol{R}^2, \boldsymbol{R}^2)\}$ の中で，条件 $\partial g_1/\partial x_1(p) = \partial g_1/\partial x_2(p) = \partial g_2/\partial x_1(p) = \partial g_2/\partial x_2(p) = 0$ なるジェット $(p, g(p), \partial g_1/\partial x_1(p), \cdots, \partial g_2/\partial x_2(p))$ 全体の集合 $\sum$ は $J^1(\boldsymbol{R}^2, \boldsymbol{R}^2)$ の余次元4の部分多様体である．いま f は安定写像なので横断性定理により，$j^1 f$ は $\sum$ に横断的となり，$j^1 f(\boldsymbol{R}^2) \cap \sum = \phi$ である．ゆえに $\partial f_i/\partial x_j(o) \neq 0$ なる番号 i, j が存在する．$\boldsymbol{R}^2$ の座標 $(x_1, x_2), (y_1, y_2)$ の置換を行なって，$\partial f_1/\partial x_1(o) \neq 0$ とすることができる．

第2段階　$X_1 = f_1(x)$，$X_2 = x_2$ なる座標変換を行なう．あらためて (X_1, X_2) を (x_1, x_2) と書くことにすると，この新しい座標の下に f は

$$f(x_1, x_2) = (x_1, f_2(x_1, x_2))$$

という形になる．

再び横断性定理により，f は次の3条件のうち，いずれかを満たす．

（3）　$\dfrac{\partial f_2}{\partial x_2}(o) \neq 0$　（正則点）

（4） $\dfrac{\partial f_2}{\partial x_2}(o)=0,\quad \dfrac{\partial^2 f_2}{\partial x_2{}^2}(o)\neq 0$ （折り目）

（5） $\dfrac{\partial f_2}{\partial x_2}(o)=\dfrac{\partial^2 f_2}{\partial x_2{}^2}(o)=0$ かつ $\dfrac{\partial^2 f_2}{\partial x_1\partial x_2}(o)\neq 0,\quad \dfrac{\partial^3 f}{\partial x_2{}^3}(o)\neq 0$

（くさび）

第2段階証明

$$\Sigma=\left\{j^3(g_1, g_2)(p)\in J^3(\boldsymbol{R}^3, \boldsymbol{R}^3)\;\middle|\;\frac{\partial g_2}{\partial x_2}(p)=\frac{\partial^2 g_2}{\partial x_2{}^2}(p)=\frac{\partial^3 g_2}{\partial x_2{}^3}(p)=0\right\}$$

$$\Sigma'=\left\{j^3(g_1, g_2)(p)\in J^3(\boldsymbol{R}^3, \boldsymbol{R}^3)\;\middle|\;\frac{\partial g_2}{\partial x_2}(p)=\frac{\partial^2 g_2}{\partial x_2{}^2}(p)=\frac{\partial^2 g_2}{\partial x_1\partial x_2}(p)=0\right\}$$

は $J^3(\boldsymbol{R}^2, \boldsymbol{R}^2)$ の余次元3の部分多様体である．$f=(x_1, f_2)$ は C^∞ 安定なので，横断性定理より，$j^3f(\boldsymbol{R}^2)\cap\Sigma=\phi$，$j^3(f)(\boldsymbol{R}^2)\cap\Sigma'=\phi$ である．したがって f は（3）～（5）のいずれかの条件を満たす．

第3段階 （3）の場合は，f at o は正則点である．

第4段階（折り目） いま f が（4）を満たしているとする．$\mathcal{E}_2/(\mathcal{M}_2{}^\infty+f^*\mathcal{M}_2\mathcal{E}_2)$ は $\boldsymbol{R}$-加群として $\hat{1}$ と $\hat{x}_2$ で生成される．定理3.6によると，$\mathcal{E}_2$ は f^* を通しての $\mathcal{E}_2$-加群として 1 と x_2 で生成される．ゆえに，特に $x_2{}^2\in\mathcal{E}_2$ に対しては，ある $\Phi, \psi\in\mathcal{E}_2$ が存在して，

（6） $x_2{}^2=\Phi\circ f+2\psi\circ f\cdot x_2=\Phi(x_1, f_2)+2\psi(x_1, f_2)\cdot x_2$

と書ける．Φ，ψ は条件 $\Phi(o)=\psi(o)=0$ を満たす．

（7） $\begin{cases} x_1'=x_1,\quad x_2'=x_2-\psi(x_1, f_2(x_1, x_2)) \\ y_1'=y_1,\quad y_2'=\Phi(y_1, y_2)+\psi^2(y_1, y_2) \end{cases}$

とおくと，(x_1', x_2')，(y_1', y_2') は原点のまわりの新しい座標となる．$(x_2')^2$ を（6），（7）を使って計算すると，

（8） $$\begin{aligned}(x_2')^2&=(x_2-\psi(x_1, f_2))^2=x_2{}^2-2\psi(x_1, f_2)\cdot x_2+\psi^2(x_1, f_2)\\ &=(\Phi(x_1, f_2)+2\psi(x_1, f_2)x_2)-2\psi(x_1, f_2)x_2+\psi^2(x_1, f_2)\\ &=\Phi(x_1, f_2)+\psi^2(x_1, f_2)=y_2'\circ f\end{aligned}$$

をうる．ゆえに

$$\begin{cases}(y_1'\circ f)(x_1', x_2')=x_1' \\ (y_2'\circ f)(x_1', x_2')=(x_2')^2\end{cases}$$

を得る．したがって（4）を満たすならば（1）の特異点と C^∞ 同値であることがわかる．

第5段階（くさび） f が（5）を満たすとしよう．すると $\mathcal{E}_2/(\mathcal{M}_2{}^\infty$

$+f^*(\mathscr{M}_2)\mathscr{E}_2)$ は $\boldsymbol{R}$ 加群として，$\hat{1}$, $\hat{x}_2$, $\hat{x}_2^2$ で生成される．すると再び定理 3.6 より，$\mathscr{E}_2$ は $f^*(\mathscr{E}_2)$-加群として，1 と x_2 と x_2^2 で生成される．ゆえに，特に $x_2^3\in\mathscr{E}_2$ に対しては，$\Phi,\psi,\Theta\in\mathscr{E}_2$ が存在して，

(9)　$x_2^3=\Phi(x_1, f_2)+\psi(x_1, f_2)x_2+3\,\Theta(x_1, f_2)x_2^2$

と書ける．Φ,ψ,Θ は位数 (order) の関係から，$\Phi(o)=\psi(o)=\Theta(o)=0$ である．

新しい座標として

(10)　$\begin{cases} x_2'=x_2-\Theta(x_1, f_2) \\ x_1'=x_1 \end{cases}$

とおく．すると，

(11)　$(x_2')^3=\Phi(x_1', f_2)+\psi'(x_1', f_2)x_2'$

を得る．ここに $\psi'(x_1', f_2)=\psi(x_1', f_2)+3\,\Theta^2(x_1', f_2)$．さらに新しい座標として

(12)　$\begin{cases} x_1''=\psi'(x_1', f_2) \\ x_2''=x_2' \end{cases}$　$\begin{cases} y_1''=\psi(y_1, y_2) \\ y_2''=\Phi(y_1, y_2) \end{cases}$

とおくと，

$$\begin{cases} y_1''\circ f=x_1'' \\ y_2''\circ f=-x_1''x_2''+x_2''^3 \end{cases}$$

を得る．

（定理 4.1 証明終）

§5　ホィットニィの平面写像

M, N を2次元の C^∞ 級多様体とし，M はコンパクトであるとする．$f: M\to N$ を C^∞ 級写像とする．そのとき，f の折り目特異点の集合を F_f，くさび特異点の集合を C_f であらわす．

定義 5.1　f が次の条件を満たすとき，f を**ホィットニィの平面写像**という：

（1）　f は折り目およびくさび以外に特異点をもたない．

（2）　F_f は M の C^∞ 級の1次元正則部分多様体である．

（3）　C_f は有限集合である．

（4）　$f|F_f: F_f\to N$ は挿入である．

（5）　異なる2点 $p, q\in F_f$ が $f(p)=f(q)$ ならば，$f|F_f$ は，p と

q で横断的に交わる．すなわち，

$$d(f|F_f)_p(T_p(F_f))+d(f|F_f)_q(T_q(F_f))=T_{f(p)}(N)$$

（6）　$f(F_f)\cap f(C_f)=\phi$

（7）　$p\neq q\in C_f$ ならば，$f(p)\neq f(q)$．

注意 5.2　条件（2），（3），（4）は条件（1）から自動的にでてくる条件である．

この節では次の定理を証明する．

定理 5.3（ホィットニィの平面写像定理）　M^2 をコンパクト2次元多様体，N^2 を2次元多様体とする．

（1）　ホィットニィの平面写像の集合 $W(M^2, N^2)$ は $C^\infty(M^2, N^2)$ の中で開かつ稠密な集合である．

（2）　$f: M^2\to N^2$ が安定写像である必要十分条件は，f がホィットニィの平面写像であることである．

これから直ちに出てくる構造安定性に関する定理として，次の系を得る．$S^\infty(M^2, N^2)$ を M^2 から N^2 への安定写像全体の集合とする．

系 5.4（第4章 §6 部分解 3)

（1）　M^2 がコンパクトならば，$S^\infty(M^2, N^2)=W(M^2, N^2)$ であり，$S^\infty(M^2, N^2)$ は $C^\infty(M, N)$ の中で稠密である．

（2）　M^2 から N^2 への安定写像の特異点は折り目とくさびのみである．

定理 5.3 の証明のために一つの補助定理を準備する．$J^3(M, N)$ の部分集合 $\sum^0$, $\sum^1$, $\sum^2$, $\sum^{1,1}$, $\sum^{1,1,1}$ を次のように定義する．(x, y) および (X, Y) をそれぞれ M および N の開集合 U, V 上で定義された局所座標系とする．$\pi: J^3(M, N)\to M\times N$ を $\pi(j^3F(p))=(p, F(p))$ で定義される自然な写像とする．$F\in C^\infty(U, V)$ に対して，$f=X\circ F$, $g=Y\circ F$ とおき，

$$J_F(p)=\begin{pmatrix}\dfrac{\partial f}{\partial x}(p) & \dfrac{\partial g}{\partial x}(p)\\ \dfrac{\partial f}{\partial y}(p) & \dfrac{\partial g}{\partial y}(p)\end{pmatrix}\quad D_F(p)=|J_F(p)|=\frac{\partial f}{\partial x}(p)\cdot\frac{\partial g}{\partial y}(p)-\frac{\partial g}{\partial x}(p)\cdot\frac{\partial f}{\partial y}(p)$$

$$A_F(p)=\begin{pmatrix} \dfrac{\partial f}{\partial x}(p) & \dfrac{\partial g}{\partial x}(p) & \dfrac{\partial D_F}{\partial x}(p) \\ \dfrac{\partial f}{\partial y}(p) & \dfrac{\partial g}{\partial y}(p) & \dfrac{\partial D_F}{\partial y}(p) \end{pmatrix} \qquad \varDelta_{F,f}=\begin{vmatrix} \dfrac{\partial f}{\partial x}(p) & \dfrac{\partial D_F}{\partial x}(p) \\ \dfrac{\partial f}{\partial y}(p) & \dfrac{\partial D_F}{\partial y}(p) \end{vmatrix}$$

$$\varDelta_{F,g}=\begin{vmatrix} \dfrac{\partial g}{\partial x}(p) & \dfrac{\partial D_F}{\partial x}(p) \\ \dfrac{\partial g}{\partial y}(p) & \dfrac{\partial D_F}{\partial y}(p) \end{vmatrix}$$

$$B_F(p)=\begin{pmatrix} \dfrac{\partial f}{\partial x}(p) & \dfrac{\partial g}{\partial x}(p) & \dfrac{\partial D_F}{\partial x}(p) & \dfrac{\partial \varDelta_{F,f}}{\partial x}(p) & \dfrac{\partial \varDelta_{F,g}}{\partial x}(p) \\ \dfrac{\partial f}{\partial y}(p) & \dfrac{\partial g}{\partial y}(p) & \dfrac{\partial D_F}{\partial y}(p) & \dfrac{\partial \varDelta_{F,f}}{\partial y}(p) & \dfrac{\partial \varDelta_{F,g}}{\partial y}(p) \end{pmatrix}$$

とおく．そのとき，$\sum^i$, $\sum^{1,1}$, $\sum^{1,1,1}$ を

$$\textstyle\sum^i\cap\pi^{-1}(U\times V)=\{j^3F(p)\in\pi^{-1}(U\times V)\,|\,\mathrm{rank}\,J_F(p)=2-i\}$$

$$\textstyle\sum^{1,1}\cap\pi^{-1}(U\times V)=\{j^3F(p)\in\pi^{-1}(U\times V)\,|\,\mathrm{rank}\,J_F(p)=\mathrm{rank}\,A_F(p)=1\}$$

$$\textstyle\sum^{1,1,1}\cap\pi^{-1}(U\times V)=\{j^3F(p)\in\pi^{-1}(U\times V)\,|\,\mathrm{rank}\,J_F(p)=\mathrm{rank}\,A_F(p)=\mathrm{rank}B_F(p)=1\}$$

で定義する．

補助定理 5.5

（1）$\sum^0$, $\sum^1$, $\sum^2$, $\sum^{1,1}$, $\sum^{1,1,1}$ はそれぞれ $J^3(M,N)$ の正則部分多様体で，codim $\sum^0=0$，codim $\sum^1=1$，codim $\sum^2=4$，codim $\sum^{1,1}=2$，codim $\sum^{1,1,1}=3$ である．

（2）$F:M\to N$ の特異点 $p\in M$ が折り目である．$\Longleftrightarrow j^3F(p)\in\sum^1-\sum^{1,1}$

（3）$F:M\to N$ の特異点 $p\in M$ がくさびである．$\Longleftrightarrow j^3F(p)\in\sum^{1,1}-\sum^{1,1,1}$ かつ j^3F が点 p で $\sum^{1,1}$ に横断的である．

証明　（1）$\pi_1{}^3:J^3(M,N)\to J^1(M,N)$ を $\pi_1{}^3(j^3F(p))=j^1F(p)$ で定義される自然な射影とするとき，

$$\textstyle\sum^i=(\pi_1{}^3)^{-1}(S_{2-i}(M,N)),\quad i=0,1,2$$

である．ここで，$S_{2-i}(M,N)$ は第5章 補助定理 2.5 で定義されたもので，同補助定理より $\sum^i$ は余次元 i^2 の正則部分多様体である．

次に，$\sum^{1,1}$ について考察する．まず $\sum^1\supset\sum^{1,1}\supset\sum^{1,1,1}$ であること

に注意する．あるジェット $j^3G(q)\in\sum^{1,1}$ の近傍で考察する．$j^3G(q)\in\sum^1$ なので，q の近傍 $U\subset M$ 上の局所座標系 $(x,\ y)$ と $G(q)$ の近傍 $V\subset N$ 上の局所座標系 $(X,\ Y)$ で $\partial X\circ G/\partial x(q)\neq 0$ となるものが存在する．したがって $j^3G(q)$ の $J^3(M,N)$ における近傍 $W\subset\pi^{-1}(U\times V)$ で次の条件を満たすものが存在する：

（条件） すべてのジェット $j^3F(p)\in W$ に対して，$\partial X\circ F/\partial x(p)\neq 0$ となる．

次に W 上の局所座標系 $(x,y,X,Y,u_1,\cdots,u_4,v_1,\cdots,v_6,w_1,\cdots,w_8)$ を

$$(x,y,X,Y,u_1,\cdots,w_8)(j^3F(p))=\Big(x(p),y(p),X(F(p)),Y(F(p)),$$
$$\frac{\partial f}{\partial x}(p),\frac{\partial f}{\partial y}(p),\frac{\partial g}{\partial x}(p),\frac{\partial g}{\partial y}(p),\frac{\partial^2 f}{\partial x^2}(p),\frac{\partial^2 f}{\partial x\partial y}(p),\frac{\partial^2 f}{\partial y^2}(p),$$
$$\frac{\partial^2 g}{\partial x^2}(p),\cdots,\frac{\partial^3 g}{\partial y^3}(p)\Big)$$

で与える．そのとき，$j^3{}_F(p)\in W$ に対して，

$$\begin{aligned}j^3F(p)\in\textstyle\sum^{1,1}&\Longleftrightarrow \operatorname{rank}J_F(p)=\operatorname{rank}A_F(p)=1\\&\Longleftrightarrow D_F(p)=0,\quad \varDelta_{F,f}(p)=0\\&\Longleftrightarrow D_F(p)=\frac{\partial f}{\partial x}(p)\frac{\partial g}{\partial y}(p)-\frac{\partial f}{\partial y}(p)\frac{\partial g}{\partial x}(p)=0\end{aligned}$$

かつ，

$$\begin{aligned}\varDelta_{F,f}(p)=&\frac{\partial f}{\partial x}(p)\left\{\frac{\partial^2 f}{\partial x\partial y}\frac{\partial g}{\partial y}-\frac{\partial^2 f}{\partial y^2}\frac{\partial g}{\partial x}+\frac{\partial f}{\partial x}\frac{\partial^2 g}{\partial y^2}-\frac{\partial f}{\partial y}\frac{\partial^2 g}{\partial x\partial y}\right\}(p)\\&-\frac{\partial f}{\partial y}(p)\left\{\frac{\partial^2 f}{\partial x^2}\frac{\partial g}{\partial y}-\frac{\partial^2 f}{\partial x\partial y}\frac{\partial g}{\partial x}+\frac{\partial f}{\partial x}\frac{\partial^2 g}{\partial x^2}-\frac{\partial f}{\partial y}\frac{\partial^2 g}{\partial x^2}\right\}(p)\\=&0\end{aligned}$$

座標 $(x,\cdots,w_8)$ であらわすと，

$$\begin{aligned}&j^3F(p)=(x,y,X,Y,\cdots,w_8)\in\textstyle\sum^{1,1}\\&\Longleftrightarrow \alpha=u_1u_4-u_2u_3=0\\&\qquad\beta=u_1\{v_2u_4-v_3u_3+u_1v_6-u_2v_5\}\\&\qquad\quad -u_2\{v_1u_4-v_2u_3+u_1v_5-u_2v_5\}=0\end{aligned}$$

ところで，これらの二つの式 α,β は W 上で

$$\frac{\partial\alpha}{\partial u_4}=u_1=\frac{\partial f}{\partial x}(p)\neq 0,\qquad \frac{\partial\alpha}{\partial v_6}=0,\qquad \frac{\partial\beta}{\partial v_6}=u_1{}^2\neq 0$$

なので，W 上で独立である．したがって第3章 定理3.6より，$\Sigma^{1,1}$ は $J^3(M,N)$ の余次元2の正則部分多様体である．

$\Sigma^{1,1,1}$ も，同様の考察により，$J^3(M,N)$ の余次元3の正則部分多様体となる．

（2）の証明　$j^3F(p)\in\Sigma^1$ とする．すると p の近傍の座標 (x,y) と $F(p)$ の近傍の座標 (X,Y) で

$$(\text{条件})\quad X\circ F=x,\quad \frac{\partial Y\circ F}{\partial x}(p)=0,\quad \frac{\partial Y\circ F}{\partial y}(p)=0$$

を満たすものが存在する．$f=X\circ F=x$, $g=Y\circ F$ とおく．そのとき

$$j^3F(p)\notin\Sigma^{1,1}\Longleftrightarrow \operatorname{rank} A_F=2$$

$$\Longleftrightarrow \varDelta_{F,f}\neq 0$$

$$\Longleftrightarrow \frac{\partial f}{\partial x}(p)\left\{\frac{\partial^2 f}{\partial x\partial y}\frac{\partial g}{\partial y}-\frac{\partial^2 f}{\partial y^2}\frac{\partial g}{\partial x}+\frac{\partial f}{\partial x}\frac{\partial^2 g}{\partial y^2}-\frac{\partial f}{\partial y}\frac{\partial^2 g}{\partial x\partial y}\right\}(p)$$

$$-\frac{\partial f}{\partial y}(p)\left\{\frac{\partial^2 f}{\partial x^2}\frac{\partial g}{\partial x}-\frac{\partial^2 f}{\partial x\partial y}\frac{\partial g}{\partial x}+\frac{\partial f}{\partial x}\frac{\partial^2 g}{\partial x^2}-\frac{\partial f}{\partial y}\frac{\partial^2 g}{\partial x^2}\right\}(p)\neq 0$$

$\Longleftrightarrow$ 上の条件を考えると，

$$\frac{\partial^2 g}{\partial y^2}(p)\neq 0$$

$\Longleftrightarrow$ F at p は折り目（定理4.1の証明中の（4）による．）

（3）の証明　$j^3F(p)\in\Sigma^1$ とする．すると $j^3F(p)\in\Sigma^1$ なので，（2）の証明中における（条件）を満たす座標 (x,y)，(X,Y) が存在する．そのとき，

$$j^3F(p)\in\Sigma^{1,1}-\Sigma^{1,1,1}\Longleftrightarrow \operatorname{rank} A_F=1,\ \operatorname{rank} B_F=2$$

$$\Longleftrightarrow \varDelta_{F,f}=\frac{\partial^2 g}{\partial y^2}(p)=0,\quad \begin{vmatrix}\frac{\partial f}{\partial x}(p) & \frac{\partial \varDelta_{F,f}}{\partial x}(p)\\ \frac{\partial f}{\partial y}(p) & \frac{\partial \varDelta_{F,f}}{\partial y}(p)\end{vmatrix}=\begin{vmatrix}1 & \frac{\partial \varDelta_{F,f}}{\partial x}(p)\\ 0 & \frac{\partial \varDelta_{F,f}}{\partial y}(p)\end{vmatrix}$$

$$=\frac{\partial \varDelta_{F,f}}{\partial y}(p)\neq 0$$

$$\Longleftrightarrow \begin{cases}\dfrac{\partial \varDelta_{F,f}}{\partial y}(p)=\dfrac{\partial^3 g}{\partial y^3}(p)\neq 0\\ \dfrac{\partial^2 g}{\partial y^2}(p)=0\end{cases}$$

いま，$\Sigma^{1,1}$ は $D_F=0$, $\varDelta_{F,f}=0$ で定義されているので，

j^3F が点 p で $\sum^{1,1}$ に横断的

$$\Longleftrightarrow D_F\circ(j^3F),\ \varDelta_{F,f}\circ(j^3F) \text{ の } p \text{ における階数}=2$$

$$\Longleftrightarrow \begin{vmatrix} \dfrac{\partial D_F}{\partial x}(p) & \dfrac{\partial D_F}{\partial y}(p) \\ \dfrac{\partial \varDelta_{F,f}}{\partial x}(p) & \dfrac{\partial \varDelta_{F,f}}{\partial x}(p) \end{vmatrix} \neq 0$$

$$\Longleftrightarrow \frac{\partial^2 g}{\partial x \partial y}(p) \neq 0$$

したがって，$j^3F(p)\in\sum^{1,1}-\sum^{1,1,1}$ かつ j^3F が点 p で $\sum^{1,1}$ に横断的

$$\Longleftrightarrow \frac{\partial g}{\partial y}(p)=\frac{\partial^2 g}{\partial y^2}(p)=0,\quad \frac{\partial^3 g}{\partial y^3}(p)\neq 0,\quad \frac{\partial^2 g}{\partial x\partial y}(p)\neq 0$$

$\Longleftrightarrow$ F at p はくさびである（§4 の式（5）参照）．

（補助定理 5.5 証明終）

さて定理 5.3 の証明の準備ができた．

定理 5.3 の証明　**（1）の証明**　codim $\sum^2=4$，codim $\sum^{1,1,1}=3$ なので横断性定理（第5章 定理 1.6）より，$j^3F(M)\cap\sum^2=j^3F(M)\cap\sum^{1,1,1}=\phi$ となる F の集まり $\mathcal{S}$ は $C^\infty(M,N)$ の中で稠密である．また，$\sum^2\cup\sum^{1,1,1}$ は $J^3(M,N)$ の閉集合なのでさらに $\mathcal{S}$ は $C^\infty(M,N)$ の開集合である．したがって補助定理 5.5 より，特異点として折り目およびくさび以外の特異点をもたない $F\in C^\infty(M,N)$ の集合 $\mathcal{S}$ は $C^\infty(M,N)$ の稠密な開集合である．

次に，さらに多重横断性定理を使うことによってホィットニィ写像の集合は，$C^\infty(M,N)$ の中の稠密な開集合であることを証明できる（第5章 定理 2.2 の証明（p. 92）および定理 3.8 の証明（p. 103）参照）．

（2）の証明　$N=\boldsymbol{R}^2$ の証明のスケッチを与える（$N\neq\boldsymbol{R}^2$ の場合も同様に証明できるが，測地線の概念を必要とするので，ここでは与えない）．証明の方針は第5章 定理 2.3 および定理 3.9 の証明の方針とまったく同じである．

$f\in C^\infty(M,N)$ をホィットニィの平面写像とする．すると（1）より，f の近傍 $N(f)$ で，$N(f)$ のすべての元がホィットニィの平面写像となるものが存在する．g を f に十分近い写像とするとき，g が f に C^∞ 同値であることを示せばよい．さて，

$$g_t(x)=(1-t)f(x)+tg(x)$$

で，$g_t \in C^\infty(M,N)$ を定義すると，g が f に十分近ければ，$|t|<2$ なるすべての t に対して，g_t は再びホイットニィの平面写像となる．そのとき，

$$G: M\times(-2,2)\to N\times(-2,2)$$

を $G(x,t)=(g_t(x),t)$ で定義するとき，次の条件を満たす $M\times(-2,2)$ および $N\times(-2,2)$ 上のベクトル場 X, Y が存在することを示せばよい．$\pi: N\times(-2,2)\to(-2,2)$ を $\pi(y,t)=t$ で定義する．そのとき，

（3）　$d\pi(Y_{(y,t)})=\left(\dfrac{\partial}{\partial t}\right)_t$

（4）　$dG(X_{(x,t)})=Y_{G(x,t)}$,

ここに，$(\partial/\partial t)_t$ は $\boldsymbol{R}$ の正の向きの単位ベクトル場である．このような X, Y が存在すると，第3章 補助定理 7.7 より f と g は C^∞ 同値となる．

ベクトル場 X および Y の構成は，第5章 定理 3.8 のときと同じく，折り目とくさびの標準型を使ってできる．

（定理 5.3 証明終）

第7章　初等カタストロフィーの分類

いよいよこの章で，第1章で述べたトムの初等カタストロフィーの主定理（静的モデルの分類定理（p. 8 参照））を証明する．

§1 で静的モデルを数学的に扱いやすい形に定義しなおす．

§2 で主定理の証明の要となる四つの補助定理を証明する．

§3 で主定理の証明が与えられる．

§1　普遍開折，安定開折，主定理

第1章で述べた静的モデルを開折 (unfolding) という名の数学のことばで定義しなおし，その同値関係，安定性などの意味をはっきりさせよう．

定義 1.1　$\boldsymbol{R}^n$ の開集合 U, V で定義された二つの写像 $f: U \to \boldsymbol{R}^p$ と $g: V \to \boldsymbol{R}^p$ が右同値 (right-equivalent) であるとは，等式

(1)　$f(x) = g \circ h(x) + c,\ \ x \in U$

を満たす C^∞ 級同相写像 $h: U \to V$ と $c \in \boldsymbol{R}^p$ が存在するときにいう．ここに右辺の和は $\boldsymbol{R}^p$ をベクトル空間と考えたときのものである．

同様に二つの写像芽 $f: (\boldsymbol{R}^n, a) - \to (\boldsymbol{R}^p, b)$ と $g: (\boldsymbol{R}^n, a') - \to (\boldsymbol{R}^p, b')$ が右同値であるとは，C^∞ 級の局所同相写像の芽 $h: (\boldsymbol{R}^n, a) - \to (\boldsymbol{R}^n, a')$ が存在して，等式

(2)　$f(x) = g \circ h(x) + (b - b'),\ \ x \in \boldsymbol{R}^n$

を満たすときにいう．

定義 1.2　$f: (\boldsymbol{R}^n, a) - \to (\boldsymbol{R}^p, c)$ を C^∞ 級写像芽とする．このとき，C^∞ 級写像芽 $F: (\boldsymbol{R}^n \times \boldsymbol{R}^r, (a, b)) - \to (\boldsymbol{R}^p, c)$ が条件

(3)　$F(x, b) = f(x),\ \ x \in \boldsymbol{R}^n$

を満たすとき，F のことを f の b を中心とする r **次元開折** (r-dimensional unfolding) という．また，r を F の**開折次元**という．

注意 1.3　1)　$p=1$ のとき，この開折が第1章における静的モデルになっている．$\boldsymbol{R}^n$ が内部状態の空間であり，$\boldsymbol{R}^r$ がコントロール空間である．

2)　$f_u(x) = F(x, u)$ で定義するとき，開折 F は $\boldsymbol{R}^r$ の元をパラメーターとする写像の変形族 $\{f_u\}_{u \in \boldsymbol{R}^r}$ と考えることもできる．もちろん $f_b = f$ である．

定義 1.4　$F:(\boldsymbol{R}^n\times\boldsymbol{R}^r,(a,b))--\to(\boldsymbol{R}^p,c)$ を $f:(\boldsymbol{R}^n,a)--\to(\boldsymbol{R}^p,c)$ の開折とし，$g:(\boldsymbol{R}^s,b')--\to(\boldsymbol{R}^r,b)$ を C^∞ 級写像芽とする．そのとき，式

（4）　$G(x,v)=F(x,g(v)),\quad(x,v)\in\boldsymbol{R}^n\times\boldsymbol{R}^s$

$$\begin{array}{ccc}\boldsymbol{R}^n\times\boldsymbol{R}^s & \xrightarrow{G} & \boldsymbol{R}^p\\ \Big\downarrow{\scriptstyle id\times g} & \nearrow{\scriptstyle F} & \\ \boldsymbol{R}^n\times\boldsymbol{R}^r & & \end{array}$$

で定義される写像芽 $G:(\boldsymbol{R}^n\times\boldsymbol{R}^s,(a,b'))--\to(\boldsymbol{R}^p,c)$ は f の b' を中心とする開折となるが，この G のことを，F からの g による**誘導開折** (induced unfolding from F by g) といい，g^*F とかく．

定義 1.5　$F,G:(\boldsymbol{R}^n\times\boldsymbol{R}^r,(a,b))--\to(\boldsymbol{R}^p,c)$ を $f:(\boldsymbol{R}^n,a)--\to(\boldsymbol{R}^p,c)$ の二つの開折とする．そのとき，F と G が**狭い意味で f 同値な開折** (strictly f-equivalent) であるとは，恒等写像の芽 $id_{\boldsymbol{R}^n}:(\boldsymbol{R}^n,a)--\to(\boldsymbol{R}^n,a)$ の開折 $H:(\boldsymbol{R}^n\times\boldsymbol{R}^r,(a,b))--\to(\boldsymbol{R}^n,a)$ と，C^∞ 級写像芽 $\alpha:(\boldsymbol{R}^r,b)--\to(\boldsymbol{R}^p,o)$ が存在して，等式

（5）　$G(x,u)=F(H(x,u),u)+\alpha(u)$

が成り立つときにいう．

注意 1.6　F と G が狭い意味で f 同値な開折とする．$\tilde{G}$, $\tilde{F}$, $\tilde{H}$, $\tilde{\alpha}$ をそれぞれ G, F, H, α の代表元とすると，等式（5）が a のある近傍 U および b のある近傍 V に対して成り立つ．すなわち等式

(5)′　$\tilde{G}(x,u)=\tilde{F}(\tilde{H}(x,u),u)+\tilde{\alpha}(u),\quad x\in U,\quad u\in V$

が成り立つ．$u\in V$ に対して，$\tilde{H}_u$, $\tilde{F}_u$, $\tilde{G}_u$ を式

$$\tilde{H}_u(x)=\tilde{H}(x,u),\quad \tilde{F}_u(x)=\tilde{F}(x,u)\quad\text{および}\quad \tilde{G}_u(x)=\tilde{G}(x,u)$$

で定義する．すると，u が十分小さいとき，$\tilde{H}_u$ が C^∞ 級同相写像であるから，等式 (5)′ は写像 $\tilde{F}_u:U\to\boldsymbol{R}^p$ と $\tilde{G}_u:U\to\boldsymbol{R}^p$ が右同値であることを意味している．したがって，狭い意味で f-同値な開折とは，同じパラメーター $u\in\boldsymbol{R}^r$ に対しては，右同値な写像が対応している開折であるということができる．

定義 1.7　$F:(\boldsymbol{R}^n\times\boldsymbol{R}^r,(a,b))--\to(\boldsymbol{R}^p,c)$ および $G:(\boldsymbol{R}^n\times\boldsymbol{R}^s,(a,b'))--\to(\boldsymbol{R}^p,c)$ を $f:(\boldsymbol{R}^n,a)--\to(\boldsymbol{R}^p,c)$ の二つの開折とする．そのとき，G から F への **f-開折圏射** (f-morphism) とは，次の条件を満たす組 $\Phi=(H,g,\alpha)$ のことである：

（i）　H は $id_{\boldsymbol{R}^n}:(\boldsymbol{R}^n,a)--\to(\boldsymbol{R}^n,a)$ の開折 $H:(\boldsymbol{R}^n\times\boldsymbol{R}^s,(a,b'))--\to(\boldsymbol{R}^n,a)$ である．

(ii)　g は C^∞ 級写像芽 $g:(\boldsymbol{R}^s, b')--\to(\boldsymbol{R}^r, b)$ である．

(iii)　α は C^∞ 級写像芽 $\alpha:(\boldsymbol{R}^s, b')--\to(\boldsymbol{R}^p, o)$ である．

(iv)　次の等式が成り立つ：

(6)　$G(x,v)=F(H(x,v), g(v))+\alpha(v)$,　$x\in\boldsymbol{R}^n$,　$v\in\boldsymbol{R}^s$.

Φ が G から F への f-開折圏射であることを記号 $\Phi: G\to F$ で示す．またこのとき G を $G=\Phi^{-1}(F)$ とあらわす．

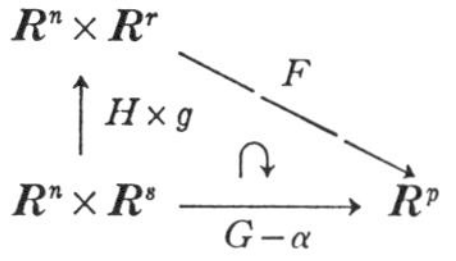

注意 1.8　1)　f-開折圏射 $\Phi: G\to F$ が存在するための必要十分条件は，ある C^∞ 級写像芽 $g:(\boldsymbol{R}^s, b')--\to(\boldsymbol{R}^r, b)$ によって F から誘導された f の開折 g^*F に G が狭い意味で f 同値であることである．

2)　$\Phi=(H, g, \alpha): G\to F$ としよう．注意 1.6 と同じ記号を使うとき，b' のある近傍 V の任意の元 v に対して，$\tilde{G}_v$ と $\tilde{F}_{g(v)}$ とは写像として右同値になる．このことはすなわち，G から F への f-開折圏射が存在するときには，f の開折として G のもつ情報はすべて F の中に含まれていることを意味する．

定義 1.9　f の開折 $F:(\boldsymbol{R}^n\times\boldsymbol{R}^r, (a,b))--\to(\boldsymbol{R}^p, c)$ が f の**普遍開折** (universal unfolding) であることは，f のほかのすべての開折 G に対して，f-開折圏射 $\Phi: G\to F$ が存在するときにいう．

$F:(\boldsymbol{R}^n\times\boldsymbol{R}^r, (a,b))--\to(\boldsymbol{R}^p, c)$ および $G:(\boldsymbol{R}^n\times\boldsymbol{R}^r, (a,b'))--\to(\boldsymbol{R}^p, c)$ を $f:(\boldsymbol{R}^n, a)--\to(\boldsymbol{R}^p, c)$ の開折とする．そのとき，f-開折圏射 $\Phi=(H, g, \alpha): G\to F$ が f-同型 (f-isomorphism) であるとは，他の f 開折圏射 $\Phi'=(H', g', \alpha'): F\to G$ が存在して

(7)　$g^{-1}=g'$,　$-\alpha=\alpha'$,　$(H\times g)^{-1}=H'\times g'$

を満たすときにいう．ただし，$H\times g:(\boldsymbol{R}^n\times\boldsymbol{R}^r, (a,b))--\to(\boldsymbol{R}^n\times\boldsymbol{R}^r, (a,b'))$ および，$H'\times g':(\boldsymbol{R}^n\times\boldsymbol{R}^r, (a,b'))--\to(\boldsymbol{R}^n\times\boldsymbol{R}^r, (a,b))$ はそれぞれ，$(H\times g)(x,u)=(H(x,u), g(u))$ および $(H'\times g')(x,u)=(H'(x,u), g'(u))$ で定義される写像芽である．

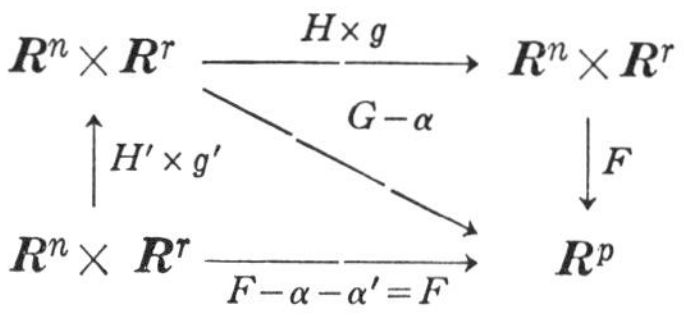

このような f-同型 $\Phi=(H, g, \alpha)$ が存在するとき，F と G は，f-同値（f-equivalent）であるという．

定義 1.10　$F:(\boldsymbol{R}^n\times\boldsymbol{R}^r, (a, b))-\to(\boldsymbol{R}^p, c)$ を，$f:(\boldsymbol{R}^n, a)-\to(\boldsymbol{R}^p, c)$ の開折，$G:(\boldsymbol{R}^n\times\boldsymbol{R}^r, (a', b'))-\to(\boldsymbol{R}^p, c')$ を $g:(\boldsymbol{R}^n, a')-\to(\boldsymbol{R}^p, c')$ の開折とする．そのとき F と G が同値な開折であるとは，C^∞ 級同相写像芽 $h:(\boldsymbol{R}^n, a')-\to(\boldsymbol{R}^n, a)$ とその開折 $H:(\boldsymbol{R}^n\times\boldsymbol{R}^r, (a', b'))-\to(\boldsymbol{R}^n, a)$，$C^\infty$ 級同相写像芽 $h':(\boldsymbol{R}^r, b')-\to(\boldsymbol{R}^r, b)$ および C^∞ 級写像芽 $\alpha:(\boldsymbol{R}^r, b')-\to(\boldsymbol{R}^p, c'-c)$ が存在して，

（8）　$G(x, u)=F(H(x, u), h'(u))+\alpha(u)$，$x\in\boldsymbol{R}^n$，$u\in\boldsymbol{R}^r$

が成り立つときにいう．

$$\begin{array}{ccc}\boldsymbol{R}^n\times\boldsymbol{R}^r & & \\ \uparrow H\times h' & \searrow F & \\ \boldsymbol{R}^n\times\boldsymbol{R}^r & \xrightarrow[G-\alpha]{} & \boldsymbol{R}^p\end{array}$$

注意 1.11　1）F と G が同値な開折であるとする．そのとき，注意 1.6 と注意 1.8 と同じように記号を使うとき，$\tilde{G}_u$ と $\tilde{F}_{h'(u)}$ とはそれぞれ a および a' の近傍からの写像として右同値である．したがって，h' はパラメーターの変換であるが，対応する写像の右同値類を保っている．逆に右同値類を保つようなパラメーターの変換 h' が C^∞ 級同相で与えられて，しかも $\tilde{G}_u$ と $\tilde{F}_{h'(u)}$ の間の右同値関係を与える C^∞ 級同相 h_u と定数 $\alpha(u)$ がともに変数 u に対しても微分可能であるように与えられるときに，G と F は同値になる．

2）F と G がともに f の開折であるとき，F と G が f 同値であれば，F と G は同値な開折である．

3）写像芽 $f:(\boldsymbol{R}^n, a)-\to(\boldsymbol{R}^p, c)$ と $g:(\boldsymbol{R}^n, a')-\to(\boldsymbol{R}^p, c')$ が右同値ならば，f の任意の開折 F に対して，F に同値な g の開折 G が存在する．

（証）f と g が右同値なので，$g=f\circ h+c'-c$ となる C^∞ 級同根写像 h が存在する．$G(x, u)=F(h(x), u)+c'-c$ とおけばよい．

逆もまたしかり．したがって，一方が，普遍開折をもてば，他も普遍開折をもつ．

4）f の普遍開折 F は，f の開折がもつ情報をすべてもっている（注意 1.8 2）および定義 1.9 参照）．この意味で普遍（universal）と名づけられた．

5）狭い意味の f-同値，f-同値，同値，とまぎらわしいが混同しないこと．

定義 1.12　$f:(\boldsymbol{R}^n, a)-\to(\boldsymbol{R}^p, c)$ の開折 $F:(\boldsymbol{R}^n\times\boldsymbol{R}^r, (a, b))-\to(\boldsymbol{R}^p, c)$ が安定開折（stable unfolding）であるとは，点 (a, b) の任意の近傍 $U\subset\boldsymbol{R}^n\times\boldsymbol{R}^r$ と F の任意の代表元 $\tilde{F}\in C^\infty(U, \boldsymbol{R}^p)$ に対して，

$\tilde{F}$ の $C^\infty(U, \boldsymbol{R}^p)$ における W^∞ 位相での近傍 $N(\tilde{F})$ が存在して，次の条件を満たすときにいう：

（条件） 任意の写像 $\tilde{G} \in N(\tilde{F})$ に対して，点 $(a', b') \in U$ が存在して，$\tilde{G}$ の (a', b') における写像芽

$$G : (\boldsymbol{R}^n \times \boldsymbol{R}^r, (a', b')) -\!\!\to (\boldsymbol{R}^p, \tilde{G}(a', b'))$$

は開折として，F に同値である．

注意 1.13 1) 写像芽 $f : (\boldsymbol{R}^n, a) -\!\!\to (\boldsymbol{R}^p, c)$ と $g : (\boldsymbol{R}^n, a') -\!\!\to (\boldsymbol{R}^p, c')$ が右同値とする．f が安定開折 F をもてば，g も F に同値な安定開折 G をもつ．

2) $p=1$ のとき安定開折は，静的モデルとして考えるとき，第1章で述べた安定した静的モデルである．

以下 $p=1$ の場合のみ考える．

この本の目的は第1章で述べたように，パラメーターの次元 $\leqq 4$ の安定した静的モデルの分類である 上に見たように，安定した静的モデルは安定開折である．この章の，したがってこの本の，最終目的は次の主定理を証明することである．

主定理（初等カタストロフィーの分類） 開折次元 $\leqq 4$ の安定開折をもつ関数芽は，表3の標準型のいずれかに右同値である．またそれらの安定開折も表3で与えられるものに同値である．ただし，表中 $Q=Q(x_i, x_{i+1}, \cdots, x_n)$ とあるのは，$n-i+1$ 変数 $x_i, \cdots, x_n$ の非退化2次形式 $\sum_{j=i}^{n} (\pm x_j^2)$ のことである．

表 3

関数の標準型	安 定 開 折	開折次元	カタストロフィーの名称
$f(x_1, \cdots, x_n) = x_1$	x_1	0	カタストロフィーは起こらない
$f(x_1, \cdots, x_n) = Q(x_1, \cdots, x_n) = \sum_{i=1}^{n} (\pm x_i^2)$	$Q(x_1, \cdots, x_n)$	0	〃
$x_1^3 + Q(x_2, \cdots, x_n)$	$x_1^3 + ux_1 + Q(x_2, \cdots, x_n)$	1	折 り 目
$\pm x_1^4 + Q(x_2, \cdots, x_n)$	$\pm x_1^4 + ux_1^2 + vx_1 + Q(x_2, \cdots, x_n)$	2	く さ び
$x_1^5 + Q(x_2, \cdots, x_n)$	$x_1^5 + ux_1^3 + vx_1^2 + wx_1 + Q(x_2, \cdots, x_n)$	3	ツ バ メ の 尾

関数の標準型	安定開折	開折次元	カタストロフィーの名称
$\pm x_1^6+Q(x_2,\cdots,x_n)$	$\pm x_1^6+ux_1^4+vx_1^3+wx_1^2$ $+tx_1+Q(x_2,\cdots,x_n)$	4	チョウ
x^3+y^3 $+Q(x_3,\cdots,x_n)$	$x^3+y^3+uxy+vx$ $+wy+Q(x_3,\cdots,x_n)$	3	双曲型へそ
x^3-xy^2 $+Q(x_3,\cdots,x_n)$	$x^3-xy^2+u(x^2+y^2)$ $+vx+wy+Q(x_3,\cdots,x_n)$	3	楕円型へそ
$\pm(x^2y+y^4)$ $+Q(x_3,\cdots,x_n)$	$\pm(x^2y+y^4)+ux^2+vy^2$ $+wx+ty+Q(x_3,\cdots,x_n)$	4	放物型へそ

§2　有限既定性，k-横断性，主要補助定理

この節では，主定理の証明において，主要な役割を果たす四つの補助定理を証明し，最後にトムの横断性定理を開折の k-横断性に適用できるように改良する．

$\mathcal{E}_n$ を，第6章 §3 で定めたように，$\boldsymbol{R}^n$ 上の C^∞ 級関数の原点における関数芽のなす環とする．

定義 2.1　$f\in\mathcal{E}_n$ が**右-k-既定** (right k-determined) あるいは**右-k-確定** (right-k-determinate) であるとは，$j^kg(o)=j^kf(o)$ なる $g\in\mathcal{E}_n$ はすべて f と右同値になるときにいう．

$f\in\mathcal{E}_n$ がある整数 $k\geqq 0$ に対して右-k-既定であるとき，f は**右有限既定** (right finitely determined) であるという．

例 2.2　1)　$f\in\mathcal{M}_n-\mathcal{M}_n^2$ であれば，f は右-1-既定．

2)　$f\in\mathcal{M}_n^2$ で，原点 $o\in\boldsymbol{R}^n$ が f の非退化臨界点であれば，f は右-2-既定である．

証明　1)　$f\in\mathcal{M}_n-\mathcal{M}_n^2$ であれば，$\partial f/\partial x_i(o)\neq 0$ となる i がある．ゆえに陰関数の定理（第3章 定理 1.5）より，$f(x_1,\cdots,x_n)$ は x_i に右同値．いま，$j^1g(o)=j^1f(o)$ なる $g\in\mathcal{E}_n$をとると，$\partial g/\partial x_i(o)=\partial f/\partial x_i(o)\neq 0$ なので同じ理由により，g は x_i と右同値である．したがって f と g は右同値となり f は右-1-既定．

2)　モースの補助定理（第5章 定理 3.4）より明らかである．

（証明終）

$L^k(n)$ を，第4章 §3 で定義した，$\boldsymbol{R}^n$ の原点を固定する C^∞ 級同相写像の原点における k ジェットのなすリー群とする．$L^k(n)$ はまた，

第4章 問題 3.6 で見たように，作用 $\mu: L^k(n)\times J^k(n,1)\to J^k(n,1)$; $\mu(j^kh(o),j^kf(o))=j^k(f\circ h)(o)$，により $J^k(n,1)$ のリー変換群となる．ジェット $z\in J^k(n,1)$ のこの $L^k(n)$ の作用による軌道を $L^k(n)(z)$ であらわす．第3章 定理5.7 より $L^k(n)(z)$ は $J^k(n,1)$ の部分多様体となる．

補助定理 2.3 $f\in\mathcal{M}_n$ が右-k-既定で，$g\in\mathcal{M}_n$ が $j^kg(o)\in L^k(n)(j^kf(o))$ ならば，g も右-k-既定であり，g は f と右同値である．

証明 $j^kg(o)=j^kg'(o)$ なる $g'\in\mathcal{M}_n$ を任意にとる．$j^kg(o)=j^kg'(o)\in L^k(n)(j^kf(o))$ なので，ある C^∞ 級微分同相 $h_1:(\boldsymbol{R}^n,o)-\to(\boldsymbol{R}^n,o)$ が存在して，

$$j^k(g'\circ h_1)(o)=j^k(g\circ h_1)(o)=j^kf(o)$$

を満たす．f は右-k 既定なので，$g'\circ h_1=f\circ h_2$，$g\circ h_1=f\circ h_3$ なる微分同相 $h_2,h_3:(\boldsymbol{R}^n,o)-\to(\boldsymbol{R}^n,o)$ が存在する．したがって，g', g, f は互いに右同値である．したがって特に g' と g は右同値となり，g は右-k 既定となる．

(証明終)

定義 2.4 $F:(\boldsymbol{R}^n\times\boldsymbol{R}^r,(o,o))-\to(\boldsymbol{R},o)$ を $f\in\mathcal{M}_n$ の開折とする．$\tilde{F}:\boldsymbol{R}^n\times\boldsymbol{R}^r\to\boldsymbol{R}$ を関数芽 F の代表元とする．$u\in\boldsymbol{R}^r$ に対して関数 $\tilde{F}_u:\boldsymbol{R}^n\to\boldsymbol{R}$ を $\tilde{F}_u(x)=\tilde{F}(x,u)$ で定義する．そのとき，写像 $j_1{}^k\tilde{F}:\boldsymbol{R}^n\times\boldsymbol{R}^r\to J^k(\boldsymbol{R}^n,\boldsymbol{R})$ を $j_1{}^k\tilde{F}(x,u)=j^k\tilde{F}_u(x)$ で定義する．$j_1{}^k\tilde{F}$ の原点における写像芽を開折 F の**自然な k 拡大** (natural k-extension)，あるいは **k-ジェット拡張** (k-jet prolongation) といい，

$$j_1{}^kF:(\boldsymbol{R}^n\times\boldsymbol{R}^r,(o,o))-\to(J^k(\boldsymbol{R}^n,\boldsymbol{R}),j^kf(o))$$

とかく．

$J^k(\boldsymbol{R}^n,\boldsymbol{R}^1)=J^k(n,1)\times\boldsymbol{R}^n\times\boldsymbol{R}^1$ であることを注意しておく．

定義 2.5 $f:(\boldsymbol{R}^n,o)-\to(\boldsymbol{R},o)$ の開折 $F:(\boldsymbol{R}^n\times\boldsymbol{R}^r,(o,o))-\to(\boldsymbol{R},o)$ が **k-横断的** (k-transversal) であるとは，$j_1{}^kF$ が原点において $J^k(\boldsymbol{R}^n,\boldsymbol{R}^1)$ の部分多様体 $L^k(n)(j^kf(o))\times\boldsymbol{R}^n\times\boldsymbol{R}^1$ に横断的であるときにいう．

写像 $\pi:J^k(\boldsymbol{R}^n,\boldsymbol{R}^1)=J^k(n,1)\times\boldsymbol{R}^n\times\boldsymbol{R}^1\to J^k(n,1)$ を第1成分への自然な射影とするとき，F が k-横断的である必要十分条件は $\pi\circ j_1{}^kF$:

$(\boldsymbol{R}^n\times\boldsymbol{R}^r,(o,o))-\rightarrow(J^k(n,1),j^kf(o))$ が $L^k(n)(j^kf(o))$ に横断的であることである．

$\langle a_1,\cdots,a_k\rangle_{\mathcal{E}_n}$ で $\mathcal{E}_n$ の有限個の元 $a_1,\cdots,a_k$ で生成される $\mathcal{E}_n$ のイデアルをあらわすことにする．また，$\mathcal{E}_n$ の二つのイデアル I, J に対して，その積イデアルを $I\cdot J$ であらわす（第2章 定義 2.10 と 2.12 参照）．次の四つの補助定理が主定理の証明において，基本的な役割を果たす．

主要補助定理 I　$f\in\mathcal{M}_n$ に対して次のことが成り立つ．

1)　${\mathcal{M}_n}^k\subset\mathcal{M}_n\langle\partial f/\partial x_1,\partial f/\partial x_2,\cdots,\partial f/\partial x_n\rangle_{\mathcal{E}_n}+{\mathcal{M}_n}^{k+1}\Rightarrow f$ は右-k-既定 $\Rightarrow {\mathcal{M}_n}^{k+1}\subset\mathcal{M}_n\langle\partial f/\partial x_1,\cdots,\partial f/\partial x_n\rangle_{\mathcal{E}_n}$

2)　f が右有限既定である必要十分条件は，ある整数 $k>0$ に対して，${\mathcal{M}_n}^k\subset\langle\partial f/\partial x_1,\cdots,\partial f/\partial x_n\rangle_{\mathcal{E}_n}$ が成り立つことである．

主要補助定理 II　右-k-既定関数芽 $f\in\mathcal{M}_n$ の同じ r 次元の開折 $F,G\in\mathcal{E}_{n+r}$ がともに k 横断的ならば，F と G は f-同値である．

次に写像 $\pi_k:\mathcal{M}_n\rightarrow J^k(n,1)$ を $\pi_k(f)=j^kf(o)$ で定義する．k-ジェット $z=j^kf(o)\in J^k(n,1)$ の軌道 $L^k(n)(z)$ は $J^k(n,1)$ の部分多様体であるが，$J^k(n,1)$ がユークリッド空間であることを考えると，点 z における $L^k(n)(z)$ の接空間は，$T_z(L^k(n)(z))\subset T_z(J^k(n,1))=J^k(n,1)$ なので $T_z(L^k(n)(z))$ は再び $J^k(n,1)$ の部分空間と考えられる．

主要補助定理 III　$\pi_k^{-1}(T_z(L^k(n)(z)))=\mathcal{M}_n\langle\partial f/\partial x_1,\cdots,\partial f/\partial x_n\rangle_{\mathcal{E}_n}+{\mathcal{M}_n}^{k+1}$

主要補助定理 IV　$F\in\mathcal{E}_{n+r}$ を $f\in\mathcal{M}_n$ の開折とする．そのとき次の2条件は同値である．

（1）　F は k 横断的である．

（2）　$\mathcal{E}_n=\langle\partial f/\partial x_1,\cdots,\partial f/\partial x_n\rangle_{\mathcal{E}_n}+V_F+{\mathcal{M}_n}^{k+1}$

ここに $F(x_1,\cdots,x_n,u_1,\cdots,u_r)$ に対して，$V_F=\langle 1,\partial F/\partial u_1|\boldsymbol{R}^n,\cdots,\partial F/\partial u_r|\boldsymbol{R}^n\rangle_{\boldsymbol{R}}$ は，1 および $\partial F/\partial u_i|\boldsymbol{R}^n$ で生成される $\mathcal{E}_n$ の $\boldsymbol{R}$ 部分ベクトル空間である．さらに $\partial F/\partial u_i|\boldsymbol{R}^n\in\mathcal{E}_n$ は $(\partial F/\partial u_i|\boldsymbol{R}^n)(x)=\partial F/\partial u_i(x,o)$ で定義される関数芽である．

主要補助定理 II の証明は長いので，付録 III で与えることにする．この節では主要補助定理 III，IV，I をこの順で証明する．

主要補助定理 III の証明　リー群 $L^k(n)$ の $J^k(n,1)$ の上への変換群としての作用を記号 $\mu: L^k(n)\times J^k(n,1)\to J^k(n,1)$ であらわす．ジェット $z\in J^k(n,1)$ に対して，写像 $\mu_z: L^k(n)\to J^k(n,1)$ を $\mu_z(\alpha)=\mu(\alpha,z)$ で定める．すると次の関係を得る：

(1) $T_z(L^k(n)(z))=d\mu_z(T_{1^k(o)}(L^k(n)))$,

ここに $1^k(o)\in L^k(n)$ は恒等写像 $id_{\boldsymbol{R}^n}$ の原点における k-ジェットである．また $d\mu_z$ は写像 μ の z における微分である．

さて，$L^k(n)$ の $1^k(o)$ における任意の接ベクトル $X\in T_{1^k(o)}(L^k(n))\subset J^k(n,n)$ を考える．写像 $h:\boldsymbol{R}^n\to\boldsymbol{R}^n$ を $X\in J^k(n,n)$ の代表元とする：すなわち $j^kh(o)=X$．そのとき，写像 $h_t:\boldsymbol{R}^n\to\boldsymbol{R}^n$, $t\in\boldsymbol{R}$ を，

$$h_t(x)=x+th(x)$$

で定義すると，十分小さい $\varepsilon>0$ に対して，$t\in(-\varepsilon,\varepsilon)$ ならば $j^kh_t(o)\in L^k(n)$ となる．$\varphi_X(t)=j^kh_t(o)$ で定義すると，$\varphi_X:(-\varepsilon,\varepsilon)\to L^k(n)$ は $L^k(n)$ の C^∞ 級の曲線となり，

(2) $\dfrac{d\varphi_X}{dt}(o)=X$

を得る．

$z=j^kf(o)\in J^k(n,1)$ とし，v を $T_z(L^k(n)(z))$ の任意のベクトルとする．すると関係式（1）より，ある $X\in T_{1^k(o)}(L^k(n))$ が存在し，$v=d\mu_z(X)$ と書ける．したがって，

$$\begin{aligned}v&=d\mu_z(X)=d\mu_z\left(\frac{d\varphi_X}{dt}(o)\right)=\left.\frac{d\mu(j^kh_t(o)(z))}{dt}\right|_{t=0}\\&=\left.\frac{d(j^k(f\circ h_t)(o))}{dt}\right|_{t=0}\\&=j^k\left(\left.\frac{d}{dt}(f\circ h_t)\right|_{t=0}\right)(o)\\&=\pi_k\left(\left.\frac{d}{dt}(f\circ h_t)\right|_{t=0}\right)\\&=\pi_k\left(\frac{d}{dt}(f\circ(id_{\boldsymbol{R}^n}+th))\right)\\&=\pi_k\left(\sum_{i=1}^n\frac{\partial f}{\partial x_i}h_i\right),\quad ここに\quad h=(h_1,\cdots,h_n).\end{aligned}$$

したがって，

$$T_z(L^k(n)(z))=\pi_k(\mathcal{M}_n\langle\partial f/\partial x_1,\cdots,\partial f/\partial x_n\rangle\mathcal{E}_n)$$

を得る． （主要補助定理 III 証明終）

主要補助定理 IV の証明 F が k-横断的である必要十分条件は，定義より

（3） $d(\pi\circ j_1{}^k F)_{(o,o)}(T_{(o,o)}(\boldsymbol{R}^n\times\boldsymbol{R}^r))+T_z(L^k(n)(z))=T_z(J^k(n,1))$

が成り立つことである．ここで，$z=j^k f(o)$，$\pi : J^k(\boldsymbol{R}^n,\boldsymbol{R})\to J^k(n,1)$ は定義2.5で与えた自然な射影，$d(\pi\circ j_1{}^k F)$ は $\pi\circ j_1{}^k F$ の微分をあらわす．主要補助定理 III と $J^k(n,1)$ がユークリッド空間であることを使って上の等式を書きなおすと，

（4） $$\pi_k{}^{-1}(d(\pi\circ j_1{}^k(F)_{(o,o)}(T_{(o,o)}(\boldsymbol{R}^n\times\boldsymbol{R}^r))+\mathcal{M}_n\left\langle\frac{\partial f}{\partial x_1},\cdots,\frac{\partial f}{\partial x_n}\right\rangle_{\mathcal{E}_n}+\mathcal{M}_n{}^{k+1}=\mathcal{M}_n.$$

$\boldsymbol{R}^n\times\boldsymbol{R}^r$ の標準座標を $(x_1,\cdots,x_n,u_1,\cdots,u_r)$ とするとき左辺の第1項 $\pi_k{}^{-1}(d(\pi\circ j_1{}^k F))_{(o,o)}(T_{(o,o)}(\boldsymbol{R}^n\times\boldsymbol{R}^r))$ は $\mathcal{M}_n{}^{k+1}$ と $\{\pi_k{}^{-1}(d(\pi\circ j_1{}^k F))_{(o,o)}(\partial/\partial x_i),\ \pi_k{}^{-1}(d(\pi\circ j_1{}^k F))_{(o,o)}(\partial/\partial u_j)\}_{\substack{1\leq i\leq n\\ 1\leq j\leq r}}$ とで張られる $\mathcal{M}_n$ の部分ベクトル空間である．

（5） $$d(\pi\circ j_1{}^k F)_{(o,o)}\left(\frac{\partial}{\partial x_i}\right)=j^k\left(\frac{\partial f}{\partial x_i}\right)(o)$$

$$d(\pi\circ j_1{}^k F)_{(o,o)}\left(\frac{\partial}{\partial u_j}\right)=j^k\left(\frac{\partial F}{\partial u_j}\middle|\boldsymbol{R}^n\right)(o)$$

なる事実を使うと，等式（4）は，

（6） $$\left\langle\frac{\partial f}{\partial x_1},\cdots,\frac{\partial f}{\partial x_n}\right\rangle_{\boldsymbol{R}}+\left\langle\frac{\partial F}{\partial u_1}\middle|\boldsymbol{R}^n,\cdots,\frac{\partial F}{\partial u_r}\middle|\boldsymbol{R}^n\right\rangle_{\boldsymbol{R}}+\mathcal{M}_n\left\langle\frac{\partial f}{\partial x_1},\cdots,\frac{\partial f}{\partial x_n}\right\rangle_{\mathcal{E}_n}+\mathcal{M}_n{}^{k+1}=\mathcal{M}_n$$

となる．$\boldsymbol{R}+\mathcal{M}_n=\mathcal{E}_n$ であるから

$$\left\langle\frac{\partial f}{\partial x_1},\cdots,\frac{\partial f}{\partial x_n}\right\rangle_{\boldsymbol{R}}+\mathcal{M}_n\left\langle\frac{\partial f}{\partial x_1},\cdots,\frac{\partial f}{\partial x_n}\right\rangle_{\mathcal{E}_n}=\left\langle\frac{\partial f}{\partial x_1},\cdots,\frac{\partial f}{\partial x_n}\right\rangle_{\mathcal{E}_n}$$

である．これとさらに（6）の両辺に 1 で張られる $\mathcal{E}_n$ の部分空間 $\boldsymbol{R}$ を加えると求める等式

（2） $$\left\langle 1,\frac{\partial F}{\partial u_1}\middle|\boldsymbol{R}^n,\cdots,\frac{\partial F}{\partial u_r}\boldsymbol{R}^n\right\rangle_{\boldsymbol{R}}+\left\langle\frac{\partial f}{\partial x_1},\cdots,\frac{\partial f}{\partial x_n}\right\rangle_{\mathcal{E}_n}+\mathcal{M}_n{}^{k+1}=\mathcal{E}_n$$

を得る．

（主要補助定理 IV 証明終）

最後に主要補助定理 I を証明しよう．

主要補助定理 I　$f\in\mathcal{M}_n$ とする．

1)　$\mathcal{M}_n{}^k\subset\mathcal{M}_n\langle\partial f/\partial x_1,\cdots,\partial f/\partial x_n\rangle_{\mathcal{E}_n}+\mathcal{M}_n{}^{k+1}\Rightarrow f$ は右-k-既定．

2)　f が右-k-既定 $\Rightarrow\mathcal{M}_n{}^{k+1}\subset\mathcal{M}_n\langle\partial f/\partial x_1,\cdots,\partial f/\partial x_n\rangle_{\mathcal{E}_n}$

3)　f が右有限既定 $\Leftrightarrow$ ある整数 $k>0$ に対して，$\mathcal{M}_n{}^k\subset\langle\partial f/\partial x_1,\cdots,\partial f/\partial x_n\rangle_{\mathcal{E}_n}$.

証明　3) の証明　1) と 2) より自明である．

2) の証明　f が右-k-既定であるとする．任意の整数 $l(>k)$ に対して，$\pi_k{}^l:J^l(n,1)\to J^k(n,1)$ を，$\pi_k{}^l(j^lg(o))=j^kg(o)$ で定義される自然な写像とする．そのとき，$Z=(\pi_k{}^l)^{-1}(j^kf(o))$ とおく．$Z\subset L^l(n)(j^lf(o))$ である．したがって両者の点 $j^lf(o)$ における接空間を比べると，

$$T_{j^lf(o)}(Z)\subset T_{j^lf(o)}(L^l(n)(j^lf(o)))$$

となる．

$$\begin{aligned}\pi_l{}^{-1}(T_{j^lf(o)}(Z))&=\pi_l{}^{-1}(\pi_k{}^l)^{-1}(T_{j^kf(o)}\{j^kf(o)\})\\&=\pi_k{}^{-1}(\{o\})=\mathcal{M}_n{}^{k+1}.\end{aligned}$$

一方，主要補助定理 III より，$\pi_l{}^{-1}(T_{j^lf(o)}(L^l(n)(j^lf(o)))=\mathcal{M}_n\langle\partial f/\partial x_1,\cdots,\partial f/\partial x_n\rangle+\mathcal{M}_n{}^{l+1}$ となる．したがって $\mathcal{M}_n{}^{k+1}\subseteq\mathcal{M}_n\langle\partial f/\partial x_1,\cdots,\partial f/\partial x_n\rangle_{\mathcal{E}_n}+\mathcal{M}_n{}^{l+1}$ を得る．ここで $l=k+1$, $R=\mathcal{E}_n$, $A=\mathcal{M}_n{}^{k+1}$, $B=\mathcal{M}_n\langle\partial f/\partial x_1,\cdots,\partial f/\partial x_n\rangle_{\mathcal{E}_n}$ とおいて中山の補助定理（第2章 定理 4.2）を使うと $\mathcal{M}_n{}^{k+1}\subseteq\mathcal{M}_n\langle\partial f/\partial x_1,\cdots,\partial f/\partial x_n\rangle_{\mathcal{E}_n}$ を得る．

1) の証明　$j^kg(o)=j^kf(o)$ なる $g\in\mathcal{M}_n$ を任意にとる．$t\in\boldsymbol{R}$ に対して，関数芽 $f_t\in\mathcal{M}_n$ を $f_t(x)=(1-t)f(x)+tg(x)$ で定義する．$f_0=f$，$f_1=g$ である．$f=f_0$ と $g=f_1$ が右同値であることを示すには，

「すべての $t_0\in[0,1]$ に対して，$t\in(t_0-\varepsilon,t_0+\varepsilon)$ ならば，f_{t_0} と f_t が右同値となるような $\varepsilon>0$ が存在する」…………………………（$*$）

ことを示せば十分である．ところで，$j^kg(o)=j^kf(o)$ なので，$g-f\in\mathcal{M}_n{}^{k+1}$ である．したがってすべての $t\in[a,b]$ に対して 1) の条件

$$\mathcal{M}_n{}^k\subset\mathcal{M}_n\left\langle\frac{\partial f_t}{\partial x_1},\cdots,\frac{\partial f_t}{\partial x_n}\right\rangle_{\mathcal{E}_n}+\mathcal{M}_n{}^{k+1}$$

が成り立っている．したがって $t_0=0$ のときに，（$*$）を示せば十分である．

第1段階　十分小さい t に対して f_t と f_0 が右同値であることを示

そう．写像芽 $F:(\boldsymbol{R}^n\times\boldsymbol{R},(o,o))\dashrightarrow(\boldsymbol{R}\times\boldsymbol{R},(o,o))$ を $F(x,t)=(f_t(x),t)$ で定義する．U を $o\in\boldsymbol{R}^n$ の十分小さい近傍，$I_\varepsilon=(-\varepsilon,\varepsilon)$ とおく．同じ記号 $F:U\times I_\varepsilon\to\boldsymbol{R}\times I_\varepsilon$ で写像芽 F の代表元をあらわすものとする．そのとき，$t\in I_\varepsilon$ に対して f_0 と f_t が右同値であることを示すには，写像の安定性の証明（cf. 第5, 6, 7章）のところでみたように，$U\times I_\varepsilon$ 上のベクトル場 X で次の条件（1），（2）を満たすものの存在を示せばよい：

（1）　$dF(X(x,t))=\left(\dfrac{\partial}{\partial t}\right)_{F(x,t)}$

（2）　$X(o,t)=\left(\dfrac{\partial}{\partial t}\right)_{(o,t)}$,

ここで，（1）におけるベクトル場 $(\partial/\partial t)$ は，$\boldsymbol{R}\times I_\varepsilon$ のデカルト座標 (y,t) の第2座標関数 t の双対ベクトル場であり，（2）におけるベクトル場 $(\partial/\partial t)$ は $\boldsymbol{R}^n\times I_\varepsilon$ の直交座標 $(x_1,\cdots,x_n,t)$ の最後の座標関数 t の双対ベクトル場である．

実際そのような X が存在したとしよう．時刻 $t=0$ で，$(x,o)\in U\times I_\varepsilon$ を通る積分曲線の時刻 t における位置を $(\varphi_t(x),t)$ であらわし，時刻 $t=0$ で $(y,o)\in\boldsymbol{R}\times I_\varepsilon$ を通る $(\partial/\partial t)$ の積分曲線の時刻 t における位置を $(\psi_t(y),t)$ と書こう．すると第3章 補助定理 7.7 より

$$(\psi_t(f_0(x)),t)=F(\varphi_t(x),t)$$

を得る．ψ_t は $(\partial/\partial t)$ の積分曲線なので，$\psi_t(f_0(x))=f_0(x)$ である．したがって，$(f_0(x),t)=F(\varphi_t(x),t)=(f_t\circ\varphi_t(x),t)$，したがって $f_0=f_t\circ\varphi_t$ を得る．条件（2）より $\varphi_t(o)=0$ であり，第3章 補助定理 7.4 より，φ_t は C^∞ 級の微分同相である．ゆえに f_0 と f_t は右同値である．

第2段階　$h\in\mathcal{E}_{n+1}$ を $h(x,t)=f_t(x)$ で定義する．（1），（2）を満たすベクトル場 X が存在するためには，次の条件（3），（4）を満たす $\alpha_1,\cdots,\alpha_n\in\mathcal{E}_{n+1}$ が存在すれば十分である：

（3）　$\dfrac{\partial h}{\partial t}(x,t)=\sum\dfrac{\partial h}{\partial x_j}(x,t)\alpha_j(x,t),\ (x,t)\in\boldsymbol{R}^n\times\boldsymbol{R},$

（4）　$\alpha_j(o,t)=0.$

実際，そのような $\alpha_1,\cdots,\alpha_n$ が存在すれば，

（5）　$X(x,t)=\left(\dfrac{\partial}{\partial t}\right)_{(x,t)}-\sum_{j=1}^{n}\alpha_j(x,t)\left(\dfrac{\partial}{\partial x_j}\right)_{(x,t)}$

とおけば，$F(x,t)=(h(x,t),t)$ なので X は（1），（2）を満たす．

最終段階 $\pi:\boldsymbol{R}^{n+1}\to\boldsymbol{R}^n$ を $\pi(x_1,\cdots,x_n,t)=(x_1,\cdots,x_n)$ で定義される自然な写像とするとき，$\mathcal{E}_n$ は π^* を通して，$\mathcal{E}_{n+1}$ の部分環と考えることができる．（1）の条件

（6） $\mathcal{M}_n{}^k\subset\mathcal{M}_n\left\langle\dfrac{\partial f}{\partial x_1},\cdots,\dfrac{\partial f}{\partial x_n}\right\rangle_{\mathcal{E}_n}+\mathcal{M}_n{}^{k+1}$

より直ちに

（7） $\mathcal{M}_n{}^k\mathcal{E}_{n+1}\subset\mathcal{M}_n\left\langle\dfrac{\partial f}{\partial x_1},\cdots,\dfrac{\partial f}{\partial x_n}\right\rangle_{\mathcal{E}_{n+1}}+\mathcal{M}_n{}^{k+1}\mathcal{E}_{n+1}$

を得る．

$$\frac{\partial h}{\partial x_i}(x,t)=\frac{\partial f}{\partial x_i}(x)+t\left(\frac{\partial g}{\partial x_i}-\frac{\partial f}{\partial x_i}\right)(x)$$

かつ $(\partial g/\partial x_i-\partial f/\partial x_i)\in\mathcal{M}_n{}^k$ なので，

（8） $\mathcal{M}_n{}^k\mathcal{E}_{n+1}\subset\mathcal{M}_n\left\langle\dfrac{\partial h}{\partial x_1},\cdots,\dfrac{\partial h}{\partial x_n}\right\rangle_{\mathcal{E}_{n+1}}+\mathcal{M}_n{}^{k+1}\mathcal{E}_{n+1}$

$$\subset\left\langle\frac{\partial h}{\partial x_1},\cdots,\frac{\partial h}{\partial x_n}\right\rangle_{\mathcal{M}_n\mathcal{E}_{n+1}}+\mathcal{M}_n{}^{k+1}\mathcal{E}_{n+1}$$

となる．

ここで中山の補助定理（第2章 定理 4.2）を適用する：

$$R=\mathcal{E}_{n+1},\ \mathcal{M}(R)=\mathcal{M}_{n+1},\ A=\mathcal{M}_n{}^k\mathcal{E}_{n+1},\ B=\left\langle\frac{\partial h}{\partial x_1},\cdots,\frac{\partial h}{\partial x_n}\right\rangle_{\mathcal{M}_n\mathcal{E}_{n+1}}$$

とおくと，（8）より

(8)′ $A\subset B+\mathcal{M}_nA\subset B+\mathcal{M}_{n+1}A$

となる．中山の補助定理より，$A\subset B$ すなわち

（9） $\mathcal{M}_n{}^k\mathcal{E}_{n+1}\subset\left\langle\dfrac{\partial h}{\partial x_1},\cdots,\dfrac{\partial h}{\partial x_n}\right\rangle_{\mathcal{M}_n\mathcal{E}_{n+1}}$

となる．いま，$\partial h/\partial t=-f+g\in\mathcal{M}_n{}^{k+1}\mathcal{E}_{n+1}$ なので，（9）より，ある $\alpha_1,\cdots,\alpha_n\in\mathcal{M}_n\mathcal{E}_{n+1}$ が存在して，次の形になる：

(10) $\dfrac{\partial h}{\partial t}=\displaystyle\sum_{j=1}^{n}\frac{\partial h}{\partial x_j}\cdot\alpha_j,$

さらに，$\alpha_i\in\mathcal{M}_n\mathcal{E}_{n+1}$ なので

(11) $\alpha_j(o,t)=0$

である．(10)，(11) は（3），（4）にほかならない．

（主要補助定理 I 証明終）

さて最後にトムの横断性定理を開折の自然な k-拡大の横断性に改良しよう．そのために，次の補助定理を準備する．

補助定理 2.6　$f\in\mathcal{M}_n{}^2$ を右有限既定関数芽とする．$\mathcal{E}_n$ を $\boldsymbol{R}$ 上のベクトル空間として考えるとき，次のことが成り立つ．

（1）　$\dfrac{\partial f}{\partial x_1},\cdots,\dfrac{\partial f}{\partial x_n}$ は $\boldsymbol{R}$ 上1次独立である．

（2）　$\left\langle\dfrac{\partial f}{\partial x_1},\cdots,\dfrac{\partial f}{\partial x_n}\right\rangle_{\boldsymbol{R}}\cap\mathcal{M}_n\left\langle\dfrac{\partial f}{\partial x_1},\cdots,\dfrac{\partial f}{\partial x_n}\right\rangle_{\mathcal{E}_n}=\{0\}$

証明　いま，f が右有限既定であるので，主要補助定理Iより，ある $k>0$ に対して

（3）　$\left\langle\dfrac{\partial f}{\partial x_1},\cdots,\dfrac{\partial f}{\partial x_n}\right\rangle_{\mathcal{E}_n}\supset\mathcal{M}_n{}^k$

が成り立つ．したがって，$x_1{}^k,\cdots,x_n{}^k\in\mathcal{M}_n{}^k$ であることを考えると

（4）　$$\left\{x\,\middle|\,\frac{\partial f}{\partial x_1}(x)=\cdots=\frac{\partial f}{\partial x_n}(x)=0\right\}\subset\{x=(x_1,\cdots,x_n)\,|\,x_1{}^k=\cdots=x_n{}^k=0\}=\{o\}$$

したがって

（5）　$$\left(\frac{\partial f}{\partial x_1}\right)^{-1}(0)\cap\cdots\cap\left(\frac{\partial f}{\partial x_n}\right)^{-1}(0)=\{o\}$$

を得る．以上のことをまず注意しておく．

1）の証明　いま，f が右有限既定なので，f は多項式だと考えてよい．したがって $\partial f/\partial x_1,\cdots,\partial f/\partial x_n$ も多項式となる．そのとき，$\widetilde{\partial f}/\partial x_i$ で多項式 $\partial f/\partial x_i$ の複素化をあらわす：すなわち

$$\frac{\partial f}{\partial x_i}(x)=\sum a_{j_1,\cdots,j_n}x_1{}^{j_1}\cdot\cdots\cdot x_n{}^{j_n}$$

とあらわされるとき $\widetilde{\partial f}/\partial x_i(z_1,\cdots,z_n)=\sum a_{j_1,\cdots,j_n}z_1{}^{j_1}\cdot\cdots\cdot z_n{}^{j_n}$, $(z_1,\cdots,z_n)\in\boldsymbol{C}^n$, とおく．すると条件（3）より（（5）を導いたと同じ理由により）

（6）　$$\left(\frac{\widetilde{\partial f}}{\partial x_1}\right)^{-1}(0)\cap\cdots\cap\left(\frac{\widetilde{\partial f}}{\partial x_n}\right)^{-1}(0)=\{o\}$$

をうる．いま，$\partial f/\partial x_1,\cdots,\partial f/\partial x_n$ が $\boldsymbol{R}$ 上1次従属であるとして矛盾を導く．$\partial f/\partial x_1,\cdots,\partial f/\partial x_n$ が1次従属とすると，

（7）　$$\frac{\partial f}{\partial x_1}=\sum_{i=2}^{n} r_i\frac{\partial f}{\partial x_i},\quad r_i\in \boldsymbol{R}$$

と仮定して一般性を失わない．したがって，$\dfrac{\widetilde{\partial f}}{\partial x_1}=\displaystyle\sum_{i=2}^{n} r_i\dfrac{\widetilde{\partial f}}{\partial x_i}$ を得る．それゆえ

（8）　$$\frac{\widetilde{\partial f}^{-1}}{\partial x_1}(0)\cap\cdots\cap\frac{\widetilde{\partial f}^{-1}}{\partial x_n}(0)=\frac{\widetilde{\partial f}^{-1}}{\partial x_2}(0)\cap\cdots\cap\frac{\widetilde{\partial f}^{-1}}{\partial x_n}(0)$$

を得る．一方，多変数の複素関数論において，次の事実が知られている*)．

（9）　任意の k 個の多項式 $g_1,\cdots,g_k$ に対して，集合 $V=\{z\in \boldsymbol{C}^n|g_1(z)=\cdots=g_k(z)=0\}$ は $V\neq\phi$ ならば，$2(n-k)$ 次元の（実）多様体を部分集合として含む．

したがって，（9）によると，（8）の右辺は2次元の多様体を含む集合である．一方，（8）の左辺は（6）より1点 $\{o\}$ よりなる集合である．これは矛盾である．

2）の証明　原理は 1）の証明と同じである．

$$\left\langle\frac{\partial f}{\partial x_1},\cdots,\frac{\partial f}{\partial x_n}\right\rangle_{\boldsymbol{R}}\cap\mathcal{M}_n\left\langle\frac{\partial f}{\partial x_1},\cdots,\frac{\partial f}{\partial x_n}\right\rangle_{\mathcal{E}_n}\neq\{0\}$$

として矛盾を導こう．そう仮定すると，すべては0ではない $r_i\in\boldsymbol{R}$ と $\alpha_i\in\mathcal{M}_n$ が存在して関係

(10)　$$\sum_{i=1}^{n} r_i\frac{\partial f}{\partial x_i}=\sum_{i=1}^{n}\alpha_i\frac{\partial f}{\partial x_i}$$

を満たす．適当に線形座標変換を行なうことにより

(11)　$$\frac{\partial f}{\partial x_1}=\sum_{i=1}^{n}\alpha_i\frac{\partial f}{\partial x_i},\quad \alpha_i\in\mathcal{M}_n$$

と仮定してよい．(11) より次の式を得る．

(12)　$$\left\langle\frac{\partial f}{\partial x_1}\right\rangle_{\mathcal{E}_n}\subset\mathcal{M}_n\left\langle\frac{\partial f}{\partial x_1}\right\rangle_{\mathcal{E}_n}+\mathcal{M}_n\left\langle\frac{\partial f}{\partial x_2},\cdots,\frac{\partial f}{\partial x_n}\right\rangle_{\mathcal{E}_n}$$

これに中山の補助定理（第2章 定理 4.2）を

$$A=\left\langle\frac{\partial f}{\partial x_1}\right\rangle_{\mathcal{E}_n},\quad B=\mathcal{M}_n\left\langle\frac{\partial f}{\partial x_2},\cdots,\frac{\partial f}{\partial x_n}\right\rangle_{\mathcal{E}_n}$$

とおいて適用すると

---

*)　たとえば H. Whitney : Tangents to an analytic variety Ann. of Math., 81 (1965), 496-549,（Lemma 6.1）参照．

(13)　$$\left\langle\frac{\partial f}{\partial x_1}\right\rangle_{\mathcal{E}_n}\subset\mathcal{M}_n\left\langle\frac{\partial f}{\partial x_2},\cdots,\frac{\partial f}{\partial x_n}\right\rangle_{\mathcal{E}_n}$$

を得る．したがって

$$\frac{\partial f}{\partial x_1}=\sum_{i=2}^{n}\alpha_i\frac{\partial f}{\partial x_i}$$

となり，1）の議論を繰り返して，（8）式を得る．ところが，これは f が右有限既定であることと矛盾する．

（補助定理 2.6 証明終）

注意　$\partial f/\partial x_i$ をわざわざ複素化したのは，実数値関数だと（9）の性質が成り立たないので，直接証明できないからである．（9）が成り立たない例は，$g=x_1^2+x_2^2+\cdots+x_n^2$，$\dim V=0<n-1$ で与えられる．

この補助定理と，補助定理 IV から，次の補助定理を得る．

補助定理 2.7（k-横断性定理）　$f\in\mathcal{M}_n$ を右-k-既定な関数芽とする．q を $j^kf(o)$ の軌道の余次元とする：$q=\dim J^k(n,1)-\dim L^k(n)(j^kf(o))$．$n+r\geqq q$ ならば，f の任意の r 次元開折 F は f の k-横断的な r 次元開折 G でいくらでも近似できる．

証明　X が $\boldsymbol{R}$ 上のベクトル空間であるときその $\boldsymbol{R}$-ベクトル空間としての次元を $\dim_{\boldsymbol{R}}X$ であらわすことにする．

証明　$\dim_{\boldsymbol{R}}\mathcal{E}_n/\{\langle\partial f/\partial x_1,\cdots,\partial f/\partial x_n\rangle_{\mathcal{E}_n}+V_F+\mathcal{M}_n{}^{k+1}\}$

$$\begin{aligned}
&=\dim_{\boldsymbol{R}}(\boldsymbol{R}+\mathcal{M}_n)/\{\langle\partial f/\partial x_1,\cdots,\partial f/\partial x_n\rangle_{\boldsymbol{R}}\\
&\quad+\mathcal{M}_n\langle\partial f/\partial x_1,\cdots,\partial f/\partial x_n\rangle_{\mathcal{E}_n}\\
&\quad+\langle 1,\partial F/\partial u_1|\boldsymbol{R}^n,\cdots,\partial F/\partial u_r|\boldsymbol{R}^n\rangle_{\boldsymbol{R}}+\mathcal{M}_n{}^{k+1}\}\\
&\leqq\dim_{\boldsymbol{R}}\mathcal{M}_n/\{\langle\partial f/\partial x_1,\cdots,\partial f/\partial x_n\rangle_{\boldsymbol{R}}\\
&\quad+\mathcal{M}_n\langle\partial f/\partial x_1,\cdots,\partial f/\partial x_n\rangle_{\mathcal{E}_n}+\mathcal{M}_n{}^{k+1}\}
\end{aligned}$$

ここで補助定理 2.6 を使うと，

$$\begin{aligned}
&=\dim_{\boldsymbol{R}}\mathcal{M}_n/\{\mathcal{M}_n\langle\partial f/\partial x_1,\cdots,\partial f/\partial x_n\rangle_{\mathcal{E}_n}+\mathcal{M}_n{}^{k+1}\}-n\\
&=\dim_{\boldsymbol{R}}\mathcal{M}_n/\pi_k{}^{-1}(T_z(L^k(n)(z)))-n\\
&=\dim J^k(n,1)-\dim L^k(n)(j^kf(o))-n=q-n\leqq r
\end{aligned}$$

ゆえに，$\dim_{\boldsymbol{R}}\mathcal{E}_n/(\langle\partial f/\partial x_1,\cdots,\partial f/\partial x_n\rangle_{\mathcal{E}_n}+V_F+\mathcal{M}_n{}^{k+1})\leqq q-n\leqq r$ である．$b_1,\cdots,b_s\in\mathcal{E}_n$，$s\leqq r$，を $\mathcal{E}_n/(\langle\partial f/\partial x_1,\cdots,\partial f/\partial x_n\rangle_{\mathcal{E}_n}+V_F+\mathcal{M}_n{}^{k+1})$ の $\boldsymbol{R}$-ベクトル空間の基とするとき，

$$G(x,u_1,\cdots,u_r)=F(x,u)+\sum_{i=1}^{s}\varepsilon_ib_i(x)u_i$$

とおけば，G は主要補助定理IVより k-横断的な f の開折であり，$\varepsilon=(\varepsilon_1, \cdots, \varepsilon_s)\to 0$ とするといくらでも F に近くなる．

（証明終）

トムの横断性定理より次の k-横断性定理を得る．

補助定理 2.8（k-横断性定理）　S を $J^k(\boldsymbol{R}^n, \boldsymbol{R})$ の部分多様体とする．そのとき，$j_1{}^k\tilde{F}$ が S に横断的であるような関数 $\tilde{F}\in C^\infty(\boldsymbol{R}^n\times\boldsymbol{R}^r, \boldsymbol{R})$ は $C^\infty(\boldsymbol{R}^n\times\boldsymbol{R}^r, \boldsymbol{R})$ の中で稠密である．

証明　$S^*=\{j^k\tilde{F}(x, u)\in J^k(\boldsymbol{R}^n\times\boldsymbol{R}^r, \boldsymbol{R})\,|\,j_1{}^k\tilde{F}(x, u)\in S\}$ とおくと，S^* は S と同じ余次元の $J^k(\boldsymbol{R}^n\times\boldsymbol{R}^r, \boldsymbol{R})$ の部分多様体で，$j_1{}^k\tilde{F}$ が S に横断的であることと，$j^k\tilde{F}$ が S^* に横断的であることは同等である．したがってトムの横断性定理（第5章 定理 1.6 または定理 1.8）より，この補題は証明されたことになる．

（証明終）

§3 主定理の証明

§2 で述べた主要補助定理を使って，次の定理 1～4 を証明することができる．

定理 1　右-k 既定関数 $f\in\mathcal{M}_n$ の開折 $F\in\mathcal{E}_{n+r}$ に対して，次の3条件は同値である：

（1）F は k-横断的である

（2）F は f の普遍開折である

（3）F は r 次元の安定開折である

定理 2（安定開折の存在と一意性）

（1）$f\in\mathcal{M}_n$ が安定開折をもつための必要十分条件は f が右-有限既定写像芽であることである．

（2）$f\in\mathcal{M}_n$ の r 次元安定開折はすべて同値である．

定理 3（安定開折の標準型）　$f\in\mathcal{M}_n{}^2$ に対して，$\dim_{\boldsymbol{R}}\mathcal{E}_n/\langle\partial f/\partial x_1, \cdots, \partial f/\partial x_n\rangle_{\mathcal{E}_n}<+\infty$ とする　$\mathcal{E}_n/\langle\partial f/\partial x_1, \cdots, \partial f/\partial x_n\rangle_{\mathcal{E}_n}$ の $\boldsymbol{R}$-ベクトル空間の基として，$1, b_1, \cdots, b_r\in\mathcal{E}_n$（詳しくは剰余類 $1+\langle\partial f/\partial x_1, \cdots, \partial f/\partial x_n\rangle_{\mathcal{E}_n}, \cdots, b_r+\langle\partial f/\partial x_1, \cdots, \partial f/\partial x_n\rangle_{\mathcal{E}_n}$）がとれたとする．そのとき

$$F(x_1, \cdots, x_n, u_1, \cdots, u_r)=f(x)+\sum_{i=1}^{r}u_ib_i(x)$$

は f の安定開折である.

定理 4（特異点の分類）　$f\in\mathcal{M}_n$ が開折次元 $\leqq 4$ の安定開折をもつための必要十分条件は，f が次の（1）～（9）の関数のいずれかと右同値となることである.

（1）$f(x_1, \cdots, x_n)=x_1$

（2）$f(x_1, \cdots, x_n)=Q(x_1, \cdots, x_n)$

（3）$f(x_1, \cdots, x_n)=x_1{}^3+Q(x_2, \cdots, x_n)$

（4）$f(x_1, \cdots, x_n)=\pm x_1{}^4+Q(x_2, \cdots, x_n)$

（5）$f(x_1, \cdots, x_n)=x_1{}^5+Q(x_2, \cdots, x_n)$

（6）$f(x_1, \cdots, x_n)=\pm x_1{}^6+Q(x_2, \cdots, x_n)$

（7）$f(x_1, \cdots, x_n)=x_1{}^3+x_2{}^3+Q(x_3, \cdots, x_n)$

（8）$f(x_1, \cdots, x_n)=x_1{}^3-x_1x_2{}^2+Q(x_3, \cdots, x_n)$

（9）$f(x_1, \cdots, x_n)=\pm(x_1{}^2x_2+x_2{}^4)+Q(x_3, \cdots, x_n)$

ここで，$Q(x_k, x_{k+1}, \cdots, x_n)$ は $(n-k+1)$ 変数 $(x_k, \cdots, x_n)$ の非退化2次形式 $\sum_{i=k}^{n}(\pm x_i{}^2)$ をあらわす.

これらの定理の証明のまえに，主定理が定理 1～4 から直ちに証明されることをみておこう.

主定理の証明　定理4より開折次元 $\leqq 4$ の安定開折をもつ関数芽 $f\in\mathcal{M}_n$ は，定理4の（1）～（9）のいずれかに右同値であることがわかる．それらの安定開折が実際に主定理の表中に示されたものになることを，たとえば，

（5）$f=x_1{}^5+\sum_{i=2}^{n}\pm x_i{}^2$

に対してみてみよう（他の場合もまったく同様に検証できる).

$$\mathcal{E}_n/\langle\partial f/\partial x_1, \cdots, \partial f/\partial x_n\rangle_{\mathcal{E}_n}=\mathcal{E}_n/\langle x_1{}^4, x_2, \cdots, x_n\rangle_{\mathcal{E}_n}=\mathcal{E}_1/\langle x_1{}^4\rangle_{\mathcal{E}_1}$$

したがって，$\mathcal{E}_n/\langle\partial f/\partial x_1, \cdots, \partial f/\partial x_n\rangle_{\mathcal{E}_n}$ の $\boldsymbol{R}$ 上のベクトル空間の基として，$1,\ x_1,\ x_1{}^2,\ x_1{}^3$ を選ぶことができる．定理3によると，

$(5)'$　$F(x_1, \cdots, x_n, u, v, w)=x_1{}^5+\sum_{i=2}^{n}\pm x_i{}^2+ux_1{}^3+vx_1{}^2+wx_1$

は，その安定開折の一つである．定理2によると f の3次元安定開折はすべて $(5)'$ に f-同値である．また f と右同値な関数芽 $g\in\mathcal{M}_n$ が，F と同値な安定開折をもつことは，注意 1.11 3) ですでに注意し

ておいた．

(証明終)

以下，この節では，定理 1〜3 の証明を与える．定理 4 の証明は次節 §4 にゆずる．

定理 1 の証明 証明すべきことは，k-既定関数芽 $f\in\mathcal{M}_n$ の開折 $F\in\mathcal{E}_{n+r}$ に対して，3 条件

(1) F は k-横断的である

(2) F は f の普遍開折である

(3) F は安定開折である

の同値性である．

(1)⇒(3) $F\in\mathcal{E}_{n+r}$ を $f\in\mathcal{M}_n$ の k-横断的な開折とする．そのとき F が定義 1.12 の意味で安定していることを示す．

$\tilde{F}\in C^\infty(U,\boldsymbol{R})$, $o\in U\subset\boldsymbol{R}^n\times\boldsymbol{R}^r$, を F の代表元とする．$\tilde{F}$ の $C^\infty(U,\boldsymbol{R})$ における近傍 $N(\tilde{F})$ として次のものをとる：

$$N(\tilde{F})=\{\tilde{G}\in C^\infty(U,\boldsymbol{R})\,|\,j_1{}^k\tilde{G}(x_0,u_0)\in L^k(n)(j^kf(o))\times\boldsymbol{R}^n\times\boldsymbol{R}$$
なる点 (x_0,u_0) が存在し，かつ (x_0,u_0) で $j_1{}^k\tilde{G}$ は $L^k(n)(j^kf(o))\times\boldsymbol{R}^n\times\boldsymbol{R}$ に横断的である$\}$．

$\tilde{G}\in N(\tilde{F})$ とし，$j_1{}^k\tilde{G}$ は $(x_0,u_0)\in U$ で $L^k(n)(j^kf(o))\times\boldsymbol{R}^n\times\boldsymbol{R}$ に横断的に交わるとしよう．G を $\tilde{G}$ の (x_0,u_0) における写像芽とするとき，G が F に同値な開折であることを示せばよい．

$\tilde{G}_{u_0}(x)=\tilde{G}(x,u_0)$ とおき，$\tilde{G}_{u_0}$ の x_0 における関数芽を g とすると，$j^kg(x_0)=j_1{}^k\tilde{G}(x_0,u_0)\in L^k(n)(j^kf(o))\times\boldsymbol{R}^n\times\boldsymbol{R}$. $g(x_0)=0$ と仮定して一般性を失わない．一方，f は k-既定なので補助定理 2.3 より，g と f は右同値である．すなわちある C^∞ 同相写像芽 $h_1:(\boldsymbol{R}^n,o)\longrightarrow(\boldsymbol{R}^n,x_0)$ が存在して，

$$g=f\circ h_1{}^{-1}$$

が成り立つ．$\tilde{h}_1:\boldsymbol{R}^n\to\boldsymbol{R}^n$ を h_1 の代表元とし，

$$\tilde{G}'(x,u)=\tilde{G}(\tilde{h}_1(x),u_0+u)\quad(x,u)\in U$$

とおく．G' を $\tilde{G}'$ の原点における写像芽とするとき，G' は f の開折で，G に同値である．したがって原点において k-横断的である．一方，主要補助定理 II より F と G' は同値，したがって F と G は同値である．

((1)⇒(3) 証明終)

(3)⇒(2)　$F\in\mathcal{E}_{n+r}$ を $f\in\mathcal{M}_n$ の安定開折とする．そのとき F が普遍開折であることを示そう．

$\tilde{F}\in C^\infty(U,\boldsymbol{R})$ を F の代表元とするとき，k-横断性定理（補助定理 2.8）より $j_1{}^k\tilde{F}'$ が $L^k(n)(j^k f(o))\times\boldsymbol{R}^n\times\boldsymbol{R}$ に横断的であるような $\tilde{F}'\in C^\infty(U,\boldsymbol{R})$ が $\tilde{F}$ にいくらでも近くとれる．

F が安定開折なので，U のある点 (x_0, u_0) における $\tilde{F}'$ の関数芽 F' が F に同値な開折となる．また F' のとり方より，F' は k-横断的な開折である．注意 1.11 3) より F' は f の開折であると仮定してよい．すると F と F' は f-同値である（注意 1.11.2) 参照)．

$G\in\mathcal{E}_{n+s}$ を f の他の任意の開折とする．$G^*\in\mathcal{E}_{n+r+s}$ を

$$G^*(x,u,v)=G(x,v)-f(x)+F'(x,u)$$

とおく．F' が k-横断的なので G^* は f' の k-横断的な開折である．$F'^*\in\mathcal{E}_{n+r+s}$ を

$$F'^*(x,u,v)=F'(x,u)$$

で定義する．F' が k-横断的なので，F'^* も k-横断的である．次のことが成り立つ．

(4)　G は G^* から誘導された開折である

(5)　G^* と F'^* は f-同値である（主要補助定理II）

(6)　F'^* は F' から誘導された開折である

(7)　F' と F は f-同値である（前述）

ゆえに G は F から誘導された開折に，狭い意味で f-同値である．したがって F は普遍開折である．

((3)⇒(2) 証明終)

(2)⇒(1)　$F\in\mathcal{E}_{n+r}$ を $f\in\mathcal{E}_n$ の普遍開折とする．そのとき F は k-横断的であることを示そう．$L^k(n)(j^k f(o))$ の $J^k(n,1)$ における余次元を s とすると，k-横断性定理（補助定理 2.7）より，f の開折 $G\in\mathcal{E}_{n+s}$ で，k-横断的であるものが存在する．F は普遍開折なので，G から F への f-開折圏射 $\Phi=(H,g,a):G\to F$ が存在する：すなわち：

(8)　$G(x,v)=F(H(x,v),g(v))+a(v)$.

一方，G が k 横断的なので，主要補助定理IVから

(9)　$\mathcal{E}_n=\left\langle\dfrac{\partial f}{\partial x_1},\cdots,\dfrac{\partial f}{\partial x_n}\right\rangle_{\mathcal{E}_n}+V_G+\mathcal{M}_n{}^{k+1}$

が成り立つ．他方

$$\frac{\partial G}{\partial v_i}=\sum_j \frac{\partial F}{\partial x_j}\frac{\partial H}{\partial v_i}+\sum_l \frac{\partial F}{\partial u_l}\frac{\partial g}{\partial v_i}+\frac{\partial a}{\partial v_i}$$

なので

$$\frac{\partial G}{\partial v_i}\bigg|_{R^n}=\sum_j \frac{\partial f}{\partial x_j}\left(\frac{\partial H_j}{\partial v_i}\bigg|_{R^n}\right)+\sum_l \frac{\partial F}{\partial u_l}\bigg|_{R^n}\cdot\frac{\partial g}{\partial v_i}(0)+\frac{\partial a}{\partial v_i}(0)$$

を得る．したがって $V_G\subset V_F+\langle\partial f/\partial x_1,\cdots,\partial f/\partial x_n\rangle_{\mathcal{E}_n}$ なので

$$(10)\quad \mathcal{E}_n=\left\langle\frac{\partial f}{\partial x_1},\cdots,\frac{\partial f}{\partial x_n}\right\rangle_{\mathcal{E}_n}+V_F+\mathcal{M}_n{}^{k+1}$$

となり，主要補助定理 IV より F は k-横断的となる．

（定理1証明終）

定理2の証明

1) $f\in\mathcal{M}_n$ が安定開折をもつための必要十分条件は，f が有限既定写像芽であることである．

1) の証明 f が k-既定とする．k-横断性定理（補助定理 2.7）より，必ず f の k-横断的な開折 F が存在する．定理1より，F は f の安定開折である．

逆に f が有限既定でないとする．主要補助定理 I より，すべての整数 $k>0$ に対して

$$\mathcal{M}_n{}^k\not\subset\left\langle\frac{\partial f}{\partial x_1},\cdots,\frac{\partial f}{\partial x_n}\right\rangle_{\mathcal{E}_n}$$

となる．ところで $\mathcal{M}_n{}^k\subset\langle\partial f/\partial x_1,\cdots,\partial f/\partial x_n\rangle_{\mathcal{E}_n}$ となる必要十分条件は，$i_1+\cdots+i_n=k$ となるすべての組 $(i_1,\cdots,i_n)$ に対して，$x_1{}^{i_1}\cdot\cdots\cdot x_n{}^{i_n}\in\langle\partial f/\partial x_1,\cdots,\partial f/\partial x_n\rangle_{\mathcal{E}_n}$ となることである．したがって，f が有限既定でないと，すべての整数 $k>0$ に対して，

$$\alpha_k\in\mathcal{M}_n{}^k-\mathcal{M}_n{}^{k+1}-\left\langle\frac{\partial f}{\partial x_1},\cdots,\frac{\partial f}{\partial x_n}\right\rangle_{\mathcal{E}_n}$$

なる α_k が存在する．

$k>0$ に対して，軌道 $L^k(n)(j^kf(0))=z$ の $J^k(n,1)$ における余次元を主要補助定理 III を使って計算すると，

$$\begin{aligned}&\operatorname{codim} L^k(n)(j^kf(0))\ \text{ in }\ J^k(n,1)\\&=\dim J^k(n,1)-\dim T_z(L^k(n)(z))\end{aligned}$$

$$=\dim_{\boldsymbol{R}} \mathcal{M}_n/\mathcal{M}_n\left\langle\frac{\partial f}{\partial x_1}, \cdots, \frac{\partial f}{\partial x_n}\right\rangle_{\mathcal{E}_n}+\mathcal{M}_n{}^{k+1}.$$

ところで，$\alpha_1, \alpha_2, \cdots, \alpha_k \notin \mathcal{M}_n\langle\partial f/\partial x_1, \cdots, \partial f/\partial x_n\rangle_{\mathcal{E}_n}+\mathcal{M}_n{}^{k+1}$ となるように α_i を選んだ．しかも，$\alpha_i \in \mathcal{M}_n{}^i-\mathcal{M}_n{}^{i+1}$ なので $\alpha_1, \cdots, \alpha_k$ は $\boldsymbol{R}$ 上1次独立である．

したがって，

$$\dim_{\boldsymbol{R}} \mathcal{E}_n/\mathcal{M}_n\left\langle\frac{\partial f}{\partial x_1}, \cdots, \frac{\partial f}{\partial x_n}\right\rangle_{\mathcal{E}_n}+\mathcal{M}_n{}^{k+1} \geqq k.$$

したがって，任意の整数 $r>0$ に対して，ある整数 $k>0$ で $\operatorname{codim} L^k(n)(j^k f(o))>r+n$ となるものが存在する．ゆえに f の任意の r 次元開折 F とその代表元 $\tilde{F} \in C^\infty(U, \boldsymbol{R})$ に対して，k-横断性定理（補助定理 2.8）より，$\tilde{F}$ にいくらでも近い $\tilde{G} \in C^\infty(U, \boldsymbol{R})$ で，$j_1{}^k\tilde{G}(U) \cap (L^k(n)(j^k f(o)) \times \boldsymbol{R}^n \times \boldsymbol{R})=\phi$ なるものがとれる．これは G が f と同値な関数芽の開折でないことを示し，すなわち F と G は同値ではない．よって F は安定でない．したがって f は安定開折をもたない．

((1) 証明終)

2) $f \in \mathcal{M}_n$ の r 次元安定開折はすべて f-同値である．

2) の証明 F, G を f の r-次元安定開折とすると，定理1より F, G はともに k-横断的である．主要補助定理IIより F と G は f-同値になる．

(証明終)

定理3の証明

$f \in \mathcal{M}_n{}^2$ に対して $\dim_{\boldsymbol{R}} \mathcal{E}_n/\langle\partial f/\partial x_1, \cdots, \partial f/\partial x_n\rangle_{\mathcal{E}_n}<\infty$ で $1, b_1, \cdots, b_r \in \mathcal{E}_n$ が $\mathcal{E}_n/\langle\partial f/\partial x_1, \cdots, \partial f/\partial x_n\rangle_{\mathcal{E}_n}$ の実ベクトル空間の基としてとれたとする．そのとき，

$$F(x_1, \cdots, x_n, u_1, \cdots, u_r)=f(x)+\sum_{i=1}^{r} u_i b_i(x)$$

が f の安定開折であることを示す．

$\dim_{\boldsymbol{R}} \mathcal{E}_n/\langle\partial f/\partial x_1, \cdots, \partial f/\partial x_n\rangle_{\mathcal{E}_n}<\infty$ なので，ある $k>0$ に対して，$\mathcal{M}_n{}^k \subset \langle\partial f/\partial x_1, \cdots, \partial f/\partial x_n\rangle_{\mathcal{E}_n}$ となる．したがって，主要補助定理Iより，f は有限既定である．

(証) もしすべての k に対して $\mathcal{M}_n{}^k \not\subset \langle\partial f/\partial x_1, \cdots, \partial f/\partial x_n\rangle_{\mathcal{E}_n}$ とすると，定理2の証明の中でみたように，すべての k に対して，$\alpha_k \in \mathcal{M}_n{}^k-\mathcal{M}_n{}^{k+1}-\langle\partial f/\partial x_1,$

$\cdots, \partial f/\partial x_n\rangle_{\mathcal{E}_n}$ なる元 α_k が存在する．$\alpha_1, \alpha_2, \cdots$ は $\boldsymbol{R}$ 上1次独立である．したがって $\dim_{\boldsymbol{R}} \mathcal{E}_n/\langle \partial f/\partial x_1, \cdots, \partial f/\partial x_n\rangle_{\mathcal{E}_n} = \infty$ となり矛盾である．

次に $1, b_1, \cdots, b_r$ が $\mathcal{E}_n/\langle \partial f/\partial x_1, \cdots, \partial f/\partial x_n\rangle_{\mathcal{E}_n}$ の基なので，

$$\mathcal{E}_n = \left\langle \frac{\partial f}{\partial x_1}, \cdots, \frac{\partial f}{\partial x_n} \right\rangle_{\mathcal{E}_n} + V_F + \mathcal{M}_n{}^{k+1}$$

となる．ここに $V_F = \langle 1, b_1, \cdots, b_r\rangle_{\boldsymbol{R}} = \langle 1, \partial F/\partial u_1|_{\boldsymbol{R}^n}, \cdots, \partial F/\partial u_r|_{\boldsymbol{R}^n}\rangle_{\boldsymbol{R}}$ である．主要補助定理Ⅳより，F は f の k-横断的な開折となり，定理1より F は安定開折となる．

（証明終）

§4　余次元 ≦4 の特異点の分類

この節では，主定理の証明で重要な役割を果たした，特異点の分類定理（定理 4）を証明する．

関数の余次元

定義 4.1　$f \in \mathcal{M}_n{}^2$ とする．そのとき $j^k f(0)$ の軌道 $L^k(n)(j^k f(0))$ の余次元 $-n$ の極限値

$$\lim_{k\to\infty} \{\dim J^k(n,1) - \dim L^k(n)(j^k f(0))\} - n$$

を f の**余次元**といい，$\operatorname{codim} f$ とかく．

補助定理 4.2　$f \in \mathcal{M}_n{}^2$ に対して，次のことが成り立つ．

(1)　$\operatorname{codim} f < \infty \Longleftrightarrow f$ は右有限既定である．

(2)　$\operatorname{codim} f = \dim_{\boldsymbol{R}} \mathcal{M}_n/\langle \partial f/\partial x_1, \cdots, \partial f/\partial x_n\rangle_{\mathcal{E}_n}$

(3)　f が右-k-既定ならば $\operatorname{codim} f = \dim J^k(n,1) - \dim L^k(n)(j^k f(0)) - n$ となる．

証明（1）主要補助定理Ⅲより

$$\begin{aligned}\operatorname{codim} f &= \lim_{k\to\infty} \{\dim J^k(n,1) - \dim L^k(n) j^k f(0)\} - n \\ &= \lim_{k\to\infty} \dim_{\boldsymbol{R}} (\mathcal{M}_n/\mathcal{M}_n\langle \partial f/\partial x_1, \cdots, \partial f/\partial x_n\rangle_{\mathcal{E}_n} + \mathcal{M}_n{}^{k+1}) - n \\ &= \dim_{\boldsymbol{R}} (\mathcal{M}_n/\mathcal{M}_n\langle \partial f/\partial x_1, \cdots, \partial f/\partial x_n\rangle_{\mathcal{E}_n} + \mathcal{M}_n{}^{\infty}) - n\end{aligned}$$

となる．したがって

$\operatorname{codim} f < \infty \Longleftrightarrow \dim_{\boldsymbol{R}} \mathcal{M}_n/\mathcal{M}_n\langle \partial f/\partial x_1, \cdots, \partial f/\partial x_n\rangle_{\mathcal{E}_n} + \mathcal{M}_n{}^{\infty} < \infty$

$\Longleftrightarrow$ ある $k > 0$ に対して $\mathcal{M}_n{}^k \subset \mathcal{M}_n\langle \partial f/\partial x_1, \cdots, \partial f/\partial x_n\rangle_{\mathcal{E}_n} + \mathcal{M}_n{}^{\infty}$

（定理2の（1）の証明参照）

$\Longleftrightarrow f$ は右-有限既定である（主要補助定理Ⅰ参照）．

（2） $f\in\mathcal{M}_n^2$ が右有限既定であれば

$$\operatorname{codim} f=\dim_{\boldsymbol{R}}\mathcal{M}_n/\{\mathcal{M}_n\langle\partial f/\partial x_1,\cdots,\partial f/\partial x_n\rangle_{\mathcal{E}_n}+\mathcal{M}_n^\infty\}-n$$

$=\dim_{\boldsymbol{R}}\mathcal{M}_n/\mathcal{M}_n\langle\partial f/\partial x_1,\cdots,\partial f/\partial x_n\rangle_{\mathcal{E}_n}-n$ （主要補助定理 I 参照）

$$=\dim_{\boldsymbol{R}}\mathcal{M}_n/\langle\partial f/\partial x_1,\cdots,\partial f/\partial x_n\rangle_{\mathcal{E}_n}$$

となる（補助定理2.6参照）．一方，$f\in\mathcal{M}_n^2$ が右有限既定でなければ

$$\dim_{\boldsymbol{R}}\mathcal{M}_n/\langle\partial f/\partial x_1,\cdots,\partial f/\partial x_n\rangle_{\mathcal{E}_n}\geqq\dim\mathcal{M}_n/\mathcal{M}_n\langle\partial f/\partial x_1,\cdots,\partial f/\partial x_n\rangle-n$$
$$\geqq\operatorname{codim} f=+\infty$$

となるので，いずれにしろ，

$$\operatorname{codim} f=\dim_{\boldsymbol{R}}\mathcal{M}_n/\langle\partial f/\partial x_1,\cdots,\partial f/\partial x_n\rangle_{\mathcal{E}_n}$$

となる．

（3） 定義4.1より自明である．

（補助定理4.2証明終）

補助定理 4.3 $f\in\mathcal{M}_n^2$ に対して次の2条件は同値である．

（1） f の余次元 $\leqq r$

（2） f の r-次元安定開折が存在する．

証明 （1）⇒（2） $\operatorname{codim} f\leqq r<+\infty$ なので，補助定理4.2より f は右有限既定である．ゆえに十分大きな $k>0$ に対して，f は右-k-既定であって

$$\operatorname{codim} f=\dim J^k(n,1)-\dim L^k(n)(j^kf(o))-n\leqq r$$

となる．したがって $L^k(n)j^kf(o)$ の $J^k(n,1)$ における余次元 $\leqq n+r$ となる．ゆえに k-横断性定理（2.7）より，f の r 次元開折 F で k-横断的なものが存在する．定理1より，F は安定開折である．

（2）⇒（1） f の r 次元安定開折 F が存在すると，定理2より f はある $k>0$ に対して，右-k-既定である．すると定理1より F は k-横断的である．k-横断性の定義より，$\dim J^k(n,1)-\dim L^k(n)(j^kf(o))\leqq n+r$ でなければならない．したがって，

$$\operatorname{codim} f=\dim J^k(n,1)-\dim L^k(n)(j^kf(o))-n\leqq r.$$

（証明終）

この補助定理より，定理4を証明するには，余次元 $\leqq 4$ の関数 $f\in\mathcal{M}_n^2$ を分類すればよいことになる．

残余特異点

定義 4.4 $f \in \mathcal{M}_n{}^2$ とする．そのとき，ヘッシアン

$$H=\left(\frac{\partial^2 f}{\partial x_i \partial x_j}(o)\right)$$

の行列としての階数を p とするとき，整数 $n-p$ を**余階数** (corank) といい，corank f とかく．

補助定理 4.5 $f \in \mathcal{M}_n{}^2$ を余階数 q の関数芽とする．そのとき，原点を中心とする局所座標系 $(y_1, \cdots, y_n)$ と $g \in \mathcal{M}_q{}^3$ が存在して，

$$f=g(y_1, \cdots, y_q)+\sum_{i=q+1}^{n} \pm y_i{}^2$$

とあらわせる．この g を f の**残余特異点** (residual singularity) という．

証明 モースの補助定理（第5章 定理 3.4）の証明を再びなぞることにより，次のことがわかる：f の余階数が q であれば，原点を中心とする局所座標系 $(x_1, \cdots, x_n)$ と，$h \in \mathcal{M}_n{}^3$ が存在して，

$$f=h+\sum_{i=q+1}^{n} \pm x_i{}^2$$

となる．したがって f を，$f: \boldsymbol{R}^q \times \boldsymbol{R}^{n-q} \to \boldsymbol{R}$ と考えて，$a \in \boldsymbol{R}^q$ に対して，$f_a: \boldsymbol{R}^{n-q} \to \boldsymbol{R}$ を $f_a(x_{q+1}, \cdots, x_n)=f(a, x_{q+1}, \cdots, x_n)$ で定義すると，モースの補助定理が使える．すなわち，$a \in \boldsymbol{R}^q$ に対して，f_a の臨界点 p_a と p_a を中心とする $\boldsymbol{R}^{n-q}$ の局所座標系 $\{x_{a,q+1}, \cdots, x_{a,n}\}$ が定まり，

$$f_a=f_a(p_a)+\sum_{j=q+1}^{n} \pm x_{a,j}{}^2$$

とあらわせる．さらにモースの補助定理によれば，p_a および $x_{a,j}$ は a に関して C^∞ 級である．したがって，新しい座標 $(y_1, \cdots, y_n)$ として

$$\begin{cases} y_i=x_i \quad i=1, \cdots, q \\ y_j(x_1, \cdots, x_n)=x_{a,j} \quad j=q+1, \cdots, n, \text{ ただし } a=(x_1, \cdots, x_q) \end{cases}$$

とおく．すると，$g \in \mathcal{M}_q{}^3$ を $g(a_1, \cdots, a_q)=f_a(p_a)$ で定義すれば，

$$f=g(y_1, \cdots, y_q)+\sum_{j=q+1}^{n} \pm y_j{}^2$$

を得る．

（証明終）

補助定理 4.6

(1) $f\in\mathcal{M}_n{}^2$ の残余特異点を g とするとき，$\operatorname{codim} g=\operatorname{codim} f$

(2) $g, g'\in\mathcal{M}_q{}^3$ が右同値であれば

$$f(x_1, \cdots, x_n)=g(x_1, \cdots, x_q)-\sum_{i=q+1}^{q+\lambda} x_i{}^2+\sum_{j=q+\lambda+1}^{n} x_j{}^2$$

と

$$f'(x_1, \cdots, x_n)=g'(x_1, \cdots, x_q)-\sum_{i=q+1}^{q+\lambda} x_i{}^2+\sum_{j=q+\lambda+1}^{n} x_j{}^2$$

とは右同値である．

(3) $\operatorname{corank} f\geqq 3 \Rightarrow \operatorname{codim} f\geqq 6$

証明 (1) $\operatorname{corank} f=q$ とする．

$$\begin{aligned}\operatorname{codim} f&=\dim_{\boldsymbol{R}} \mathcal{M}_n/\langle\partial g/\partial x_1, \cdots, \partial g/\partial x_q, x_{q+1}, \cdots, x_n\rangle\mathcal{E}_n\\&=\dim_{\boldsymbol{R}} \langle x_1, \cdots, x_n\rangle\mathcal{E}_n/\langle\partial g/\partial x_1, \cdots, \partial g/\partial x_q, x_{q+1}, \cdots, x_n\rangle\mathcal{E}_n\end{aligned}$$

(第6章 問題 3.2.3) 参照)

$$\begin{aligned}&=\dim_{\boldsymbol{R}} \mathcal{M}_q/\langle\partial g/\partial x_1, \cdots, \partial g/\partial x_q\rangle\mathcal{E}_n\\&=\operatorname{codim} g\end{aligned}$$

(2) 自明である．

(3) $g\in\mathcal{M}_q{}^3$ とする．$L^k(q)(j^k g(o))\subset\{j^k h(o)\,|\,h\in\mathcal{M}_q{}^3\}$ に注意する．主要補助定理 III より，$\dim J^k(q, 1)-\dim L^k(q)(j^k g(o))=\dim_{\boldsymbol{R}}$ $\mathcal{M}_q/\mathcal{M}_q\langle\partial g/\partial x_1, \cdots, \partial g/\partial x_q\rangle+\mathcal{M}_q{}^{k+1}$ であるから

$$\begin{aligned}\operatorname{codim} g&=\lim_{k\to\infty}\{\dim J^k(q, 1)-\dim L^k(q)(j^k g(o))\}-q\\&\geqq\dim J^2(q, 1)-\dim L^2(q)(j^2 g(o))-q\\&\geqq\dim J^2(q, 1)-\dim\{j^2 h(o)\,|\,h\in\mathcal{M}_q{}^3\}-q\\&=\dim J^2(q, 1)-\dim\Big\{j^2 h(o)\in J^2(q, 1)\,\Big|\,\partial h/\partial x_1(o)=\\&\qquad\cdots=\frac{\partial h}{\partial x_q}(o)=0,\ \frac{\partial^2 h}{\partial x_j\partial x_i}(o)=0\Big\}-q\\&=q+\frac{q(q+1)}{2}-q=\frac{q(q+1)}{2}\end{aligned}$$

ゆえに $q\geqq 3$ ならば $\operatorname{codim} g\geqq 6$

(証明終)

この補助定理により，余次元 $\leqq 4$ の関数芽を分類するには，余次元 $\leqq 4$ の関数芽の残余特異点を分類すればよいことになる．さらに，(3)

によると $g\in\mathcal{M}_1^3$, $g\in\mathcal{M}_2^3$ で余次元 ≦4 になる関数芽を分類すればよいことになる．

余次元 ≦4 の特異点の分類：定理 4 の証明

1)　$f\in\mathcal{M}_n-\mathcal{M}_n^2$ **の場合**　$f(x_1,\cdots,x_n)$ は x_1 と右同値である．

2)　$f\in\mathcal{M}_n^2$ **で余階数 0 の場合**　モースの補助定理より，$f(x_1,\cdots,x_n)=\sum_{i=1}^{n}\pm x_i^2$.

3)　$f\in\mathcal{M}_n^2$ **で余階数 1 の場合**

$$f(x_1,\cdots,x_n)=g(x_1)+\sum_{i=2}^{n}\pm x_i^2,\quad g\in\mathcal{M}_1^3$$

という形に書ける．g の原点における位数を k とすると，

$$g(x)=x^k(1+h(x)),\quad h(x)\in\mathcal{M}_1$$

とあらわせる．ここで，$y=x\sqrt[k]{(1+h(x))}$ とおくと，y は x の C^∞ 級関数で $dy/dx(o)\neq 0$. したがって，y を新しい座標として採用できて，

$$g=y^k.$$

ゆえに，g は x^k と右同値である．$\operatorname{codim} x^k=\dim_{\boldsymbol{R}}\mathcal{M}_1/\langle\partial x^k/\partial x\rangle_{\mathcal{E}_1}=\dim_{\boldsymbol{R}}\langle x\rangle_{\mathcal{E}_1}/\langle x^{k-1}\rangle_{\mathcal{E}_1}=k-2$ である．したがって余階数 1 の有限余次元の関数芽 $f\in\mathcal{M}_n^2$ は次のどれかに右同値となる．

	$x_1^3+Q(x_2,\cdots,x_n)$	余次元 1
	$\pm x_1^4+Q(x_2,\cdots,x_n)$	〃 2
	$x_1^5+Q(x_2,\cdots,x_n)$	〃 3
	$\pm x_1^6+Q(x_2,\cdots,x_n)$	〃 4
一般に	$\pm x_1^{k+2}+Q(x_2,\cdots,x_n)$	〃 k

4)　**余階数 2 の場合**　補助定理 4.6.3) より，余次元 ≦4 の $f(x,y)\in\mathcal{M}_2^3$ を分類するとよい．f を原点において 3 次の項まで展開すると，$f\in\mathcal{M}_2^3$ なので（(x_1,x_2) を (x,y) で示すと）

$$f(x,y)=a'x^3+b'x^2y+c'xy^2+d'y^3+R_4,\quad R_4\in\mathcal{M}_2^4$$

となる．$f_3(x,y)=a'x^3+b'x^2y+c'xy^2+d'y^3$ とおく．$f_3(x,y)$ は x, y の 3 次の斉次式であるから，ある実数の組 $(\alpha,\beta)\neq(0,0)$ が存在して，$f_3(x,y)$ は $\alpha x+\beta y$ で割り切れる．$\alpha\neq 0$ と仮定して一般性を失わない．新しい座標として，$X=\alpha x+\beta y$, $Y=y$ とおくと，

$$f_3=X(aX^2+bXY+cY^2)\underset{\text{右同値}}{\sim}x(ax^2+bxy+cy^2)$$

となる．

$c=0$ の場合

$$x(ax^2+bxy)=x^2(ax+by)\underset{\text{右同値}}{\sim}\begin{cases}x^2y & (b\neq 0 \text{ のとき})\\ x^3 & (a\neq 0,\ b=0 \text{ のとき})\\ 0 & (a=b=0 \text{ のとき})\end{cases}$$

$c\neq 0$ の場合

$$x(ax^2+bxy+cy^2)=x\left\{\left(a-\frac{b^2}{4c^2}\right)x^2+c\left(y+\frac{b}{2c}x\right)^2\right\}$$

$$\underset{\text{右同値}}{\sim}\begin{cases}x(x^2\pm y^2) & \left(a-\dfrac{b^2}{4c^2}\neq 0 \text{ のとき}\right)\\ x^2y & \left(a-\dfrac{b^2}{4c^2}=0 \text{ のとき}\right)\end{cases}$$

したがって f_3 は次の四つの場合がある．

Case 1　$f_3(x,y)\underset{\text{右同値}}{\sim}x(x^2\pm y^2)$

Case 2　$f_3(x,y)\underset{\text{右同値}}{\sim}x^2y$

Case 3　$f_3(x,y)\underset{\text{右同値}}{\sim}x^3$

Case 4　$f_3(x,y)\underset{\text{右同値}}{\sim}0$

Case 1　この場合 f_3 は 3-既定で，$f\underset{\text{右同値}}{\sim}x^3-xy^2$ または，x^3+y^3 となる．実際 $f_3=x(x^2+y^2)$ の場合，

$$3x^3=x\frac{\partial f_3}{\partial x}-\frac{1}{2}y\frac{\partial f_3}{\partial y},\qquad x^2y=\frac{1}{2}x\frac{\partial f_3}{\partial y},$$

$$y^3=y\frac{\partial f_3}{\partial x}-\frac{3}{2}x\frac{\partial f_3}{\partial y},\qquad xy^2=\frac{1}{2}y\frac{\partial f_3}{\partial y}$$

なので，

$$\mathcal{M}_2{}^3\subset\mathcal{M}_2\left\langle\frac{\partial f_3}{\partial x},\frac{\partial f_3}{\partial y}\right\rangle_{\mathcal{E}_2}$$

を得る．したがって，主要補助定理 I により，f_3 は 3-既定である．$f_3=x(x^2-y^2)$ の場合も同様にして，3-既定である．したがって f と f_3 は右同値となる．codim f_3＝codim f なので，codim f_3 を計算する．

$$\operatorname{codim} f_3=\dim_{\boldsymbol{R}}\mathcal{M}_2/\langle\partial f/\partial x,\partial f/\partial y\rangle_{\mathcal{E}_2}=3$$

である．

（証） いま，$\mathcal{M}_2\langle\partial f/\partial x, \partial f/\partial y\rangle_{\mathcal{E}_2}\supset\mathcal{M}_2^3$ なので，$\mathcal{M}_2/\langle\partial f/\partial x, \partial f/\partial y\rangle_{\mathcal{E}_2}$ は $\boldsymbol{R}$ ベクトル空間として，$\{x, y, x^2, xy, y^2\}$ で張られる．ところが，$xy=(\partial f/\partial y)/2\in\langle\partial f/\partial x, \partial f/\partial y\rangle_{\mathcal{E}_2}$ であるので，$\mathcal{M}_2/\langle\partial f/\partial x, \partial f/\partial y\rangle_{\mathcal{E}_2}$ は $\{x, y, x^2, y^2\}$ で張られる．しかし，さらに，$3x^2+y^2\in\langle\partial f/\partial x, \partial f/\partial y\rangle_{\mathcal{E}_2}$ なので，結局 $\operatorname{codim} f_3=\dim_{\boldsymbol{R}}\mathcal{M}_2/\langle\partial f/\partial x, \partial f/\partial y\rangle_{\mathcal{E}_2}=3$ を得る．

ゆえに $f\underset{\text{右同値}}{\sim}x^3-xy^2$ （楕円型ヘソ） 余次元 3

または $f\underset{\text{右同値}}{\sim}x^3+xy^2\underset{\text{右同値}}{\sim}x^3+y^3$ （双曲型ヘソ） 〃 3

を得る．最後の $x^3+xy^2\underset{\text{右同値}}{\sim}x^3+y^3$ をうるには，

$$X=\sqrt[3]{\frac{1}{2}}x+\sqrt[2]{\frac{1}{6}}\sqrt[3]{\frac{1}{2}}y, \qquad Y=\sqrt[3]{\frac{1}{2}}x-\sqrt[2]{\frac{1}{6}}\sqrt[3]{\frac{1}{2}}y$$

なる座標変換を行なえば $X^3+Y^3=x^3+xy^2$ を得る．

（Case 1 証明終）

Case 2 の考察は長くなるので，この節の最後に回す．

Case 3 $f_3(x, y)\sim x^3$ の場合．$\operatorname{codim} f\geqq 5$ となることを証明する．f_3 は主要補助定理 I より，3-既定でない．f を 4 次の項まで展開すると

$$f(x, y)=x^3+ax^4+bx^3y+cx^2y^2+dxy^3+ey^4+R_5, \quad R_5\in\mathcal{M}_2^5$$

となる．$f_4=x^3+ax^4+bx^3y+cx^2y^2+dxy^3+ey^4$ とおく．$\operatorname{codim} f=\dim_{\boldsymbol{R}}\mathcal{M}_2/\langle\partial f/\partial x, \partial f/\partial y\rangle_{\mathcal{E}_2}$ なので，$\operatorname{codim} f\leqq 4\Rightarrow\mathcal{M}_2$ のすべての $\boldsymbol{R}$-ベクトル部分空間 A に対して，

$$\dim_{\boldsymbol{R}}(A\cap\langle\partial f/\partial x, \partial f/\partial y\rangle_{\mathcal{E}_2})\geqq\dim A-4$$

よって特に $A=\langle x, y, x^2, xy, y^2\rangle_{\boldsymbol{R}}$ とすると

$$\dim_{\boldsymbol{R}}(\langle x, y, x^2, xy, y^2\rangle_{\boldsymbol{R}}\cap\langle\partial f/\partial x, \partial f/\partial y\rangle_{\mathcal{E}_2})\geqq 1$$

ここで

$$\begin{cases}\dfrac{\partial f}{\partial x}=3x^2+4ax^3+3bx^2y+2cxy^2+dy^3+R_x, & R_x\in\mathcal{M}_2^4\\[2mm] \dfrac{\partial f}{\partial y}=\qquad\qquad bx^3+2cx^2y+3dxy^2+4ey^3+R_y, & R_y\in\mathcal{M}_2^4\end{cases}$$

である．$\langle\partial f/\partial x, \partial f/\partial y\rangle_{\mathcal{E}_2}$ は x, y, xy, y^2 を含んでいないので，$x^2\in\langle\partial f/\partial x, \partial f/\partial y\rangle_{\mathcal{E}_2}$

$$\Rightarrow\operatorname{rank}\begin{pmatrix}4a & 3b & 2c & d\\ b & 2c & 3d & 4e\end{pmatrix}\leqq 1$$

$\Rightarrow (\alpha, \beta) \neq (0,0)$ で $\alpha(4a, 3b, 2c, d) = \beta(b, 2c, 3d, 4e)$

を満足するものが存在する.

$\alpha \neq 0$ の場合 $\alpha=1$ と仮定してよい. すると, $\mathrm{codim}\, f \leqq 4$ であるためには, $d=4\beta e$, $c=6\beta^2 e$, $b=4\beta^3 e$, $a=\beta^4 e$ でなければならない.

$$f_4 = x^3 + e(\beta^4 x^4 + 4\beta^3 x^3 y + 6\beta^2 x^2 y^2 + 4\beta x y^3 + y^4)$$
$$= x^3 + e(\beta x + y)^4$$

$e \neq 0$ のとき $X=x$, $Y=\sqrt[4]{|e|}(\beta x+y)$ とおくと, f_4 は主要補助定理 I より, 4-既定で, $\mathrm{codim}\, f_4 = \dim_{\boldsymbol{R}}\langle X, Y, XY, Y^2, XY^2\rangle = 5$ となる. したがって $\mathrm{codim}\, f=5$.

$e=0$ のとき $\mathrm{codim}\, f \geqq \dim J^4(2,1) - \dim L^4(2)(j^4 f_4(o)) - 2$
$= \dim_{\boldsymbol{R}} \mathcal{M}_2/\mathcal{M}_2\langle x^2\rangle_{\mathcal{E}_2} + \mathcal{M}_2{}^5) - 2 = 7$

$\alpha=0$, $\beta \neq 0$ の場合 $e=d=c=b=0$ となる. ゆえに $f_4 = x^3 + ax^4$

$\mathrm{codim}\, f \geqq \dim_{\boldsymbol{R}}(\mathcal{M}_2/\mathcal{M}_2\langle \partial f/\partial x, \partial f/\partial y\rangle_{\mathcal{E}_2} + \mathcal{M}_2{}^5) - 2 \geqq 7$.

Case 4 $f_3(x,y) \sim 0$ の場合. $\mathrm{codim}\, f \geqq 7$ である.

(証) $\mathrm{codim}\, f = \lim(\dim J^k(2,1) - \dim L^k(2)(j^k f(0)) - 2$
$\geqq \dim J^3(2,1) - \dim L^3(2)(j^3 f(0)) - 2$
$= \dim J^3(2,1) - \dim\{0\} - 2$
$= \dim J^3(2,1) - 2 = 7$

Case 2 $f_3(x,y) \underset{\text{右同値}}{\sim} x^2 y$ の場合. $f \underset{\text{右同値}}{\sim} \pm(x^2y+y^4)$ または, $\mathrm{codim}\, f \geqq 5$ となることを証明する.

$\mathcal{M}_2\langle \partial f_3/\partial x, \partial f_3/\partial y\rangle = \mathcal{M}_2\langle 2xy, x^2\rangle \not\supset \mathcal{M}_2{}^4$ なので, 主要補助定理 I より, f_3 は3既定でない. したがって f も3既定でない. f を4次の項まで展開する:

$$f(x,y) = x^2y + ax^4 + bx^3y + cx^2y^2 + dxy^3 + ey^4 + R_5, \quad R_5 \in \mathcal{M}_2{}^5$$

$\mathrm{codim}\, f = \dim_{\boldsymbol{R}} \mathcal{M}_2/\langle \partial f/\partial x, \partial f/\partial y\rangle_{\mathcal{E}_2}$ なので

$\mathrm{codim}\, f \leqq 4 \Rightarrow \mathcal{M}_2$ のすべての $\boldsymbol{R}$-ベクトル部分空間 A に対して, $\dim_{\boldsymbol{R}}(A \cap \langle \partial f/\partial x, \partial f/\partial y\rangle_{\mathcal{E}_2}) \geqq \dim A - 4$

$$\Rightarrow \dim_{\boldsymbol{R}}(\langle x, y, x^2, xy, y^2\rangle_{\boldsymbol{R}} \cap \langle \partial f/\partial x, \partial f/\partial y\rangle_{\mathcal{E}_n}) \geqq 1$$

ここで
$$\begin{cases} \dfrac{\partial f}{\partial x} = 2xy + 4ax^3 + 3bx^2y + 2cxy^2 + dy^3 + Rx, \ Rx \in \mathcal{M}_2{}^4 \\ \dfrac{\partial f}{\partial y} = x^2 + bx^3 + 2cx^2y + 3dxy^2 + 4ey^3 + Ry, \ Ry \in \mathcal{M}_2{}^4 \end{cases}$$

なので, ある $(\alpha, \beta) \neq (o, o)$ に対して, $\alpha(2xy) + \beta x^2 \in \langle \partial f/\partial x, \partial f/\partial y\rangle_{\mathcal{E}_2}$

$$\Rightarrow \qquad \operatorname{rank}\begin{pmatrix} 4a, & 3b, & 2c, & d \\ b, & 2c, & 3d, & 4e \end{pmatrix} \leqq 1$$

$d=0,\ e\neq 0$ **の場合**　$c=0,\ b=0,\ a=0$ を得る．したがって

$$f_4 \sim x^2y+ey^4 \sim \pm(x^2y+y^4)$$

となる．一方，$\mathcal{M}_2{}^4 \subset \mathcal{M}_2\langle \partial f/\partial x, \partial f/\partial y\rangle = \mathcal{M}_2\langle xy, x^2+4y^3\rangle$ なので，主要補助定理 I より，f_4 は 4-既定．したがって，$f\sim\pm(x^2y+y^4)$．また，

$$\begin{aligned}\operatorname{codim} f &= \dim_{\boldsymbol{R}} \mathcal{M}_2/\langle \partial f/\partial x, \partial f/\partial y\rangle_{\mathcal{E}_2} \\ &= \dim_{\boldsymbol{R}} \mathcal{M}_2/\langle xy, x^2+4y^3\rangle_{\mathcal{E}_2} = 4\end{aligned}$$

となる．

$d\neq 0$ **の場合**　$e\neq 0$ を得る．したがってある $\alpha\neq 0$ が存在して，$(4a, 3b, 2c, d)=\alpha(b, 2c, 3d, 4e)$ となる．したがって $d=4\alpha e$，$c=6\alpha^2 e$，$b=4\alpha^3 e$，$a=\alpha^4 e$ となる．

$$\begin{aligned} f_4(x,y) &= x^2y+e\{\alpha^4x^4+4\alpha^3x^3y+6\alpha^2x^2y^2+4\alpha xy^3+y^4\} \\ &= x^2y+e(\alpha x+y)^4 \end{aligned}$$

$\alpha x+y$ をあらためて，y とおきなおすと，$f_4(x,y)=x^2(y-\alpha x)+ey^4$ となる．

$$\dim_{\boldsymbol{R}}\{\langle x, y, x^2, xy, y^2, x^3, x^2y, xy^2, y^3\rangle_{\boldsymbol{R}} \cap \langle \partial f_4/\partial x, \partial f_4/\partial y\rangle_{\mathcal{E}_2}\} \leqq 4$$

を得る．なぜならば，もしある $g\in\langle \partial f_4/\partial x, \partial f_4/\partial y\rangle_{\mathcal{E}_2}$ が，$g\in\langle x, y, \cdots, y^3\rangle_{\boldsymbol{R}}$ であれば，次数の関係から，ある数 $a, b, c, d\in\boldsymbol{R}$ に対して，

$$g = ax\frac{\partial f_4}{\partial x}+by\frac{\partial f_4}{\partial x}+c\frac{\partial f_4}{\partial y}+d\frac{\partial f_4}{\partial x}$$

となる．したがって，

$$\left\langle \frac{\partial f_4}{\partial x}, \frac{\partial f_4}{\partial y}\right\rangle_{\mathcal{E}_2} \cap \langle x, y, x^2, xy, y^2, x^3, x^2y, xy^3, y^3\rangle_{\boldsymbol{R}}$$

は $\boldsymbol{R}$ 上 $\{\partial f/\partial x, \partial f/\partial y, x(\partial f/\partial x), y(\partial f/\partial x)\}$ で張られる．ゆえに，$d\neq 0$ の場合，$\operatorname{codim} f\geqq 5$．

$d=0,\ e=0$ **の場合**　$b=c=0$ を得る．したがって

$$f_4 = x^2y+ax^4 \underset{\text{右同値}}{\sim} x^2y\pm x^4.$$

$f_4=x^2y\pm x^4$ **の場合**　$d\neq 0$ の場合と同じ理由によって，$\operatorname{codim} f\geqq 5$ となる．

$f_4=x^2y$ **の場合**　f の 5 次までの項 f_5 に対して同様の考察をして，$\operatorname{codim} f\geqq 5$ を得る．

第8章　ポスト初等カタストロフィー

この章では，余次元 $\geqq 5$ のカタストロフィーの分類はどのようになっているか，また，カタストロフィー理論の数学は今後どのような方向を目ざしているのか，について概説する．

§1　余次元 $\geqq 5$ のカタストロフィー

前章で，余次元 $\leqq 4$ のカタストロフィーの分類をした．この節では，余次元 $\geqq 5$ のカタストロフィーがどのようになっているかを紹介する．余次元 $\geqq 5$ の場合には，一般には前章のような分類ができないことが，次の定理からわかる．

定理 1.1　$t \in \boldsymbol{R}$ を助変数とする 2 変数の関数の芽

$$f_t(x, y) = xy(x-y)(x-ty)$$

を考える．そのとき，

（1）　$0 < s < t < 1$ であれば，f_s と f_t は右同値でない．

（2）　$t \neq 0, \pm 1$ ならば，$\operatorname{codim} f_t = 8$ である．

この定理から直ちに次の系を得る．

系 1.2　f と g が右同値でなければ，それらの開折も同値でありえない．したがって，余次元 $\geqq 8$ の関数芽の安定開折の同値類の数は連続濃度だけある．

定理 1.1 の証明　（1） は第 4 章 §2 の例 2.1 ですでに考察した．

（2） について考えよう．実際に，前章 §4 と同じように余次元を計算するとよい．

$$x^2\frac{\partial f_t}{\partial x},\quad xy\frac{\partial f_t}{\partial x},\quad y^2\frac{\partial f_t}{\partial x},\quad x^2\frac{\partial f_t}{\partial y},\quad xy\frac{\partial f_t}{\partial y},\quad y^2\frac{\partial f_t}{\partial y}$$

を計算すると，次の等式をうる：

$$\begin{pmatrix} 0 & 3 & -2(1+t) & t & 0 & 0 \\ 0 & 0 & 3 & -2(1+t) & t & 0 \\ 0 & 0 & 0 & 3 & -2(1+t) & t \\ 1 & -2(1+t) & 3t & 0 & 0 & 0 \\ 0 & 1 & -2(1+t) & 3t & 0 & 0 \\ 0 & 0 & 1 & -2(1+t) & 3t & 0 \end{pmatrix} \begin{pmatrix} x^5 \\ x^4y \\ x^3y^2 \\ x^2y^3 \\ xy^4 \\ y^5 \end{pmatrix}$$

$$= \begin{pmatrix} x^2\cdot(\partial f_t/\partial x) \\ xy\cdot(\partial f_t/\partial x) \\ y^2\cdot(\partial f_t/\partial x) \\ x^2\cdot(\partial f_t/\partial y) \\ xy\cdot(\partial f_t/\partial y) \\ y^2\cdot(\partial f_t/\partial y) \end{pmatrix}.$$

左辺の行列の行列式は $16t^2(1-t)^2$ である．したがって，$t\neq 0$, 1 のときは，クレーマーの公式により，$x^5, x^4y, \cdots, y^5$ は，$x^2\partial f_t/\partial x, \cdots, y^2\partial f_t/\partial y$ の1次結合としてあらわせる．したがって，$x^5, x^4y, \cdots, y^5$ は $\langle\partial f_t/\partial x, \partial f_t/\partial y\rangle_{\mathcal{E}_2}$ に含まれる．

ゆえに $\operatorname{codim} f_t \leqq \dim_{\boldsymbol{R}} \mathcal{M}_2/\mathcal{M}_2{}^5=14$

一方，$t\neq 0$, ± 1 であれば，$\partial f_t/\partial x$, $\partial f_t/\partial y$, $x\cdot(\partial f_t/\partial x)$, $y\cdot(\partial f_t/\partial x)$, $x\cdot(\partial f_t/\partial y)$, $y\cdot(\partial f_t/\partial y)$ は $\boldsymbol{R}$ 上1次独立で，また，$\partial f_t/\partial x, \cdots, y\cdot(\partial f_t/\partial y)$, $x^5, x^4y, \cdots, y^5$ も $\boldsymbol{R}$ 上1次独立である．

したがって，

$$\begin{aligned}\operatorname{codim} f_t &= \dim_{\boldsymbol{R}} \mathcal{M}_2/\langle\partial f_t/\partial x, \partial f_t\partial y\rangle_{\mathcal{E}_2} \\ &= \dim_{\boldsymbol{R}} \mathcal{M}_2/\mathcal{M}_2{}^5 + \langle\partial f_t/\partial x, \partial f_t/\partial y, x\cdot(\partial f_t/\partial x), \cdots, \\ &\quad y\cdot(\partial f_t/\partial y)\rangle_{\boldsymbol{R}} \\ &= 14-6=8\end{aligned}$$

となる．

（定理 1.1 証明終）

実際には，余次元7で，すでに連続濃度の安定開折があらわれることが，アーノルド [5] (V. I. Arnold)，シエルスマ (Siersma) [43]，斉藤恭司 [41] により知られている．

マザーの出版されていない論文 [31]，およびシエルスマ [43] によると余次元 5，6 の（すなわち安定開折が有限個である最大の範囲の）（残余）特異点は次のものである．

（余次元 5）　$f(x)=x^7$　　（余次元 6）　$f(x)=x^8$

$f(x,y)=x^2y+y^5$　　$f(x,y)=x^2y+y^6$

$f(x,y)=x^3\pm y^4$　　$f(x,y)=x^3+xy^3$

この余次元 5, 6 の特異点の分類は第7章 定理4の証明とまったく同じにできる．特異点の分類では，マザー [31] の方法を一般化して，さらにシエルスマ [43] が余次元 $\leqq 8$ の特異点の分類をしている．マザーとシエルスマの結果は，マザーが，その構造安定性定理（[22]～[29]）で開発した諸道具を使ってなされている．

以上の観点とは異なった観点から，アーノルド [5]，[7] と斉藤恭司 [40]，[41] は関数の特異点の分類を行ない，特異点の分類とリー群および代数群の分類の間に，密接な関係があることを見いだしている．

§2　位相的に安定した開折

§1 で，余次元 $\geqq 7$ の関数芽の右同値類（したがって，次元 $\geqq 7$ の安定開折の同値類）の数は無限に多くあることがわかった．これでは，余次元 $\geqq 7$ のカタストロフィーの分類を実際の現象の説明に応用することができなくなる．

ところで，カタストロフィー理論の基本的な考え方は：現象 Φ には静的モデル（$=C^\infty$ 級関数）$F:\boldsymbol{R}^k\times M\to\boldsymbol{R}$ が対応していて，点 $p\in\boldsymbol{R}^k$ における現象 $\Phi(p)$ は，関数 $F(p):M\to\boldsymbol{R}$ の極小値の一つ $m(p)$ で決定される．したがって，現象 Φ に不連続（ジャンプ）が起こるとすれば，p に対して $m(p)$ を対応させる写像 $m_F:\boldsymbol{R}^k\to M$ の不連続点で起こる：したがって，現象の不連続性（カタストロフィー）を分類するには，この $m_F:\boldsymbol{R}^k\to M$ の不連続性，しかも安定した不連続性を分類すればよい：以上であった．

第7章では，関数 f の開折を C^∞ 級同相写像で分類したが，不連続性（ジャンプ）の質だけに注目するとき，何も C^∞ 級同相写像で分類する必要はなく，同相写像で分類すれば十分である．この節では，開折を同相写像で分類すれば，どのようになるかを考察する．

定義 2.1　C^∞ 級関数芽 $F:(\boldsymbol{R}^n\times\boldsymbol{R}^r,(a,b))-\to(\boldsymbol{R},c)$ を，$f:(\boldsymbol{R}^n,a)-\to(\boldsymbol{R},c)$ の開折，C^∞ 級関数芽 $G:(\boldsymbol{R}^n\times\boldsymbol{R}^r,(a',b'))-\to(\boldsymbol{R},c')$ を $g:(\boldsymbol{R}^n,a')-\to(\boldsymbol{R},c')$ の開折とする．そのとき，F と G

が**位相的に同値な** (topologically equivalent) 開折であるとは，同相写像の芽 $h:(\boldsymbol{R}^n, a')--\to(\boldsymbol{R}^n, a)$ と h の**位相開折**とよばれる連続写像の芽 $H:(\boldsymbol{R}^n\times\boldsymbol{R}^r, (a', b'))--\to(\boldsymbol{R}^n, a)$，連続写像の芽 $h':(\boldsymbol{R}^r, b')--\to(\boldsymbol{R}^r, b)$，および連続関数の芽 $\alpha:(\boldsymbol{R}^n, b)--\to(\boldsymbol{R}, c'-c)$ が存在して次の条件を満たすときにいう：

（1） $H(x, o)=h(x),\quad x\in\boldsymbol{R}^n$

（2） $G(x, u)=F(H(x, u), h'(u))+\alpha(u)$

同様に，**狭い意味で位相的に f-同値な開折**，**位相的 f-開折圏射**，**位相的に f-同値な開折**が，第7章の §1 の定義における C^∞ 級写像，H, h, g, α, etc. を連続写像におきかえて定義できる．さらに**位相的に普遍な開折**，**位相的に安定な開折**が同様に定義できる．

ローイエンハ (E. Looyenga) [19] と福田 [12] の結果を合わせると，位相的に安定な開折に関して，次の定理が得られる．

定理 2.2 すべての整数 $r\geqq 0$ に対して，r 次元の位相的に安定な開折の同値類は有限個しかない．

証明については福田 [13] を参照のこと．

この結果により，位相的に安定な開折は，次元を制限すると有限個なので，われわれは実際にそれらの標準型を理論的には求めることができる．しかし，現在まで，このことに関して，何の結果も得られていない．たとえば，次元 $\leqq 10$ の位相的に安定な開折を求めることでも，非常に興味のあることである．

さらに，C^∞ 安定開折と位相的に安定した開折の中間の概念で，トムおよびファム (F. Pham) ([37], [38], [53]) などにより提起されている次の**同程度特異性** (equisingularity) の概念がある．

定義 2.3 $f, g\in\mathcal{M}_n{}^2$ が**同程度に特異** (equisingular) であるとは互いに他の普遍開折の中に含まれる（すなわち，g の普遍開折 $G:(\boldsymbol{R}^n\times\boldsymbol{R}^r, o)--\to(\boldsymbol{R}, o)$ に対して $G_u=G|\boldsymbol{R}^n\times\{u\}$ が f と右同値となるような $u\in\boldsymbol{R}^r$ が存在する．またその逆も成り立つ）ときにいう．

この同程度特異性の概念は，代数幾何など他の分野との関連もあって ([37], [38] 参照) 非常に興味のあるものであるが，この方面もあまり進展はないようである．この方面では，f と g が同程度に特異であるための必要十分条件を（f および g によって何らかの形で定まる $\mathcal{E}_n$

のイデアルであらわして）代数的に求めることが当面の問題である．

§3　カタストロフィーと力学系

トムのカタストロフィー理論では§1で述べた静的モデルを一般化したメタボリック・モデルが理論の中心的概念の一つになっている．まずいくつかの力学系のことばの説明をしておく．

この節では以後，M を m 次元のコンパクト C^∞ 級多様体とする．M 上の C^∞ 級ベクトル場 X を M 上の**力学系** (dynamical system) という．M 上の力学系全体の集合を $\mathfrak{X}(M)$ と書く．M 上の力学系は局所座標系 $(x_1, \cdots, x_m)$ の双対基底 $\{\partial/\partial x_1, \cdots, \partial/\partial x_m\}$ を使うことによって，局所的に

$$X(p)=\sum a_i(p)\left(\frac{\partial}{\partial x_i}\right)(p)$$

とあらわせる（第3章 定理 4.4 参照）．したがって係数 $a_i(p)$ のジェットを考えることによって，$\mathfrak{X}(M)$ に W^∞ **位相**を入れることができる．

定義 3.1　X を M 上の力学系とする．任意の点 $p\in M$ に対して，M がコンパクトなので，p を通る積分曲線 $\varphi: \boldsymbol{R}\to M$, ただし $\varphi(0)=p$, が存在する．φ の像 $\varphi(\boldsymbol{R})$ または φ を，p を通る X の**軌道** (orbit または trajectory) といい，$\Omega(p)$ であらわす．点 p を通る軌道 φ の **ω-limit** および **α-limit** とは，次のように定義される M の閉集合である：

$$\varphi \text{ の } \omega\text{-limit}=\{q\in M \mid \text{点列 } t_1<t_2<t_3<\cdots\to\infty \text{ が存在して，} q=\lim_{n\to\infty}\varphi(t_n) \text{ となる}\}.$$

$$\varphi \text{ の } \alpha\text{-limit}=\{q\in M \mid \text{点列 } t_1>t_2>t_3>\cdots\to-\infty \text{ が存在して，} q=\lim_{n\to\infty}\varphi(t_n) \text{ となる}\}.$$

p を通る軌道の ω-limit (α-limit) を $\omega_X(p)$ ($\alpha_X(p)$) であらわす．

定義 3.2　X を多様体 M 上の力学系とする．そのとき，次の条件を満たす M の閉部分集合 A を X の**アトラクター** (attractor) という：

（1）A のすべての点 a に対して a を通る X の軌道は A に含まれる．

（2） A のほとんどすべての点 a（すなわち A の測度 0 のある部分集合を除いたすべての点）に対して，a を通る軌道は A で稠密である：$\overline{\Omega_X(a)}=A$,

（3） A の近傍 W が存在して，次の条件を満たす：

① $W-A$ のすべての点 p に対して，$\omega_X(p)=A$ となる．

② W の点 p に対して，$\alpha_X(p)$ と A が交わるならば，p は A の点である．

さて，メタボリック・モデルを定義しよう．

定義 3.3 U を $\boldsymbol{R}^k$ の開集合，M をコンパクト多様体とする．そのとき，C^∞ 級写像 $\boldsymbol{X}: U^k \to \mathfrak{X}(M)$ と，各点 $u \in U^k$ に対して，$\boldsymbol{X}(u)$ の一つのアトラクター $A(u)$ を対応させる写像 A との組 $(\boldsymbol{X}, A)$ を k 次元**メタボリック・モデル** (metabolic model) という．ここに，$\boldsymbol{X}: U^k \to \mathfrak{X}(M)$ が C^∞ 級であるとは，$u \in U^k$ に対して，力学系 $\boldsymbol{X}(u)$ は M の近傍 V 上の局所座標 $(x_1, \cdots, x_m)$ を用いてあらわすと，

$$\boldsymbol{X}(u)(x)=\sum_{i=1}^{m} a(u, x)\left(\frac{\partial}{\partial x_i}\right)_x$$

とあらわされるが，そのとき $a(u, x)$ が $U^k \times V$ の C^∞ 級関数であるときにいう．

さて，$\boldsymbol{R}^k$ の開集合 U^k 上で，ある現象 Φ が観察されるとしよう．そのとき，現象 Φ は，あるメタボリック・モデル $(\boldsymbol{X}, A)$，$\boldsymbol{X}: U^k \to \mathfrak{X}(M)$ で記述される．すなわち，点 $u \in \boldsymbol{R}^k$ における現象 $\Phi(u)$ の状態は，ベクトル場 $\boldsymbol{X}(u)$ のあるアトラクター $A(u)$ で決定される．したがって，現象 Φ の状態は，各点 $u \in U$ に対して，アトラクター $A(u)$ を対応させる写像で表現されるわけである．現象 Φ が，ショック・ウェーブ（カタストロフィー，不連続性）をあらわすときには，対応：$u \to A(u)$ が不連続をあらわしている．

したがって，メタボリック・モデルのカタストロフィーを分類するには，メタボリック・モデル $\boldsymbol{X}$ のアトラクターを対応させる：$u \to A(u)$ の不連続性を分類すればよい．静的モデルの場合にならって，メタボリック・モデル $\boldsymbol{X}$ に同値関係を入れて，その同値関係に関する安定メタボリック・モデルを定義し，安定メタボリック・モデルの分類をあらわしてみよう．まず，自然に思いつくのが，常微分方程式，力学系の研究

において広く採用されている次の同値関係である．

定義 3.4 M 上の力学系＝ベクトル場 X と Y が C^0 **同値**であるとは，同相写像 $h: M \to M$ で，関係

（1） $h(\Omega_X(p)) = \Omega_Y(h(p))$

を満たすものが存在するときにいう．関係（1）は説明するまでもないが，X の軌道をすべて Y の軌道に写す同相写像であることを示している．次にメタボリック・モデル $\boldsymbol{X}: U^k \to \mathscr{X}(M)$ と $\boldsymbol{Y}: V^k \to \mathscr{X}(M)$ が C^0 **同値**であるとは，同相写像 $g: U^k \to V^k$ と連続写像 $H: U^k \times M \to M$ で，次の条件を満たすものが存在するときにいう：

（2） $h_u(p) = H(u, p)$ で，写像 $h_u: M \to M$ を定めるとき，すべての $u \in U^k$ に対して h_u は M の同相写像である．

（3） $h_u(\Omega_{X_u}(p)) = \Omega_{Y_{g(u)}}(h_u(p))$，$(u, p) \in U^k \times M$；ただし，$X_u = \boldsymbol{X}(u)$，$Y_{g(u)} = \boldsymbol{Y}(g(u)) \in \mathscr{X}(M)$ である．

条件（3）は g によって対応する力学系 X_u と $Y_{g(u)}$ が C^0 同値であることを示している．

$X \in \mathscr{X}(M)$ が C^0 **安定力学系**（構造安定力学系）であるとは，X の $\mathscr{X}(M)$ における近傍 $N(X)$ で，$N(X)$ に属する元はすべて X に C^0 同値であるものが存在するときにいう．

この定義は最初ポントリャーギンとアンドロノフ [1] によって初めて導入された．この定義が，あらゆる分野における構造安定性の概念の先駆をなすものである．

$C^\infty(U^k, \mathscr{X}(M))$ で，メタボリック・モデル：$U^k \to \mathscr{X}(M)$ の全体の集合とする．すると $C^\infty(U^k, \mathscr{X}(M))$ には自然にホイットニィ C^∞ 位相がはいる．そのとき，メタボリック・モデル $\boldsymbol{X} \in C^\infty(U, \mathscr{X}(M))$ が C^0 **安定**であるとは，$\boldsymbol{X}$ の近傍 $N(\boldsymbol{X})$ で，すべての $\boldsymbol{Y} \in N(\boldsymbol{X})$ が $\boldsymbol{X}$ に C^0 同値であるものが存在するときにいう．そのときわれわれが期待するのは，次のことが成り立つことである．

期待 I C^0 安定メタボリック・モデル全体の集合は，$C^\infty(U^k, \mathscr{X}(M))$ の稠密な開集合である．

期待 II k 次元 C^0 安定メタボリック・モデルの C^0 同値類はたかだか可算個である．

ところが，これらの期待は完全に裏切られる．

定理 3.5 (ペイショート (Peixoto) [35], スメール (Smale) [44], ウィリアムズ (Williams) [62]) $S^0(\mathcal{X}(M))$ を M 上の C^0-安定な力学系全体の集合とする.

(1) (ペイショート) $S^0(\mathcal{X}(M^2))$ は $\mathcal{X}(M^2)$ の中で稠密である.

(2) (スメール, ウィリアムズ) $n \geqq 3$ ならば $S^0(\mathcal{X}(M^2))$ は $\mathcal{X}(M)$ で稠密でない.

M の次元が3以上であると, この定理によって, 0 次元のメタボリック・モデルに対してさえも期待 I がはずれることがわかる. $\dim M \leqq 2$ の場合は, 0 次元のメタボリック・モデルに対して期待 I は成り立つが, 1次元メタボリック・モデルに対しては, 期待 I ははずれることが, ソトマイヤー (Sotomayor) [46], グッケンハイマー (Guckenhaimer) [15] によって知られている. したがって C^0 同値より, もっとゆるやかであって, かつカタストロフィー理論の本質を保つ同値関係を探さなければならない.

トムは, 次の同値関係を提唱している.

定義 3.6 力学系 $X \in \mathcal{X}(M)$ のアトラクター A_X と力学系 $Y \in \mathcal{X}(M)$ のアトラクター A_Y が, 次の条件を満たすとき, A_X と A_Y は**同値**であるという.

(1) A_X, A_Y に対して, 定義 3.2 の条件3を満たす近傍 $W(A_X)$, $W(A_Y)$ と, 同相写像 $h: W(A_X) \to W(A_Y)$ が存在する.

(2) $h(A_X) = h(A_Y)$

$X \in \mathcal{X}(M)$ が**安定アトラクター**であるとは, X の近傍 $N(X)$ が存在して, $N(X)$ のすべての力学系 Y に対して, A_X の十分近くに A_X に同値な Y のアトラクター A_Y が存在するときにいう.

定義 3.7 メタボリック・モデル $\boldsymbol{X} \in C^\infty(U^k, \mathcal{X}(M))$ と $\boldsymbol{Y} \in C^\infty(U^k, \mathcal{X}(M))$ が A-**同値** (アトラクターに関して同値) であるとは, 次の条件を満たしているときにいう.

(1) 同相写像 $g: U^k \to U^k$ が存在する.

(2) 各 u に対して, $X_u = \boldsymbol{X}(u)$ と $Y_{g(u)} = Y(g(u))$ は同じ個数のアトラクター $A_1(u), \cdots, A_l(u)$ および $B_1(g(u)), \cdots, B_l(g(u))$ をもち, 各 $1 \leqq i \leqq l$ に対して $A_i(u)$ と $B_i(g(u))$ はアトラクターとして同値である.

メタボリック・モデル $\boldsymbol{X}\in C^{\infty}(U^k, \mathfrak{X}(M))$ の $C^{\infty}(U^k, \mathfrak{X}(M))$ における近傍 $N(\boldsymbol{X})$ で，すべての $\boldsymbol{Y}\in N(\boldsymbol{X})$ が $\boldsymbol{X}$ と A-同値となるようなものが存在するとき，$\boldsymbol{X}$ は A-**安定**であるという．もちろんわれわれは，次のことを期待している．

期待 III　A-安定な k 次元メタボリック・モデルは $C^{\infty}(U^k, \mathfrak{X}(M))$ の稠密な開集合である．

期待 IV　k 次元 A-安定メタボリック・モデルの A-同値類の数は可算個である．

しかしこの問題に関しては，何ら結果がないといってよい．この問題に関しては，次のトムの予想を解くことが，まず第一歩である．

トムの予想（未解決 [52]）　M をコンパクト多様体とする．そのとき，次の条件を満たす $X\in\mathfrak{X}(M)$ 全体の集合 $\mathcal{A}$ は $\mathfrak{X}(M)$ の稠密な開集合である．

（1）　X は有限個のアトラクターをもち，各アトラクターは安定アトラクターである．

（2）　M のほとんどすべての点（すなわち M の測度 0 のある集合以外の点）p に対して，p を通る軌道 $\Omega(p)$ の ω-limit $\omega(p)$ は X のアトラクターである．

現在のところ，われわれはメタボリック・モデルを分類するにはほど遠いところにいる．その最大の障害は，現在の力学系の分野のめざましい多くの成果にもかかわらず，われわれがあまりにも力学系の構造について知るところが少ないところにある．したがって，カタストロフィー理論（応用でない）の発展のまえには，力学系の研究が大きく立ちはだかっている．現在，多くの研究者によって，力学系の種々の様相が，少しずつ明らかになりつつあることを注意して，この本を終りにする．

付　　録

I. （一般化された）コーシーの積分公式

この付録 I の目的は，複素関数論の最も基本的な定理であるコーシー (Cauchy) の積分公式を，必ずしも正則でない C^∞ 級の複素数値関数に対して一般化することである．そのために，C^∞ 級複素数値関数に関するストークス (Stokes) の定理が必要となる．まず実数値関数に対するグリーン (Green) の定理について説明しよう．

向きをもった曲線　平面 $\boldsymbol{R}^2$ の中の C^r 級の**曲線**とは，区間 $[a, b]$ から $\boldsymbol{R}^2$ の中への C^r 級写像 $\varphi:[a,b]\to\boldsymbol{R}^2$ とその像 $C=\varphi([a,b])$ の組 (C,φ) のことである．$\varphi(a)$ を曲線 (C,φ) の**始点**，$\varphi(b)$ を (C,φ) の**終点**という．$\varphi(a)=\varphi(b)$ となる曲線を閉曲線，$\varphi(a)\neq\varphi(b)$ となる曲線を弧という．$\varphi|[a,b)$ および $\varphi|(a,b]$ がともに 1 対 1 である曲線を**単一曲線**という（図 A.1 参照）．

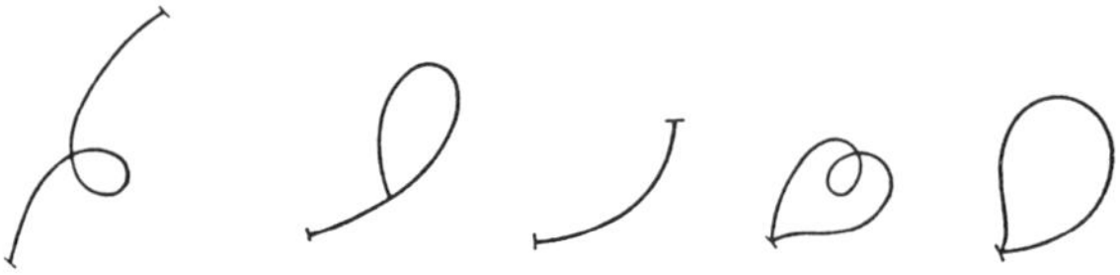

図 **A.1**

今後，曲線といえば，単一曲線のことを指す．いま，$\varphi([a,b])=\psi([c,d])=C$ なる二つの弧 (C,φ) と (C,ψ) があるとき，(C,φ) と (C,ψ) の向きが同じであるとは，$\varphi(a)=\psi(c)$，$\varphi(b)=\psi(d)$ となるときにいう．C を像とする単一弧の集合 $\{(C,\varphi)\}$ を向きで分類するとき，その類の数は二つしかない．今後 (C,φ) を単に C とかくとき，(C,φ) と向きの異なる弧 (C,ψ) を $-C$ とかく．

図 **A.2**

単一閉曲線 (C,φ) が**正の向き**であるとは，パラメーター t が増加するとき，$\varphi(t)$ が時計と逆回りの方向で回るときにいう．負の向きであるとは，$\varphi(t)$ が時計と同じ方向に回るときにいう．

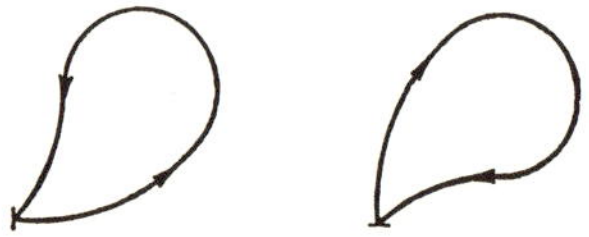

正の向き　　負の向き　　**図 A.3**

単一閉曲線 (C,φ)，$\varphi:[a,b]\to \boldsymbol{R}^2$，に対して円周 $S^1=\{e^{i\theta}|0\leqq\theta\leqq 2\pi\}$ からの写像 $\tilde{\varphi}:S^1\to\boldsymbol{R}^2$ を，$\tilde{\varphi}(e^{i\theta})=\varphi(a+((b-a)/2\pi)\theta)$ で定義する．組 (C,φ) と組 $(C,\tilde{\varphi})$ と同一視することができる．今後，単一閉曲線に関しては，S^1 からの写像との組 $(C,\tilde{\varphi})$ のほうを考える．単一閉曲線 $(C,\tilde{\varphi})$ は，$\tilde{\varphi}$ が C^r 級の埋込みのとき，C^r 級**正則曲線**，または C^r 級**ジョルダン** (Jordan) **曲線**とよばれる．

線積分　(x,y) を $\boldsymbol{R}^2$ の標準座標とする．$\boldsymbol{R}^2$ の中の向きを指定された曲線 $C=(C,\varphi)$ と，C を含む領域 Ω（すなわち連結な開集合）で定義された実数値関数 f を考える．区間 $[a,b]$ を分割して，

$$\Delta:a_0=a<a_1<\cdots<a_n=b$$

とし，各小区間 $[a_{i-1},a_i]$ から任意に t_i をとって，和

$$\int_{\Delta,(t_i)} f\,dx=\sum_{i=1}^{n} f(\varphi(t_i))[x(\varphi(a_i))-x(\varphi(a_{i-1}))]$$

を考える．$|\Delta|=\max_{i=1}^{n}|a_i-a_{i-1}|$ とおく．分割 Δ を細かくしたとき，Δ のとり方，t_i の選び方によらず，一定の極限値

$$\lim_{|\Delta|\to 0}\int_{\Delta,(t_i)} f\,dx$$

が存在するとき，これを曲線 $C=(C,\varphi)$ に沿った関数 f の x に関する線積分といい，

$$\int_{(C,\varphi)} f\,dx$$

と書く．$\int_{(C,\varphi)} f\,dx$ は φ に無関係に C の向きのみで定まる：すなわち，(C,φ) と (C,ψ) の向きが同じとき，$\int_{(C,\varphi)} f\,dx=\int_{(C,\psi)} f\,dx$ である．

したがって，(C,φ) の向きが定めてあるときはこれを $\int_C f dx$ とかく．すなわち，$\int_C f dx \equiv \int_{(C,\varphi)} f dx$ とおく．もちろん $\int_{-C} f dx = -\int_C f dx$ となる．

$\boldsymbol{R}^2$ の有界な領域 Ω で定義された関数 $f(x,y)$ に対して，2重積分 $\iint_\Omega f(x,y)\,dxdy$ の定義は既知とする．

補助定理 1.1（グリーンの定理）　Ω を平面 $\boldsymbol{R}^2$ 上の有界な領域で，その境界 $\partial\Omega = \bar{\Omega} - \Omega$ は正則曲線であるとする．$\partial\Omega$ に正の向きをつける．$\bar{\Omega}$ を含むある領域で定義された C^1 級の関数 f に対して，等式

（1）　$$\iint_\Omega \frac{\partial f}{\partial y} dxdy = -\int_{\partial\Omega} f dx$$

（2）　$$\iint_\Omega \frac{\partial f}{\partial x} dxdy = \int_{\partial\Omega} f dy$$

が成り立つ．

証明　（1）を証明する．Ω が凸集合であるという非常に単純な場合に証明することで満足しよう．$\partial\Omega$ の点で x 座標が最小となる点は1点しかないとして，その点を $P=(p_1, p_2)$ とする．x 座標が最大となる $\partial\Omega$ の点も1点しかないと仮定して，その点を $Q=(q_1, q_2)$ とする．このような単純な場合に証明する．$\Gamma_1 = \overset{\frown}{\mathrm{PQ}}$（$=\partial\Omega$ の下側），$\Gamma_2 = \overset{\frown}{\mathrm{PQ}}$（$=\partial\Omega$ の上側）とおく．いま，$\partial\Omega$ が凸なので $p_1 < x < q_1$ に対して，$(x,y) \in \partial\Omega$ となる y はちょうど二つある．そのうち，小さいほうを $y_1(x)$，大きいほうを $y_2(x)$ とする．

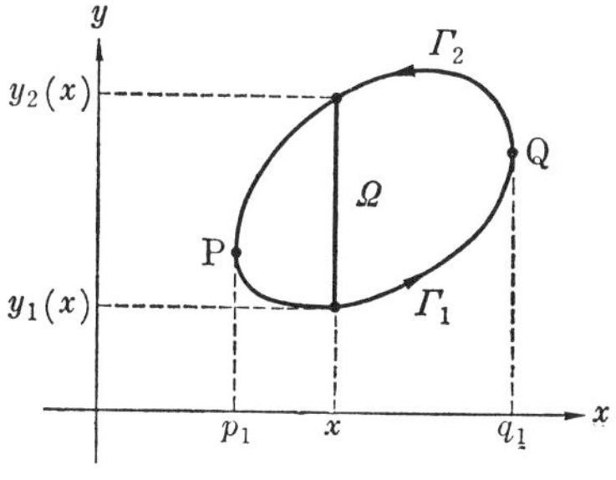

図 **A.4**

すると，

$$\iint_\Omega \frac{df}{dy}dxdy=\int_{p_1}^{q_1}dx\left(\int_{y_1(x)}^{y_2(x)}\frac{\partial f}{\partial y}dy\right)$$
$$=\int_{p_1}^{q_1}(f(x,y_2(x))-f(x,y_1(x)))dx$$
$$=\int_{-\Gamma_2}fdx-\int_{\Gamma_1}fdx=-\int_{\Gamma_1+\Gamma_2}fdx=-\int_{\partial\Omega}fdx.$$

（2）も同様に証明できる．

（証明終）

複素数値関数，正則関数　位相空間 X から複素数体 $\boldsymbol{C}$ への写像 $f:X\to\boldsymbol{C}$ のことを X 上の**複素数値関数**という．この節では，定義域 X が $\boldsymbol{C}^n$ の領域（連結な開集合）である場合のみを取り扱う．

$\boldsymbol{C}^n$ の領域 Ω で定義された複素数値関数 $f(z_1,\cdots,z_n)$ が点 $z_0=(z_1{}^0,\cdots,z_n{}^0)\in\Omega$ で変数 z_i に関して**偏微分可能**であるとは，極限

$$\lim_{z_i\to z_i{}^0}\frac{f(z_1{}^0,\cdots,z_{i-1}{}^0,z_i,z_{i+1}{}^0,\cdots,z_n{}^0)-f(z_0)}{z_i-z_i{}^0}=\alpha$$

が存在するときにいう．α を f の変数 z_i に関する点 z_0 での**偏微係数**といい，$\alpha=\partial f/\partial z_i(z_0)$ という記号であらわす．f が z_0 で**全微分可能**であるとは，定数 $\alpha_i\in\boldsymbol{C}$, $i=1,\cdots,n$, が存在して，f が z_0 の近傍で

$$f(z)=f(z_1,\cdots,z_n)=f(z_0)+\alpha(z_1-z_1{}^0)+\cdots+\alpha_n(z_n-z_n{}^0)+\varepsilon(z,z_0)$$

とあらわせ，さらに ε が，

$$\lim_{z\to z_0}\frac{\varepsilon(z,z_0)}{|z_1-z_1{}^0|+\cdots+|z_n-z_n{}^0|}=0$$

を満たすときにいう．ただし $|z_i-z_i{}^0|$ は $z_i-z_i{}^0$ の絶対値をあらわす．f が z_0 で全微分可能ならば，f は z_0 で連続で，さらに，f はすべての変数に関して z_0 で偏微分可能で，$\alpha_i=\partial f/\partial z_i(z_0)$ となる．

f がその定義域 Ω の各点で全微分可能のとき，f は Ω で**正則**であるという．したがって f が Ω で正則であれば，f は Ω で連続な関数で，変数 $(z_1,\cdots,z_n)$ のうち $(n-1)$ 個を固定して，残りの一変数の関数とみなしたとき，その変数について正則である．一変数の関数の場合は，偏微分可能も全微分可能も同じ意味である．

コーシー-リーマン (Cauchy-Riemann) の関係式　f を $\boldsymbol{C}^n$ の領域 Ω で定義された複素数値関数とする．複素数 $z\in\boldsymbol{C}$ を実部と虚部に分解して，$z=x+iy$ と書く．$z=(z_1,\cdots,z_n)\in\Omega$ および f も実数と虚

部に分解して，$z_j=x_j+iy_j$，および $f(z)=u(z)+iv(z)$ と書くことにすると，u および v は $2n$ 実変数 $(x_1, \cdots, x_n, y_1, \cdots, y_n)$ の実数値関数と考えることができる．u および v がともに $(x_1, \cdots, x_n, y_1, \cdots, y_n)$ の関数として C^r 級のとき，f を C^r 級という．

補助定理 1.2　実 $2n$ 変数 $x_1, \cdots, x_n, y_1, \cdots, y_n$ について全微分可能な複素数値関数 $f=u+iv$ が，複素数 $z_j=x_j+iy_j$ について全微分可能であるための必要十分条件は，f の実部 u と虚部 v が，コーシー・リーマンの関係式とよばれる関係式

$$(1.3)\quad \frac{\partial u}{\partial x_j}=\frac{\partial v}{\partial y_j},\quad \frac{\partial u}{\partial y_j}=-\frac{\partial v}{\partial x_j}\quad (j=1, \cdots, n)$$

を満たすことである．

証明は与えない．一変数の場合の証明は，ほとんどの複素関数論の本でみつけることができる．

微分作用素 $\partial/\partial z_j$ および $\partial/\partial \bar{z}_j$ を

$$(1.4)\quad \frac{\partial f(z_1, \cdots, z_n)}{\partial z_j}=\frac{1}{2}\left(\frac{\partial f}{\partial x_j}+\frac{1}{i}\frac{\partial f}{\partial y_j}\right)$$
$$=\frac{1}{2}\left(\frac{\partial u}{\partial x_j}+i\frac{\partial v}{\partial x_j}+\frac{1}{i}\left(\frac{\partial u}{\partial y_j}+i\frac{\partial v}{\partial y_j}\right)\right)$$

$$(1.5)\quad \frac{\partial f}{\partial \bar{z}_j}=\frac{1}{2}\left(\frac{\partial f}{\partial x_j}-\frac{1}{i}\frac{\partial f}{\partial y_j}\right)$$
$$=\frac{1}{2}\left(\frac{\partial u}{\partial x_j}+i\frac{\partial v}{\partial x_j}-\frac{1}{i}\left(\frac{\partial u}{\partial y_j}+i\frac{\partial v}{\partial y_j}\right)\right)$$

で定義するとき，コーシー--リーマンの関係式 (1.3) は，

$$(1.6)\quad \frac{\partial f}{\partial \bar{z}_j}=0\quad (j=1, \cdots, n)$$

と同値になる．

複素数値関数に対するストークスの定理　f, g, h を複素平面 $\boldsymbol{C}$ の領域 Ω で定義された複素数値関数とする．そのとき積分 $\int_\Omega f dg\wedge dh$ を，

$$(1.7)\quad \int_\Omega f dg\wedge dh\equiv\int_\Omega f\begin{vmatrix}\dfrac{\partial g}{\partial x} & \dfrac{\partial g}{\partial y}\\[2ex] \dfrac{\partial h}{\partial x} & \dfrac{\partial h}{\partial y}\end{vmatrix}dxdy$$

で定義する．右辺は，$f\cdot\begin{vmatrix}\dfrac{\partial g}{\partial x} & \dfrac{\partial g}{\partial y}\\ \dfrac{\partial h}{\partial x} & \dfrac{\partial h}{\partial y}\end{vmatrix}$ の実部および虚部をそれぞれ2重積分して得られる複素数のことである．もちろん

$$\iint_\Omega f dh\wedge dg=-\iint_\Omega f dg\wedge dh$$

である．(C,φ) を Ω に含まれる曲線とする．そのとき線積分 $\int_C f dh$ を

$$(1.8)\quad \int_C f dh=\int_C f\left(\frac{\partial h}{\partial x}dx+\frac{\partial h}{\partial y}dy\right)$$
$$=\int_C f\frac{\partial h}{\partial x}dx+\int_C f\frac{\partial h}{\partial y}dy$$

で定義する．右辺の積分は $f(\partial h/\partial x)$，$f(\partial h/\partial y)$ の実部および虚部をそれぞれ線積分して得られる複素数である．

われわれが必要とするいちばん簡単な形のストークスの定理は次の形のものである．

補助定理 1.3（ストークスの定理） Ω を複素平面の有界な領域で，その境界 $\partial\Omega$ は C^1 級のジョルダン曲線になっているとする．$\partial\Omega$ に正の向きをつける．$\bar{\Omega}$ を含むある領域で定義された C^1 級複素数値関数 f に対して，等式

$$\int_{\partial\Omega} f dz=\iint_\Omega df\wedge dz=\iint_\Omega \frac{\partial f}{\partial \bar{z}}d\bar{z}\wedge dz$$
$$=2i\iint_\Omega \frac{\partial f}{\partial \bar{z}}dxdy$$

が成り立つ．

証明 等式 $\iint_\Omega df\wedge dz=\iint_\Omega \frac{\partial f}{\partial \bar{z}}d\bar{z}\wedge dz=2i\iint_\Omega \frac{\partial f}{\partial z}dxdy$ は，式(1.5) および (1.7) より計算で容易に確かめうる．

$f=u+iv$ と実部と虚部に分解する．

$$左辺=\int_{\partial\Omega} f dz=\int_{\partial\Omega}(u+iv)\left(\frac{\partial z}{\partial x}dx+\frac{\partial z}{\partial y}dy\right)$$
$$=\int_{\partial\Omega}(u+iv)(dx+idy)$$

$$=\int_{\partial\Omega}(u+iv)\,dx+i\int_{\partial\Omega}(u+iv)\,dy$$

$$右辺=2i\iint_{\Omega}\frac{\partial f}{\partial\bar{z}}dxdy=2i\iint_{\Omega}\left\{\frac{\partial u}{\partial x}+i\frac{\partial v}{\partial x}-\frac{1}{i}\left(\frac{\partial u}{\partial y}+i\frac{\partial v}{\partial y}\right)\right\}dxdy$$

$$=\iint_{\Omega}i\left(\frac{\partial u}{\partial x}+i\frac{\partial v}{\partial x}\right)dxdy-\iint_{\Omega}\left(\frac{\partial u}{\partial y}+i\frac{\partial v}{\partial y}\right)dxdy$$

$$=\int_{\partial\Omega}i(u+iv)\,dy+\int_{\partial\Omega}(u+iv)\,dx \quad (グリーンの定理)$$

ゆえに，左辺＝右辺を得る．

（証明終）

コーシーの積分公式

系 1.4（コーシーの定理）　Ω を複素平面上の有界な領域で，その境界 $\partial\Omega$ は C^1 級のジョルダン曲線になっているとする．$\bar{\Omega}$ で定義された複素数値連続関数 f が Ω で正則であるとする．そのとき，

$$\int_{\partial\Omega}f(z)\,dz=0$$

となる．

証明　f は Ω で正則なので $\partial f/\partial\bar{z}|_{\Omega}\equiv0$（補助定理 1.2 および式 (1.6) 参照)．前定理より，

$$\int_{\partial\Omega}f(z)\,dz=\iint_{\Omega}\frac{\partial f}{\partial\bar{z}}d\bar{z}\wedge dz=0.$$

（証明終）

定理 1.5（一般化されたコーシーの積分公式）　Ω を複素平面の有界な領域で，その境界 $\partial\Omega$ は C^1 級のジョルダン曲線であるとする．$\partial\Omega$ に正の向きをつける．$\bar{\Omega}$ を含むある領域で定義された C^1 級の複素数値関数を f とする．そのとき f の $\zeta\in\Omega$ における値は

$$f(\zeta)=\frac{1}{2\pi i}\left\{\int_{\partial\Omega}\frac{f(z)}{z-\zeta}dz+\iint_{\Omega}\frac{1}{z-\zeta}\frac{\partial f}{\partial\bar{z}}dz\wedge d\bar{z}\right\}$$

によって与えられる．

系 1.6（コーシーの積分公式）　Ω，f を上と同じとする．さらに f が Ω で正則ならば

$$f(\zeta)=\frac{1}{2\pi i}\int_{\partial\Omega}\frac{f(z)}{z-\zeta}dz$$

である．

証明　f が正則なので，$\partial f/\partial\bar{z}\equiv 0$，ゆえに定理 1.5 の式の右辺の後の項は消える．

（系証明終）

定理 1.5 の証明　$D_\varepsilon=\{z\in\Omega\,|\,|z-\zeta|<\varepsilon\}$，　$\partial D_\varepsilon=\{z\in\Omega\,|\,|z-\zeta|=\varepsilon\}$，$\Omega_\varepsilon=\Omega-\bar{D}_\varepsilon$ とおく．

$$\int_{\partial\Omega}\frac{f(z)}{z-\zeta}dz=\iint_{\Omega}\frac{\partial}{\partial\bar{z}}\left(\frac{f(z)}{z-\zeta}\right)d\bar{z}\wedge dz\quad\text{（ストークスの定理）}$$

$$=\iint_{\Omega_\varepsilon}\frac{\partial}{\partial\bar{z}}\left(\frac{f(z)}{z-\zeta}\right)d\bar{z}\wedge dz+\iint_{D_\varepsilon}\frac{\partial}{\partial\bar{z}}\left(\frac{f(z)}{z-\zeta}\right)d\bar{z}\wedge dz$$

$$=\iint_{\Omega_\varepsilon}\frac{\partial f}{\partial\bar{z}}(z-\zeta)^{-1}d\bar{z}\wedge dz+\iint_{\Omega_\varepsilon}f\cdot\frac{\partial}{\partial\bar{z}}\left(\frac{1}{z-\zeta}\right)d\bar{z}\wedge dz$$

$$+\int_{\partial D_\varepsilon}\frac{f(z)}{z-\zeta}dz$$

ところで $1/(z-\zeta)$ は Ω_ε で正則な関数なので，

$$\frac{\partial}{\partial\bar{z}}\left(\frac{1}{z-\zeta}\right)\bigg|_{\Omega_\varepsilon}\equiv 0,$$

したがって

$$\int_{\partial\Omega}\frac{f(z)}{z-\zeta}dz=\iint_{\Omega_\varepsilon}\frac{\partial f}{\partial\bar{z}}(z-\zeta)^{-1}d\bar{z}\wedge dz+\int_0^{2\pi}f(\zeta+\varepsilon e^{i\theta})id\theta.$$

ここで $\varepsilon\to 0$ とおくと，

$$\int_{\partial\Omega}\frac{f(z)}{z-\zeta}dz=\iint_{\Omega}\frac{\partial f}{\partial\bar{z}}\;\frac{1}{z-\zeta}d\bar{z}\wedge dz+2\pi i f(\zeta)$$

$$\therefore\quad f(\zeta)=\frac{1}{2\pi i}\int_{\partial\Omega}\frac{f(z)}{z-\zeta}dz+\iint_{\Omega}\frac{1}{z-\zeta}\;\frac{\partial f}{\partial\bar{z}}dz\wedge d\bar{z}.$$

（定理 1.5 証明終）

II.　ニレンバーグの拡張定理

この付録では，マルグランジュの予備定理の証明のキーポイントであった，次の補助定理を証明する．

第 6 章補助定理 2.3（ニレンバーグ（Nirenberg）の拡張定理

$f(t,x)$ を $\boldsymbol{R}^{k+1}$ の原点の近傍で定義された複素数値関数とする．そのとき，$\boldsymbol{C}^1\times\boldsymbol{R}^k\times\boldsymbol{C}^s$ の原点の近傍で定義された C^∞ 級複素数値関数 $F(z,x,\lambda)$ で次の条件を満たすものが存在する：

（1）　$t\in\boldsymbol{R}$ のとき，$F(t,x,\lambda)\equiv f(t,x)$

(2)　集合 $\{(z, x, \lambda)|\mathrm{Im}\, z=0\}$ および集合 $\{(z, x, \lambda)|P(z, \lambda)=0\}$ の上で関数 $\partial F/\partial \bar{z}$ の偏微係数はすべて 0 である．

証明にはホィットニィの拡張定理の，非常に特殊で簡単な場合を使う．

負でない整数の n 個の組 $\alpha=(\alpha_1, \cdots, \alpha_n)$ に対して，$D^\alpha=\partial^{|\alpha|}/\partial x_1{}^{\alpha_1}\cdots\partial x_n{}^{\alpha_n}$ とおく．ここで $|\alpha|=\alpha_1+\cdots+\alpha_n$ である．

補助定理（ホィットニィの拡張定理）　$u(y)$，$v(y)$ を $\boldsymbol{R}^n$ の原点の近傍で定義された複素数値 C^∞ 級関数で，すべての $\alpha=(\alpha_1, \cdots, \alpha_n)$ に対して条件

(3)　$D^\alpha(u-v)|\boldsymbol{R}^{n-k}\equiv 0$

を満たすものとする，ここで $\boldsymbol{R}^{n-k}=\{(y_1, \cdots, y_n)|y_1=\cdots=y_k=0\}$ である．そのとき，すべての $\alpha=(\alpha_1, \cdots, \alpha_n)$ と $0\leqq j\leqq k$ なる整数 j に対して，次の条件を満たす $\boldsymbol{R}^n$ の原点の近傍で定義された複素数値 C^∞ 級関数 F が存在する：

(4)　$D^\alpha(F-u)|\{y|y_1=\cdots=y_j=0\}\equiv 0$

(5)　$D^\alpha(F-v)|\{y|y_{j+1}=\cdots=y_k=0\}\equiv 0$

証明　$\phi:[0, \infty)\to\boldsymbol{R}$ を，次の条件を満たす C^∞ 級関数とする：

(6)　$\phi(s)=1\quad 0\leqq s\leqq 1/2$

(7)　$\phi(s)=0\quad s>1$

次に数列 $t_1, t_2, \cdots, t_j, \cdots$ を $j\to\infty$ のとき，急激に ∞ に発散する数列とする．そのとき

(8)
$$F(y)=v(y)+\sum\frac{y_\alpha}{\alpha!}D^\alpha(u-v)(0, \cdots, 0, y_{j+1}, \cdots, y_n)\times\phi\left(t_{|\alpha|}\cdot\sum_1^j y_i{}^2\right)$$

とおけば，F は望む性質をもつ（ここで和は，$\alpha=(\alpha_1, \cdots, \alpha_j, 0, \cdots, 0)$ の形のすべての α に対して行なわれる．また，$y^\alpha=y_1{}^{\alpha_1}\cdots y_j{}^{\alpha_j}$，$|\alpha|=\alpha_1+\cdots+\alpha_j$ である）．

（証明終）

注意　級数 Σ の和が意味をもつように数列 $t_1, t_2, \cdots$ を定めてやらねばならない．したがってもちろん数列 t_j の選び方は u と v によって異なる．

ニレンバーグの拡張定理の証明　F の定義域 $\boldsymbol{C}^1\times\boldsymbol{R}^k\times\boldsymbol{C}^s$ の最後の直積成分 $\boldsymbol{C}^s$ の次元 s に関する帰納法で証明する．

$s=0$ のとき $C\times R^k$ の原点の近傍で定義された複素数値関数 $F(z, x)$ で次の条件を満たすものを構成するとよい：

(1)′ $t\in R$ のとき，$F(t, x)=f(t, x)$

(2)′ $\partial F/\partial\bar{z}$ の（0 次も含めた）すべての偏微係数は，集合 $\{(z, x)|\operatorname{Im} z=0\}$ の上で 0 となる．

$z=t+i\theta$ とおくとき

$$F(z, x)=f(t, x)+\sum_{j=1}^{\infty}\frac{(i\theta)^j}{j!}\frac{\partial^j f}{\partial t^j}\phi(\theta^2 t_j)$$

とおけば F が求めるものである．ここに t_j は，$j\to\infty$ となるとき，急激に $+\infty$ に収束する数列で，$\phi:[0, \infty)\to R$ は

$$\begin{cases}\phi(s)=1 & 0\leqq s\leqq\dfrac{1}{2}\\ \phi(s)=0 & 1\leqq s\end{cases}$$

を満たす C^∞ 級関数である．実際 t_j をうまくとれば，F は C^∞ 級になる．F が (1)′ を満たすことは定義式より明らか．$\alpha=(\alpha_1, \cdots, \alpha_{k+2})$ に対して，$|\alpha|=\alpha_1+\cdots+\alpha_{k+2}$，$D^\alpha=\partial^{|\alpha|}/\partial x_1^{\alpha_1}\cdots\partial x_k^{\alpha_k}\partial t^{\alpha_{k+1}}\partial\theta^{\alpha_{k+2}}$ とおく．(2)′ を確かめるには，$(D^\alpha\cdot\partial/\partial\bar{z})F|_{\theta=0}\equiv 0$ を示せばよい．

$$\left(D^\alpha\frac{\partial}{\partial\bar{z}}\right)F\bigg|_{\theta=0}=D^\alpha\frac{\partial}{\partial\bar{z}}\left(f(t, x)+\sum_{j=1}^{|\alpha|+2}\frac{(i\theta)^j}{j!}\frac{\partial^j f}{\partial t^j}\phi(\theta^2 t_j)\right.$$
$$\left.+\sum_{j=|\alpha|+3}^{\infty}\frac{(i\theta)^j}{j!}\frac{\partial^j f}{\partial t^j}\phi(\theta^2 t_j)\right)\bigg|_{\theta=0}$$

ところが，微分作用素の位数は $|\alpha|+1$ であって，右辺の最後の項は $\theta^{|\alpha|+3}$ で割り切れるので，$D^\alpha\cdot\partial/\partial\bar{z}$ を作用させて，$\theta=0$ を代入すると 0 になる．したがって，

$$\left(D^\alpha\frac{\partial}{\partial\bar{z}}\right)F\bigg|_{\theta=0}=D^\alpha\frac{\partial}{\partial\bar{z}}\left(f(t, x)+\sum_{j=1}^{|\alpha|+2}\frac{(i\theta)^j}{j!}\frac{\partial^j f}{\partial t^j}\phi(\theta^2 t_j)\right)\bigg|_{\theta=0}$$

ここで θ は十分小としてよいから，$\theta^2 t_j<1/2$ と考えてよい．したがって，

$$\left(D^\alpha\frac{\partial}{\partial\bar{z}}\right)F\bigg|_{\theta=0}=D^\alpha\frac{\partial}{\partial\bar{z}}\left(f(t, x)+\sum_{j=1}^{|\alpha|+2}\frac{(i\theta)^j}{j!}\frac{\partial^j f}{\partial t^j}\right)\bigg|_{\theta=0}$$
$$=D^\alpha\left(\frac{i(i\theta)^{|\alpha|+1}}{(|\alpha|+1)!}\frac{\partial^{|\alpha|+2}f}{\partial t^{|\alpha|+2}}\right)\bigg|_{\theta=0}$$

D^α の位数は $|\alpha|$ で，微分される中身は $\theta^{|\alpha|+1}$ で割り切れるので，

$$=0.$$

$s-1$ のとき補助定理が成り立つと仮定して，s のとき補助定理を証明する．

$(z, \lambda=(\lambda_1, \cdots, \lambda_s))$ の変数変換をする．$\lambda'=(\lambda_1, \cdots, \lambda_{s-1})$，$\mu=P(z, \lambda)$ とおく．すると，(z, λ', μ) 空間では，集合 $\{P=0\}$ は集合 $\{\mu=0\}$ になる．そして，(z, λ) 空間における微分作用素 $L=\partial/\partial\bar{z}$ は座標 (z, λ', μ) であらわすと，

$$(9)\quad L=\frac{\partial}{\partial\bar{z}}+\frac{\partial\bar{\mu}}{\partial\bar{z}}\frac{\partial}{\partial\bar{\mu}}=\frac{\partial}{\partial\bar{z}}+\frac{\partial\bar{P}}{\partial\bar{z}}\frac{\partial}{\partial\bar{\mu}}$$

となる．計算途中で合成関数 $f(g_1(z), \cdots, g_m(z))$ の微分の公式

$$(10)\quad \frac{\partial(f\circ g)}{\partial\bar{z}}=\sum_{\lambda=1}^{m}\frac{\partial f}{\partial w_\lambda}\frac{\partial g_\lambda}{\partial\bar{z}}+\frac{\partial f}{\partial\bar{w}_\lambda}\frac{\partial\bar{g}_\lambda}{\partial\bar{z}_\nu}$$

と，$\mu=P$ が z の正則関数なので，$\partial\mu/\partial\bar{z}=\partial P/\partial\bar{z}=0$ なる事実を使えば（9）がでる．

次に，次の条件 (11)～(15) を満たす C^∞ 級関数 $v(z, x, \lambda')$ と $u(z, x, \lambda', \mu)$ を構成する．

(11)　$v(t, x, \lambda')=f(t, x)\quad t\in\boldsymbol{R}$

(12)　集合 $\{(z, x, \lambda')|\mathrm{Im}\, z=0\}$ の上で関数 $\partial v/\partial\bar{z}$ の偏微係数は (0 次も含めて) すべて 0 である．

(13)　$u(z, x, \lambda', 0)=v(z, x, \lambda')$

(14)　集合 $\{(z, x, \lambda', \mu)|\mu=0\}$ の上で関数 Lu の偏微係数は (0 次も含めて) すべて 0 である．

(15)　すべての α に対して，$D^\alpha(u-v)|\{(z, x, \lambda', \mu)|\mathrm{Im}\, z=\mathrm{Re}\,\mu=\mathrm{Im}\,\mu=0\}\equiv 0.$

条件 (11)～(15) を満たす u, v が存在すれば，補助定理（ホィットニィの拡張定理）を使って，望む関数が得られる．

さて，u, v を構成しよう．v については，帰納法の仮定から，条件 (11)，(12) および次の条件を満たすものが存在する：

$$(16)\quad 集合\ \left\{(z, x, \lambda')\,\middle|\,\frac{\partial P}{\partial z}=pz^{p-1}+(p-1)\lambda_1 z^{p-1}+\cdots+\lambda_{p-1}=0\right\}$$

の上で，$\partial v/\partial\bar{z}$ の (0 次も含めた) すべての偏微係数が 0 になる．

そこで，

$$(17)\quad u=\sum_{j=0}^{\infty}\left(-\frac{1}{\partial\bar{P}/\partial z}\frac{\partial}{\partial\bar{z}}\right)^j v(z,\lambda')\frac{\bar{\mu}^j}{j!}\phi(|\mu|^2t_j)$$

とおく．ここで，t_j は急激に $+\infty$ に発散する数列で，$\phi:[0,\infty)\to[0,1]$ は，

$$(18)\quad \begin{cases}\phi(s)=1 & 0\leqq s\leqq\dfrac{1}{2}\\ \phi(s)=0 & 1\leqq s\end{cases}$$

なる C^∞ 級関数である．

u が C^∞ 級で条件 (13)～(15) を満たすことを確かめよう．t_j が急激に増加し，集合 $\{\partial\bar{P}/\partial z=0\}$ の上で，$\partial v/\partial\bar{z}$ の 0 次も含めてすべての偏微係数が消えるので，u は C^∞ 級である．条件 (13) は定義 (17) より，直ちに確かめられる．

次に $|\mu|^2=\mu\cdot\bar{\mu}$ なので，

$$\begin{aligned}Lu&=\frac{\partial\bar{P}}{\partial z}\left(\frac{1}{\partial\bar{P}/\partial z}\frac{\partial}{\partial\bar{z}}+\frac{\partial}{\partial\bar{\mu}}\right)u\\ &=\frac{\partial\bar{P}}{\partial z}\sum_{0}^{\infty}\left(-\frac{1}{\partial\bar{P}/\partial z}\frac{\partial}{\partial\bar{z}}\right)^{j+1}v(z,\lambda')\frac{\bar{\mu}^j}{j!}[\phi(|\mu|^2t_{j+1})-\phi|\mu|^2t_j)]\\ &\quad+\frac{\partial\bar{P}}{\partial z}\sum_{0}^{\infty}\left(-\frac{1}{\partial\bar{P}/\partial z}\frac{\partial}{\partial\bar{z}}\right)^{j}v(z,\lambda')\frac{\bar{\mu}^j}{j!}t_j\mu\phi'(|\mu|^2t_j)\end{aligned}$$

となる．したがって，Lu は集合 $\{\mu=0\}$ の上で，そのすべての偏微係数が 0 となる．したがって (14) をうる．最後に (12) より，

$$u-v(z,\lambda')\phi(|\mu|^2t_0)$$

は集合 $\{(z,x,\lambda',\mu)|\mathrm{Im}\,z=0\}$ の上ですべての偏微係数が消える．また，$v(z,\lambda')(\phi(|\mu|^2t_0-1))$ は $\{\mu=0\}$ の上ですべての偏微係数が消えるので，

$$u-v=(u-v(z,\lambda')\phi(|\mu|^2t_0))-v(z,\lambda')(\phi(|\mu|^2t_0)-1)$$

は，集合 $\{\mathrm{Im}\,z=\mu=0\}$ の上でそのすべての偏微係数が 0 となる．したがって条件 (15) を満たす．

（付録 II 証明終）

III. 主要補助定理 II の証明

まずマルグランジュの予備定理を使いやすい形にしておく．

補助定理 1（マルグランジュの予備定理）　$f:(\boldsymbol{R}^n,0)-\to(\boldsymbol{R}^p,0)$

を C^∞ 級写像芽，C を有限生成 $\mathcal{E}_n$-加群とする．C は f^* を通して $\mathcal{E}_p$-加群と考えられる．A を C の有限生成 $\mathcal{E}_p$-部分加群，B を C の $\mathcal{E}_n$-部分加群とする．そのとき，

（1） $A+B+f^*\mathcal{M}_pC=C$

ならば

（2） $A+B=C$

である．

証明　$C'=C/B$ とおく．$\pi: C\to C'$ を自然な射影とし，$A'=\pi(A)$ とおく．（1）より

（3） $A'+f^*\mathcal{M}_pC'=C'$

をうる．C' を f^* を通して $\mathcal{E}_p$- 加群と考えると，上式は

（4） $A'+\mathcal{M}_pC'=C'$

となる．A' は仮定より有限生成 $\mathcal{E}_p$-加群，したがって，$C'/\mathcal{M}_pC'=(A'+\mathcal{M}_pC')/\mathcal{M}_pC'$ は有限生成 $\mathcal{E}_p$-加群，したがって $C'/\mathcal{M}_pC'$ は有限次元 $\boldsymbol{R}$ ベクトル空間となる．ところで $C'/\mathcal{M}_pC'=C'/f^*\mathcal{M}_pC'$ であって，C' は仮定より $\mathcal{E}_n$ 上有限生成である．したがってマルグランジュの予備定理（第6章 定理 3.4）より，C' は $\mathcal{E}_p$ 上有限生成である．

C' が $\mathcal{E}_p$ 上有限生成なので（4）に中山の補助定理（第2章 定理 4.2）が適用できて

（5） $A'=C'$

をうる．これはすなわち $A+B=C$ にほかならない．

（証明終）

さて，主要補助定理IIの証明にうつろう．

主要補助定理 II　右-k-既定関数芽 $f\in\mathcal{M}_n$ の開折 F，$G\in\mathcal{E}_{n+r}$ がともに k-横断的ならば，F と G は f-同値である．

証明は3段階に分かれる．

$F, G\in\mathcal{E}_{n+r}$ を $f\in\mathcal{M}_n$ の k-横断的な開折とする．そのとき，F と G が**線形 k-ホモトピック**であるとは，$F_t=tG+(1-t)F$ がすべての $t\in[0,1]$ に対して k-横断的になるときにいう．F と G が **k-ホモトピック**であるとは，f の k-横断的開折の列 $F=F_0, F_1, \cdots, F_{p-1}, F_p=G$ で，すべての i に対して，F_i と F_{i+1} とが線形 k-ホモトピックになるようなものが存在するときにいう．

第1段階 F と G が線形 k-ホモトピックのときに補助定理を証明すればよい．

$\pi_k : \mathcal{E}_n \to J^k(n, 1) \times \boldsymbol{R}$ を自然な射影とする：$\pi_k(\alpha) = (j^k(\alpha - \alpha(o))(o), \alpha(o))$．$A = \pi_k(\langle \partial f/\partial x_1, \cdots, \partial f/\partial x_n \rangle_{\mathcal{E}_n} + \langle 1 \rangle_{\boldsymbol{R}}) \subset J^k(n, 1) \times \boldsymbol{R}$ とおく．A は $J^k(n, 1) \times \boldsymbol{R}$ の線形部分空間である．主要補助定理 IV より

（1） f の開折 $H \in \mathcal{E}_{n+r}$ が k-横断的 $\Longleftrightarrow \pi_k(V_H) + A = J^k(n, 1) \times \boldsymbol{R}$ となる．

$J^k(n, 1) \times \boldsymbol{R}$ はユークリッド空間であった（第4章 問題3.2参照）ので，内積を入れることができる．その内積に関する A の直交補空間を $A^{\perp}$ と記す．$A^{\perp}$ のベクトル空間としての基を $z_1, \cdots, z_q$ とする．F が k-横断的なので，もちろん $q \leqq r$ である．$a_1, \cdots, a_q$ を $\pi_k(a_i) = z_i$ となる $\mathcal{E}_n$ の元とする．そのとき，1 と -1 よりなる数列 $\varepsilon = (\varepsilon_1, \cdots, \varepsilon_q)$, $\varepsilon_i = \pm 1$, に対して，

（2） $$H_\varepsilon(x, u_1, \cdots, u_r) = f(x) + \sum_{i=1}^{q} \varepsilon_i a_i(x) u_i$$

とおく．すると，F, G はそれぞれある H_ε, $H_{\varepsilon'}$ に k-ホモトピックである．

F についてこのことをみてみよう．F が k-横断的なので（1）より

$$\left\langle \frac{\partial F}{\partial u_1}\bigg| \boldsymbol{R}^n, \cdots, \frac{\partial F}{\partial u_r}\bigg| \boldsymbol{R}^n \right\rangle_{\boldsymbol{R}} + A = J^k(n, 1) \times \boldsymbol{R}$$

である．$\dim_{\boldsymbol{R}} A^{\perp} = q$ なので，さらに変数 $(u_1, \cdots, u_n)$ の置換を行なうことにより，

（3） $$\left\langle \frac{\partial F}{\partial u_1}\bigg| \boldsymbol{R}^n, \cdots, \frac{\partial F}{\partial u_q}\bigg| \boldsymbol{R}^n \right\rangle_{\boldsymbol{R}} + A = J^k(n, 1) \times \boldsymbol{R}$$

と仮定して一般性を失わない．さらに変数 $(u_1, \cdots, u_n)$ の置換を行なって

（4） $$\left\langle a_1, \frac{\partial F}{\partial u_2}\bigg|_{\boldsymbol{R}^n}, \cdots, \frac{\partial F}{\partial u_q}\bigg|_{\boldsymbol{R}^n} \right\rangle_{\boldsymbol{R}} + A = J^k(n, 1) \times \boldsymbol{R}$$

$$\left\langle a_1, a_2, \frac{\partial F}{\partial u_2}\bigg|_{\boldsymbol{R}^n}, \cdots, \frac{\partial F}{\partial u_q}\bigg|_{\boldsymbol{R}^n} \right\rangle_{\boldsymbol{R}} + A = J^k(n, 1) \times \boldsymbol{R}$$

……………………………………………

$$\left\langle a_1, a_2, \cdots, a_{q-1}, \frac{\partial F}{\partial u_q}\bigg|_{\boldsymbol{R}^n} \right\rangle_{\boldsymbol{R}} + A = J^k(n, 1) \times \boldsymbol{R}$$

と仮定できる.

(5)　$F_0(x, u_1, \cdots, u_r) = f(x) + \sum_{i=1}^{r} u_i \left(\dfrac{\partial F}{\partial u_i} \bigg|_{\boldsymbol{R}} \right)(x)$

は F に線形 k-ホモトピックである. 次に

$$a_1 \in J^k(n, 1) \times \boldsymbol{R} = \left\langle \frac{\partial F}{\partial u_1} \bigg|_{\boldsymbol{R}^n}, \cdots, \frac{\partial F}{\partial u_q} \bigg|_{\boldsymbol{R}^n} \right\rangle_{\boldsymbol{R}} + A$$

なので,

(6)　$a_1 = \sum_{i=1}^{q} c_i \dfrac{\partial F}{\partial u_i} \bigg|_{\boldsymbol{R}^n} + \alpha, \ \ \alpha \in A, \ \ c_i \in \boldsymbol{R}$

とかきあらわせる. 条件 (4) より, $c_1 \fallingdotseq 0$ である. c_1 の符号を ε_1 とすると, F_0 は条件 (4) より,

(7)　$F_1(x, u_1, \cdots, u_r) = f(x) + \varepsilon_1 u_1 a_1(x) + \sum_{i=2}^{q} u_i \left(\dfrac{\partial F}{\partial u_i} \bigg|_{\boldsymbol{R}^n} \right)(x)$

に線形 k-ホモトピックである. この操作を繰り返して, F_1 は

$$F_2(x, u_1, \cdots, u_r) = f(x) + \varepsilon_1 u_1 a_1(x) + \varepsilon_2 u_2 a_2(x) + \sum_{i=3}^{q} u_i \left(\frac{\partial F}{\partial u_i} \bigg|_{\boldsymbol{R}^n} \right)(x)$$

に線形 k-ホモトピックになる. 最後に,

$$F_{q-1}(x, u_1, \cdots, u_r) = f(x) + \sum_{i=1}^{q-1} \varepsilon_i u_i a_i(x) + u_q \left(\frac{\partial F}{\partial u_q} \bigg|_{\boldsymbol{R}^n} \right)(x)$$

は

$$F_q = H_\varepsilon = f(x) + \sum_{i=1}^{q} \varepsilon_i u_i a_i(x)$$

に線形 k-ホモトピックになる.

したがって, F は H_ε に k-ホモトピックになり, 同様に G はある $H_{\varepsilon'}$ に k-ホモトピックになる. ところで H_ε と $H_{\varepsilon'}$ は f-同値である.

(第1段階証明終)

第2段階　$F, G \in \mathcal{E}_{n+r}$ を f の開折とする. $F_t = tG + (1-t)F$ とおき, $E \in \mathcal{E}_{n+r+1}$ を $E(x, u, t) = tG(x, u) + (1-t)F(x, u) = F_t(x, u)$ で定義する. $\widetilde{E} : \boldsymbol{R}^n \times \boldsymbol{R}^r \times \boldsymbol{R} \to \boldsymbol{R} \times \boldsymbol{R}^r \times \boldsymbol{R}$ を

$$\widetilde{E}(x, u, t) = (E(x, u, t), u, t)$$

と定義する. 第2段階では, 次の補助定理を証明する.

補助定理 2　$\boldsymbol{R}^n \times \boldsymbol{R}^r \times \boldsymbol{R}$ 上のベクトル場 X, $\boldsymbol{R} \times \boldsymbol{R}^r \times \boldsymbol{R}$ 上のベクトル場 Y で, 次の条件を満たすものが存在すれば, $F_0 = F$ と F_t は十分小さい t に対して f-同値である.

（1） $dE(X)=Y$

（2） Y は $Y=\beta(u,t)\dfrac{\partial}{\partial y}+\sum_{j=1}^{r}\eta_j(u,t)\dfrac{\partial}{\partial u_j}+\dfrac{\partial}{\partial t}$, $\beta,\eta_j\in\mathcal{M}_r\mathcal{E}_{r+1}$

の形をしている．

（3） X は $X=\sum_{i=1}^{n}\xi_i(x,u,t)\dfrac{\partial}{\partial x_i}+\sum_{j=1}^{r}\zeta_j(u,t)\dfrac{\partial}{\partial u_j}+\dfrac{\partial}{\partial t}$,

$\xi_i\in\mathcal{M}_r\mathcal{E}_{n+r+1}$, $\zeta_j\in\mathcal{M}_r\mathcal{E}_{r+1}$ の形をしている．

ただし，

$$\left(\frac{\partial}{\partial y},\frac{\partial}{\partial u_1},\cdots,\frac{\partial}{\partial u_r},\frac{\partial}{\partial t}\right),\quad\left(\frac{\partial}{\partial x_1},\cdots,\frac{\partial}{\partial x_n},\frac{\partial}{\partial u_1},\cdots,\frac{\partial}{\partial u_n},\frac{\partial}{\partial t}\right)$$

はそれぞれ，$\boldsymbol{R}\times\boldsymbol{R}^r\times\boldsymbol{R}$ および $\boldsymbol{R}^n\times\boldsymbol{R}^r\times\boldsymbol{R}$ の直交座標 (y,u,t), (x,u,t) の双対ベクトル場である．

注意 1) $\tilde{E}$ の定義と（1）より，必然的に $\eta_j=\zeta_j$ となる．

2) この種の C^∞ 級同値の証明は常に，写像の間のホモトピーをつくり，（1）の条件とさらにいくつかの条件を満たすベクトル場 X, Y を構成することがキーポイントであったことに注意せよ（主要補助定理 I，第5章 定理 2.3，定理 3.9，第6章 定理5.3参照）

証明 時刻 $t=0$ で $(x,u,s)\in\boldsymbol{R}^n\times\boldsymbol{R}^r\times\boldsymbol{R}$ を通るベクトル場 X の積分曲線を $\varphi_t(x,u,s)$ であらわし，時刻 $t=0$ で $(y,u,s)\in\boldsymbol{R}\times\boldsymbol{R}^r\times\boldsymbol{R}$ を通るベクトル場 Y の積分曲線を $\psi_t(y,u,s)$ であらわす．X, Y の条件（2），（3）より，

$\varphi_t(\boldsymbol{R}^n\times\boldsymbol{R}^r\times\{o\})\subset\boldsymbol{R}^n\times\boldsymbol{R}^r\times\{t\}$, $\psi_t(\boldsymbol{R}\times\boldsymbol{R}^r\times\{o\})\subset\boldsymbol{R}\times\boldsymbol{R}^r\times\{t\}$,

となり，

$$\varphi_t|\boldsymbol{R}^n\times\boldsymbol{R}^r\times\{o\}:\boldsymbol{R}^n\times\boldsymbol{R}^r\times\{o\}\to\boldsymbol{R}^n\times\boldsymbol{R}^r\times\{t\}$$
$$\psi_t|\boldsymbol{R}\times\boldsymbol{R}^r\times\{o\}:\boldsymbol{R}\times\boldsymbol{R}^r\times\{o\}\to\boldsymbol{R}\times\boldsymbol{R}^r\times\{t\}$$

は第3章 補助定理 7.4 より，十分小さい t に対して，C^∞ 級同相写像である．

$$\psi_t(y,u,o)=(h(y,u,t),g(y,u,t),t)$$

とあらわせるが，Y の $\partial/\partial y$ の係数が (u,t) の関数なので，$h(y,u,t)=y+\alpha(u,t)$ の形となり，また，Y の $\partial/\partial u_i$ の係数が (u,t) の関数なので，$g(y,u,t)=g(u,t)$ の形となる．したがって

（4） $\psi_t(y,u,o)=(y+\alpha(u,t),g(u,t),t)$

の形をしている．$\varphi_t(x,u,o)$ も同様の考察と，注意の 1) より

（5）　$\varphi_t(x, u, o) = (H(x, u, t), g(u, t), t)$

の形をしている．条件（1）より第3章 補助定理7.7が使えて，

（6）　$\psi_t(\widetilde{E}(x, u, o)) = \widetilde{E}(\varphi_t(x, u, o))$

を得る．（6）に（4），（5）を代入すると

$$
\begin{aligned}
(F_0(x, u) + \alpha(u, t), g(u, t), t) &= \psi_t(F_0(x, u), u, o) \\
&= \widetilde{E}(\varphi_t(x, u, o) = \widetilde{E}(H(x, u, t), g(u, t), t) \\
&= (F_t(H(x, u, t), g(u, t)), g(u, t), t)
\end{aligned}
$$

よって

（7）　$F_0(x, u) + \alpha(u, t) = F_t(H(x, u, t), g(u, t))$

を得る．

ここで，$\alpha_t(u) = \alpha(u, t)$，$H_t(x, u) = H(x, u, t)$，$g_t(u) = g(u, t)$ とおくと，（7）は

（8）　$F_0(x, u) = F_t(H_t(x, u), g_t(u)) - \alpha_t(u)$

となる．$\Phi_t = (H_t, g_t, -\alpha_t)$ とおくとき，（8）は，Φ_t が F_0 から F_t への f-圏射の定義（第7章 定義1.7）の条件（iv）を満足していることを示している．$\zeta_j = \eta_j \in \mathcal{M}_r \mathcal{E}_{r+1}$ なので，

$$
X \Big|_{\boldsymbol{R}^n \times \{o\} \times \boldsymbol{R}} = \left(\frac{\partial}{\partial t}\right) \Big|_{\boldsymbol{R}^n \times \{o\} \times \boldsymbol{R}}
$$

となり，したがって

（9）　$H_t(x, o) = x$

を得る．したがって，$\Phi_t = (H_t, g_t, -\alpha_t)$ は F_0 から F_t への f-圏射となる．F_t から F_0 への Φ_t の逆 f-圏射はベクトル場 $-X$，$-Y$ から同様につくられるものである．

（第2段階証明終）

最終段階　第1段階で，線形 k-ホモトピックな f の開折 $F, G \in \mathcal{E}_{n+r}$ が f-同値であることを示せばよいことがわかった．$F_t = tG + (1-t)F$ とおくとき，F, G は線形 k-ホモトピックなので，すべての $t \in [0, 1]$ に対して k-横断的である．そのとき，すべての $s \in [0, 1]$ に対して，t が s に十分近いとき，F_t と F_s が f-同値になることを示せばよい．$[0, 1]$ が連結かつコンパクトなので，実際には十分小さい $t \in [0, 1]$ に対して F_0 と F_t が f-同値になることを示せば十分である．

第2段階で，そのためには，第2段階の補助定理の条件を満たすベク

トル場 X, Y が存在すればよいことをみた．この最終段階では，F と G が線形 k-ホモトピックであれば，そのようなベクトル場 X, Y が存在することを証明する．マルグランジュの予備定理がここで必要となる．

$F, G\in\mathcal{E}_{n+r}$ を線形 k-ホモトピックな f の開折とし，$F_t=tG+(1-t)F$ とおく．第2段階と同じく，$E\in\mathcal{E}_{n+r+1}$ を $E(x,u,t)=F_t(x,u)$ とし，$\tilde{E}:\boldsymbol{R}^n\times\boldsymbol{R}^r\times\boldsymbol{R}\to\boldsymbol{R}\times\boldsymbol{R}^r\times\boldsymbol{R}$ を $\tilde{E}(x,u,t)=(E(x,u,t),u,t)$ で定義する．そのとき，次の補助定理を得る．

補助定理 3

（1） $$\mathcal{E}_{n+r+1}=\left\langle\frac{\partial E}{\partial x_1},\cdots,\frac{\partial E}{\partial x_n}\right\rangle_{\mathcal{E}_n}+\boldsymbol{R}+\left\langle\frac{\partial E}{\partial u_1},\cdots,\frac{\partial E}{\partial u_r}\right\rangle_{\boldsymbol{R}}+\mathcal{M}_{r+1}\mathcal{E}_{n+r+1}$$

（2） $$\mathcal{E}_{n+r+1}=\left\langle\frac{\partial E}{\partial x_1},\cdots,\frac{\partial E}{\partial x_n}\right\rangle_{\mathcal{E}_{n+r+1}}+\left\langle\frac{\partial E}{\partial u_1},\cdots,\frac{\partial E}{\partial u_r}\right\rangle_{\mathcal{E}_{r+1}}+\mathcal{E}_{r+1}$$

（3） $$\mathcal{M}_r\mathcal{E}_{n+r+1}=\left\langle\frac{\partial E}{\partial x_1},\cdots,\frac{\partial E}{\partial x_n}\right\rangle_{\mathcal{M}_r\mathcal{E}_{n+r+1}}+\left\langle\frac{\partial E}{\partial u_1},\cdots,\frac{\partial E}{\partial u_r}\right\rangle_{\mathcal{M}_r\mathcal{E}_{r+1}}+\mathcal{M}_r\mathcal{E}_{r+1}$$

証明（1） $F=F_0$ が k-横断的なので，主要補助定理Ⅳより，

（4） $$\mathcal{E}_n=\left\langle\frac{\partial f}{\partial x_1},\cdots,\frac{\partial f}{\partial x_n}\right\rangle_{\mathcal{E}_n}+V_{F_0}+\mathcal{M}_n{}^{k+1}$$

を得る．

一方，f が k-既定なので，主要補助定理Ⅰより

（5） $$\mathcal{M}_n{}^{k+1}\subset\mathcal{M}_n\left\langle\frac{\partial f}{\partial x_1},\cdots,\frac{\partial f}{\partial x_n}\right\rangle_{\mathcal{E}_n}$$

なので，

（6） $$\mathcal{E}_n=\left\langle\frac{\partial f}{\partial x_1},\cdots,\frac{\partial f}{\partial x_n}\right\rangle_{\mathcal{E}_n}+V_{F_0}$$

を得る．任意に $h\in\mathcal{E}_{n+r+1}$ をとる．$h|\boldsymbol{R}^n\in\mathcal{E}_n$ なので（6）より

（7） $$h|\boldsymbol{R}^n=\sum_{l=1}^n\mu_l\frac{\partial f}{\partial x_l}+\sum_{l=1}^r b_l\frac{\partial F_s}{\partial u_l}+c$$

とかける．ただし $\mu_l\in\mathcal{E}_n$，b_l，$c\in\boldsymbol{R}$．$\mu_l\in\mathcal{E}_n\subset\mathcal{E}_{n+r+1}$ と考えて

（8） $$h'=h-\sum_{l=1}^n\mu_l\frac{\partial E}{\partial x_l}-\sum_{l=1}^r b_l\frac{\partial E}{\partial u_l}-c$$

とおくと，$E|\boldsymbol{R}^{n+r}=F_0$，$E|\boldsymbol{R}^n=f$ なので，$h'|\boldsymbol{R}^n=0$ となる．したが

って，

（9）　$h' \in \mathcal{M}_{r+1}\mathcal{E}_{n+r+1}$

となる．

$$\left(\because \quad h'(x,u,t) = h'(x,o) + \int_0^1 \frac{df(x,\theta u,\theta t)}{d\theta} d\theta \right.$$

$$= 0 + \int_0^1 \left\{ \frac{\partial f}{\partial t}(x,\theta u,\theta t)t + \sum_{i=1}^{r} \frac{\partial f}{\partial u_i}(x,\theta u,\theta t)u_i \right\} d\theta$$

$$\left. = t\int_0^1 \frac{\partial f}{\partial t}(x,\theta u,\theta t)dt + \sum u_i \int_0^1 \frac{\partial f}{\partial u_i}(x,\theta u,\theta t)d\theta \right)$$

$\partial E/\partial x_i = \partial f/\partial x_i$ であることを考えると，（8），（9）より，$\mathcal{E}_{n+r+1}$ の任意の元 h は，

$$h \in \left\langle \frac{\partial E}{\partial x_1}, \cdots, \frac{\partial E}{\partial x_n} \right\rangle_{\mathcal{E}_n} + \boldsymbol{R} + \left\langle \frac{\partial E}{\partial x_1}, \cdots, \frac{\partial E}{\partial u_n} \right\rangle_{\boldsymbol{R}} + \mathcal{M}_{r+1}\mathcal{E}_{n+r+1}$$

となり，（1）が証明された．

（2）の証明　（1）より

$$(10) \quad \mathcal{E}_{n+r+1} = \left\langle \frac{\partial E}{\partial x_1}, \cdots, \frac{\partial E}{\partial x_n} \right\rangle_{\mathcal{E}_{n+r+1}} + \mathcal{E}_{r+1} + \left\langle \frac{\partial E}{\partial u_1}, \cdots, \frac{\partial E}{\partial u_r} \right\rangle_{\mathcal{E}_{r+1}} + \mathcal{M}_{r+1}\mathcal{E}_{n+r+1}$$

を得る．この付録 III の最初に掲げたマルグランジュの補助定理を（$n \to n+r+1$, $p \to r+1$, $f \to \pi : \boldsymbol{R}^n \times \boldsymbol{R}^{r+1} \to \boldsymbol{R}^{r+1}$, $C \to \mathcal{E}_{n+r+1}$, $A \to \mathcal{E}_{r+1} + \langle \partial E/\partial u_1, \cdots, \partial E/\partial u_r \rangle_{\mathcal{E}_{r+1}}$, $B \to \langle \partial E/\partial x_1, \cdots, \partial E/\partial x_n \rangle_{\mathcal{E}_{n+r+1}}$ とおいて）適用すると，

$$(2) \quad \mathcal{E}_{n+r+1} = \left\langle \frac{\partial E}{\partial x_1}, \cdots, \frac{\partial E}{\partial x_n} \right\rangle_{\mathcal{E}_{n+r+1}} + \left\langle \frac{\partial E}{\partial u_1}, \cdots, \frac{\partial E}{\partial u_r} \right\rangle_{\mathcal{E}_{r+1}} + \mathcal{E}_{r+1}$$

を得る．

（3）の証明　（2）の両辺に $\mathcal{M}_r$ をかけると（3）を得る．

（補助定理 3 証明終）

<u>さて最終段階の証明に戻ろう</u>

$E(x,o,t) = (1-t)F(x,o) + tG(x,o) = f(x)$．したがって，$\partial E/\partial t(x,o,t) = 0$，ゆえに $\partial E/\partial t|\boldsymbol{R}^{n+1} = 0$ なので，$\partial E/\partial t \in \mathcal{M}_r\mathcal{E}_{n+r+1}$ である（補助定理 3 の（1）の証明の途中の式（9）の計算参照）．補助定理 3 の（3）より

$$(11)\quad \frac{\partial E}{\partial t}(x,u,t)=\sum_{i=1}^{n}\frac{\partial E}{\partial x_i}(x,u,t)\xi_i(x,u,t)$$
$$+\sum_{j=1}^{r}\frac{\partial E}{\partial u_j}(x,u,t)\eta_j(u,t)+\beta(u,t)$$

$\xi_i\in\mathcal{M}_r\mathcal{E}_{n+r+1}$, η_j, $\beta\in\mathcal{M}_r\mathcal{E}_{r+1}$, とかける．ここで，

$$(12)\quad X=-\sum_{i=1}^{n}\xi_i\frac{\partial}{\partial x_i}-\sum_{j=1}^{r}\eta_j\frac{\partial}{\partial u_j}+\frac{\partial}{\partial t}$$

$$(13)\quad Y=\beta\frac{\partial}{\partial y}-\sum\eta_j\frac{\partial}{\partial u_j}+\frac{\partial}{\partial t}$$

とおくと，X, Y は補助定理 2 の条件を満たす．したがって補助定理 2 より，十分小さい $t\in[0,1]$ に対して，$F=F_0$ と F_t は f-同値である．

（主要補助定理 II 証明終）

あとがき（参考書など）

この本の各章の話題についてさらに勉強したい読者のために，関係ある参考書，論文をあげよう．

この本では，予備知識として，微分積分学，線形代数学（行列と行列式）および位相空間についての基礎知識を要求している．微分積分学，および線形代数学に関しては，大学の教養課程で学ぶ程度で十分である．

位相空間論に関しては，本書では詳しい知識は要求しておらず，ただ，位相に関するいくつかの基本的な概念が把握されていれば十分である（たとえば位相空間，連続写像，コンパクト，ハウスドルフ空間，開（閉）集合，稠密など）．入門書として，たとえば，

河田敬義，三村征雄：現代数学概説II（岩波書店）

竹内　脩：トポロジー（広川書店）

鶴見　茂：現代解析学序説（共立全書）

野口　広：位相空間（至文堂）

をあげておく．

〔第1章〕　この導入部での主要な参考書は

R. Thom : Structural Stability and Morphogenesis, W. A. Benjamin, Inc. (1975).

および文献にあげた［53］である．次の本は数学系でない読者に向いている．

C. P. Bruter : Topologie et perception, Tome 1 bases philosophiques et mathématiques, Maloine-Doin éditeurs, Paris, 1974.

また，

G. Wasserman : Stability of Unfoldings, Lecture notes in Math. 393, Springer-Verlage (1970).

の付録の短い記事も参考になろう．日本語の本では

野口　広：カタストロフィーの理論，講談社（昭和 48 年）

野口　広：トポロジーの話題から，日本評論社（昭和 48 年）

があり，ともに数学系でない読者にもわかるように書いてある．

〔第2章〕　代数学に関しては数学科の学生が3年次に学ぶ程度で十分である．次の参考書を掲げておこう．

ウァン・デル・ヴェルデン：現代数学 I，II，III（東京図書）の I の知識で十分である．

永田雅宣：可換体論（裳華房）はわれわれの必要とするものをはるかにこえた内容のものであるが，その第1章で，われわれの必要とする知識をコンパクトに

手際よく説明してある.

〔第3章〕 多様体に関しても，多くの入門書があるが，次の3書を掲げておく.

松島与三：多様体入門（裳華房）.

S. Lang : Introduction to differentiable manifolds (Wiley (Interscience) 1962).

J. R. Munkres : Elementary differential topology (Annals of Mathematics studies, Princeton University Press, 1963).

この章に関して接ベクトルの定義について一言しておかねばならないだろう. 一般に接ベクトルは微分作用素として定義されるのであるが，それでは“接ベクトル”ということばから受ける感じと異和感があるので，直観的な定義を採用した. もちろん，両者は一致する. これについては上記の松島の本（第II章 §5）を参照のこと.

〔第4章〜第6章〕 第4〜6章はカタストロフィー理論の母体である，写像の特異点論について述べてある. この分野の現状を知るには，論文集 C. T. C. Wall 編 [57] がよいと思う. また，最近 J. Mather の仕事を含めた教科書 M. Golubitsky-V. Guillemin [14] が出版された. 写像の特異点論を勉強しようと思う読者には，最適の本であると思う. また，第4章，第5章の内容および R. Thom がどのようなことを目ざしていたかを知るには，R. Thom [49] と C. T. C. Wall 編 [57] に所蔵されている R. Thom の 1960 年 Bonn 大学における講義録をもとに H. I. Levine によってつくられたテキスト [17] が参考になろう. 第4章は [17] を非常に多く参考にした.

第4章の最後に述べた J. Mather の安定性定理の証明の概略を知りたい向きには H. Cartan [10], C. T. C. Wall [55] がよいと思う. [10] は H. Cartan の 1969 年東京で催された関数解析学国際会議における講演の日本語による記録である. J. Mather の仕事を本当に理解したい読者には [14] の後に，（または直接）J. Mather の原論文 [24]〜[29] を読むことを勧める.

第5章の横断性定理の証明は，J. Boadman [8] による証明のコピーである. これは [17] における証明に比べて非常に簡単になっている. またこの論文 [8] は，この本ではふれなかった，Thom-Boadman の特異点という，特異点の分類において大きな力を発揮した概念を開発した重要なものである.

第5章 §3 の Morse の補助定理の証明は J. Milnor [33] からのコピーである. Morse の関数はカタストロフィーの理論ばかりでなく，その他のトポロジーにおける応用が広い. 応用については [33] を参照のこと.

第6章の Malgrange の予備定理については，C. T. C. Wall [56], L. Nirenberg [34], B. Malgrange [22] を参考にした.

Malgrange の予備定理は局所的な（関数芽に関する）ものであるが，それを J. Mather [24] は大域的なものに拡張した. この拡張なしには，J. Mather の安定性の定理は得られない．

第6章 §4 の Whitney の折り目とくさびについては [22] からとった．

〔第7章〕　この章を書くにあたっては，R. Thom [53]，J. Mather [31]，G. Wassermann [58] を参考にした．いまのところ [58] が安定開折に関するただ一つの出版されたものであるが，多くの概念を盛り込みすぎて読みづらい．しかし著者はこの章を書くにあたって，多くを参考にした．この章のやり方は J. Mather [31] に起源を発するもので，それらは，J. Mather の [24]〜[29] で開発された道具に負うところが多い．G. Wassermann [58] は J. Mather [31] を詳しくしたものである．最近，T. H. Bröcker [9] が出版されたようである．比較的読みやすいと聞いている．

〔第8章〕　§1 で述べたような，関数の特異点の分類に興味のある読者は斉藤恭司 [40]，[41] および V. I. Arnold の一連の仕事 [2]〜[7]，さらに F. Pham [37]，[38] などに進まれるとよいと思う．ここらあたりはいくつかの分野が交叉する興味ある分野である．

§3 のカタストロフィーと力学系については，もう少し力学系の現状について詳しく述べるべきであった．このことについては白岩謙一 [42]，池上-白岩 [16]，S. Smale [45] の紹介文を参照してほしい．またその末尾の文献表を参照のこと．Peixoto 編 [36] および Chern & Smale 編 [11] と A. Manning 編 [23] には力学系とカタストロフィーに関係のある論文が多く載っている．

さらに R. Thom [53] にはカタストロフィーに関して開発すべき数学の分野（たとえば力学系，リー変換群の作用の分類）について書いてある．Arnold [6] も興味ある仕事である．文献の応用の部は [23] によった．

参考文献

[1] A. Andronov and L. Pontrjagin : Systèmes Grossiers, Dokl. Acad. Nauk, 14 (1937), 247-250.

[2] V. I. Arnold : Singularities of smooth mappings, Russian Math. Surveys (1969) 1-43 (Translated from Uspehi Math. Nauk, 23 (1968) 3-44).

[3] V. I. Arnold : On local problems of analysis, Vestnik Moscov Gos. Univ. Ser. Mat. Mekh (1970) No. 2, 52-55.

[4] V. I. Arnold : On matrices depending on parameters, Uspekhi Math., Nauk, 26 : 2 (1971).

[5] V. I. Arnold : Normal forms of functions near degenerate critical points, Weyl groups A_k, D_k, E_k and Lagrange singularities, Functional Anal. and its Appl. Vol. 6, No. 4 (1972) 3-25.

[6] V. I. Arnord : Lectures on bifurcations in versal families Russian Math. Survey Vol. 27, No. 5 (1972).

[7] V. I. Arnold : Normal forms of functions near degenerate critical points, Uspehi Mat. Nauk, 29, 2 (1974) 11-49.

[8] J. Boardman : Singularities of differentiable maps. Publ. Math. I. H. E. S., 33 (1967) 21-57.

[9] T. H. Bröcker : Differentiable germs and Catastrophes, London Math. Soc. Lecture notes series, Cambridge Univ. Press.

[10] H. Cartan : On the structural stability of differentiable mappings, 数学, 第22巻 第1号 (1970).

[11] S. S. Chern-S. Smale 編 : Global Anal. Proc. Symp. Pure Math. 1970, 14, pp. 165-184, Amer. Math. Soc. Providence, Rhode Island 1970.

[12] T. Fukuda : Types topologiques des polynômes, Publ. Math. I. H. E. S., No. 46. (1976) pp. 87-106.

[13] 福田拓生 : Topologically universal unfolding について, 数理解析研究所講演録, No. 257 "C^∞ 写像のトポロジー".

[14] M. Golubitsky-V. Guillemin : Stable mappings and their singularities, Graduate texts in Math. 14 Springer-Verlag, 1973.

[15] J. Guckenheimer : One-parameter families of vector fields on two-manifolds : Another Nondensity theorem in [36], 111-128.

[16] 池上-白岩：多様体上の力学系，数理解析研究所講究録．“力学系の総合的研究”(1975).

[17] H. I. Levine : Singularities of differentiable mappings in [57], 1-89.

[18] S. Lojasicwicz : Sur le problème de la division, Studia mathematica, 18 (1959) 87-136; Rozprawy Matematyczne, 22 (1961).

[19] E. Looyenga : Structural stability of families of C^∞ functions and the canonical stratification of $C^\infty(N)$, mimeographed I. H. E. S. (1974).

[20] B. Malgrange : Le théorème de préparation en géometrie differentiable Séminaire, H. Cartan, 1962/63, exposés 11, 12, 13, 22.

[21] B. Malgrange : The preparation theorem for differentiable functions, Differential Analysis, Oxford Univ. Press, 1964, 203-208.

[22] B. Malgrange : Ideals of differentiable functions, Oxford Univ. Press, 1966.

[23] A. Manning 編 : Dynamical Systems-Warwick, 1974, Warwick Univ. Springer Lecture Notes 468 (1975)

[24] J. Mather : Stability of C^∞ mappings : I. The division theorem, Ann. of Math. (2), 87 (1968) 89-104.

[25] J. Mather : Stability of C^∞ mappings : II. Infinitesimal stability implies stability, Ann. of Math. (2), 89 (1969) 254-291.

[26] J. Mather : Stability of C^∞ mappings : III. finitely determined map-germs, Publ. Math. I. H. E. S., 35 (1968) 127-156.

[27] J. Mather : Stability of C^∞ mappings : IV. Classification of stable germs by $\boldsymbol{R}$-algebras, Publ. Math. I. H. E. S., 37 (1969) 223-248.

[28] J. Mather : Stability of C^∞ mappings : V. Transversality, Advances in Math., 4 (1970) 301-336.

[29] J. Mather : Stability of C^∞ mappings : VI. The nice dimension in [57], 207-253.

[30] J. Mather : Stratifications and Mappings, in [36].

[31] J. Mather : Unpublished note on Right equivalence.

[32] 松島与三：多様体入門（裳華房).

[33] J. Milnor : Morse theory, Annals of Math. Studies, 51, Princeton University Press, Princeton, New Jersey, 1963.

[34] L. Nirenberg : A proof of the Malgrange preparation theorem in [57].

[35] M. Peixoto : Structural stability on two-dimensional manifolds, Topology 1 (1962) 101-120.

[36] M. Peixoto 編 : Dynamical systems, proceedings of Salvador symposium on dynamical systems, Academic press, 1973.

[37] F. Pham : Classification des singularités, (mimeographed) Université de Nice, 1971.

[38] F. Pham : Remarque sur l'équisingularité universelle (mimeographed), Université de Nice, 1970.

[39] A. Sard : The measure of critical values of differentiable maps, Bull. A. M. S. Vol. 48 (1942) 883-890.

[40] K. Saito : Quasi homogene isolierte von Hyper flächen Inventions math., 14 (1971) 123-142.

[41] K. Saito : Einfach-elliptische Singularitäten Inventions math., 23 (1974) 289-325.

[42] 白岩謙一 : Differentiable Dynamical system の問題について, 数理解析研究所講究録 216.

[43] D. Siersma : The singularities of C^∞-functions of right-codimension smaller or equal than eight, Indag. Math., 35, No. 1 (1973) 31-37.

[44] S. Smale : Structurally Stable systems are not dense Amer. J. Math., 88 (1966) 491-116.

[45] S. Smale : Differentiable dynamical systems, Bull. A. M. S., 73 (1967) 747-817.

[46] J. Sotomayor : Generic one parameter families of vector fields, to be published, I. H. E. S., Vol. 43.

[47] J. Sotomayor : Structural stability and Bifurcation theory, in [36].

[48] J. Sotomayor : Generic bifurcation theory of Dynamical systems, in [36].

[49] R. Thom : Les singularités des applications différentiables Ann. Inst. Fourier t. 6 (1955-56) 43-87.

[50] R. Thom : Un lemme sur les applications differentiables. Bol. Soc. Math. Mexicana (1956) 53-71.

[51] R. Thom : La stabilité topologique des applications polynomiales, L'Enseignement Mathématique t. VIII, 1-2 (1962).

[52] R. Thom : Stabilité structurelle et Morphogénèse, W. A. Benjamin, Inc., Reading, Massachusetts, 1972.

[53] R. Thom : Modèles Mathématiques de la Morphogénèse, Union générale d'édition, 1974.

[54] R. Thom : Conjecture in "Problems in Present day mathematics" edited by the organizing Committee of Vancouver mathematical congress (mimeographed).

[55] C. T. C. Wall : Lectures on C^∞-stability and classifications, in [57] 178-206.

[56] C. T. C. Wall : Introduction to the preparation theorem, in [57] 90-96.

[57] C. T. C. Wall 編 : Proceeding of Liverpool Singularities Symposium I, Springer Lecture notes in Math., 192, Springer-Verlag, Berlin, 1971.

[58] G. Wassermann : Stability of unfoldings, Springer Lecture notes in Math. 393, Springer-Verlag, Berlin, 1974.

[59] K. Weierstrass : Vorbereitungssatz, Werke, Vol. 2, 135.

[60] H. Whitney : Differentiable manifolds, Ann. of Math. Vol. 37, No. 3 (1935) 645-680.

[61] H. Whitney : On singularities of mappings of Euclidean spaces I. Mappings of the plane into the plane. Ann. of Math. Vol. 62 (1955) 374-410.

[62] R. Williams : The "DA" maps of Smale and structural stability, in [11].

[63] A. E. R. Woodcock and T. Poston : A Geometrical study of the elementary Catastrophes, Lecture notes in Math. Vol. 373, 1974. Springer-Verlag.

応　　用

[64] R. Abraham : Introduction to morphology, Quatrième Rencontre entre Math. et Phys. (1972), Vol. 4 Fasc. 1, Dept. Math. de l'Univ. de Lyon, Tome 9 (1972) 38-114.

[65] J. Amson : Equilibrium and catastrophic modes of urban growth, London Papers in Regional Science Vol. 4, Space-time concepts in urban and regional models, 291-306.

[66] P. Antonelli : Transplanting a pure mathematician into theoretical biology, Proc. Conference on Mathematics, Statistics and the Environment, Ottawa, 1974.

[67] N. A. Baas : On the models of Thom in biology and morphogenesis, (Univ. Virginia, preprint, 1972).

[68] C. P. Bruter : Secondes remarques sur la perception linguistique, Proc. Symp. d'Urbino (Juillet 1971) 1-7.

[69] D. R. J. Chillingworth : Elémentary catastorophe theory, IMA Bulletin, in press.

[70] D. R. J. Chillingworth : The catastrophe of a buckling beam, in

[23].
[71] D. R. J. Chillingworth & P. Furness : Reversals of the earth's magnetic field, in [23].
[72] M. M. Dodson : Darwin's Law of natural selection and Thom's theory of morphogenesis, Jour. Theoretical Biology (to appear).
[73] M. M. Dodson & E. C. Zeeman : A topological model of evolution (in preparation).
[74] D. H. Fowler : The Riemann-Hugoniot catastrophe and van der Waals' equation, Towards a Theoretical Biology. Edinburgh University Press, Vol. 4, 1-7.
[75] N. Furutani : A new approach to traffic behaviour, Tokyo, Preprint, 1974.
[76] B. Goodwin : Review of Thom's book, Nature, Vol. 242, 207-208, (16th March 1973).
[77] J. Guckenheimer : Caustics, Proc. UNESCO Summer School, Trieste; 1972, to be published by the International Atomic Energy Authority, Vienna.
[78] J. Guckenheimer : Review of Thom's book, Bull. Amer. Math. Soc., **79** (1973) 878-890.
[79] J. Guckenheimer : Caustics and non-degenerate Hamiltonians, Topology, **13** (1974) 127-133.
[80] J. Guckenheimer : Shocks and rarefactions in two space dimensions, Arch. for Rational Mechanics and Analysis (to appear).
[81] J. Guckenheimer : Isochrons and phaseless sets, Jour. Math. Biology, (to appear).
[82] C. Hall, P. J. Harrison, H. Marriage, P. Shapland & E. C. Zeeman : Prison Riots, (in preparation).
[83] P. J. Harrison & E. C. Zeeman : Applications of catastrophe theory to macroeconomics (to appear in Symp. Appl. Global Analysis, Utrecht Univ., 1973).
[84] C. A. Isnard & E. C. Zeeman : Some models from catastrophe theory in the social sciences (Edinburgh conference, 1972), in Use of models in the Social Sciences (Ed. L. Collins; Tavistcok, London, 1974).
[85] K. Jänich : Caustics and catastrophes, in [23].
[86] C. W. Kilmister : The concept of catastrophe (review of Thom's book), Times Higher Educ. Supplement, (30th Nov. 1973), 15.
[87] J. J. Kozak & C. J. Benham : Denaturation; an example of a catastrophe, Proc. Nat. Acad. Sci. U. S. A., **71** (1974) 1977-1981.

[88] G. Mitchison : Topological models in biology : an Art or a Science? (M. R. C. Molecular Biology Unit, Cambridge, preprint).

[89] H. Noguchi & E. C. Zeeman : Applied catastrophe theory (in Japanese), Bluebacks, Kodansha, Tokyo, 1974.

[90] T. Poston : The Plateau problem, Summer College on Global Analysis, ICTP, Trieste, 1972.

[91] T. Poston & A. E. R. Woodcock : On Zeeman's catastrophe machine, Proc. Camp. Phil. Soc., **74** (1973) 217-226.

[92] D. Ruelle & F. Takens : On the nature of turbulence, Comm. Math. Phys., **20** (1971) 167-192.

[93] L. S. Schulman & M. Revzen : Phase transitions as catastrophes, Collective Phenomena, **1** (1972) 43-47.

[94] L. S. Schulman : Tricritical points and type three phase transitions, Phys. Rev., Series B, **7** (1973) 1960-1967.

[95] L. S. Schulman : Phase transitions as catastrophes, (to appear).

[96] L. S. Schulman : Stable generation of simple forms, Indiana Univ., preprint, 1974.

[97] S. Smale : On the mathematical foundations of electrical circuit theory, J. Diff. Geometry, **7** (1972) 193-210.

[98] S. Smale : Global analysis and economics :
I : Pareto optimum and a generalisation of Morse theory, [36] 531-544.
IIA : Extension of a theorem of Debreu, J. Math. Econ., **1** (1974) 1-14.
III : Pareto optima and price equilibria, (to appear).

[99] F. Takens : Geometric aspects of non-linear R. L. C. networks, in [23].

[100] R. Thom : Topologie et signification, L'Age de la Science, **4** (1968) 219-242.

[101] R. Thom : Comments on C. H. Waddington : The basic ideas of biology, Towards Theoretical Biology, Edinburgh Univ. Press, **1**, 32-41.

[102] R. Thom : Une théorie dynamique de la morphogénèse, Towards Theoretical Biology, Edinburgh Univ. Press, **1**, 152-179.

[103] R. Thom : A mathematical approach to Morphogenesis : Archetypal morphologies, Wistar Inst. Symp. Monograph, **9**, Heterospecific Genome Interaction, Wistar Inst. Press, 1969.

[104] R. Thom : Topological models in biology, Topology, **8** (1969), 313-

335.

[105] R. Thom : Topologie et Linguistique, Essays on Topology and related topics (ded. G. de Rham; ed. A. Haefliger & R. Narasimham) Springer, 1970, 226-248.

[106] R. Thom : Les symmetries brisées en physique macroscopique et la mécanique quantique, CRNS., RCP, 10 (1970),

[107] R. Thom : Structuralism and biology, Towards Theoretical Biology, Edinburgh Univ. Press, 4, 68-82.

[108] R. Thom : Stabilité structurelle et morphogénèse, Benjamin, New York, 1972; English translation by D. H. Fowler, Benjamin-Addison Wesley, New York, 1974.

[109] R. Thom : A global dynamical scheme for vertebrate embryology (AAAS, 1971, Some Math. Questions in Biology VI), Lectures on Maths. in the Life Sciences, 5 (Amer. Math. Soc., Providence, 1973) 3-45.

[110] R. Thom : Phase-transitions as catastrophes (Conference on Statistical Mechanics, Chicago, 1971).

[111] R. Thom : Langage et catastrophes : Eléments pour une Sémantique Topologique, [36] 619-654.

[112] R. Thom : De l'icône au symbole; Esquisse d'une théorie du symbolisme, Cahiers Internationaux de Symbolisme, 22-23 (1973) 85-106.

[113] R. Thom : Sur la typologie des langues naturelles : essai d'interprétation psycho-linguistique, in Formal Analysis of Natural languages, ed. Moutin, 1973.

[114] R. Thom : La Linguistique, discipline morphologique exemplaire, Critique, 322 (March 1974) 235-245.

[115] J. M. T. Thompson & G. W. Hunt : Towards a unified bifurcation theory, University College, London, preprint, 1974.

[116] M. Thompson : The geometry of confidence : An analysis of the Enga te and Hagen moka; a complex system of ceremonial pig-giving in the New Guinea Highlands (Portsmouth polytechnic, preprint, 1973), to appear in Rubbish Theory, Paladin.

[117] M. Thompson : Class, caste, the curriculum cycle and the cusp catastrophe, to appear in Rubbish Theory, Paladin.

[118] C. H. Waddington : A catastrophe theory of evolution, Annals N. Y. Acad. Sci., 231 (1974) 32-42.

[119] A. T. Winfree : Spatial and temporal organisation in the Zhabotinsky

reaction, Aharon Katchalsky Memorial Symp. (Berkeley, 1973).
[120] A. T. Winfree : Rotating chemical reactions, Scientific American, **230**, 6 (June 1974) 82-95.
[121] E. C. Zeeman : Breaking of Waves, Warwick Symp. Dyn. Systems (Ed. D. R. J. Chillingworth), Lecture Notes in Mathematics, 206, Springer (1971) 2-6.
[122] E. C. Zeeman : The Geometry of catastrophe, Times Lit. Supp., (December 10 th, 1971) 1556-7.
[123] E. C. Zeeman : Differential equations for the heartbeat and nerve impulse in [36] 683-741.
[124] E. C. Zeeman : A catastrophe machine, Towards a Theoretical Biology, Edinburgh Univ. Press, Vol. **4**, 276-282.
[125] E. C. Zeeman : Catastorophe theory in brain modelling, Intern. J. Neuroscience, **6** (1973) 39-41.
[126] E. C. Zeeman : Applications of catastrophe theory, Intern. Conf. on Manifolds, (Tokyo University, 1973).
[127] E. C. Zeeman : On the unstable behaviour of stock exchanges, J. Math. Economics, **1** (1974) 39-49.
[128] E. C. Zeeman : Research ancient and modern, Bull. Inst. Math. and Appl., **10**, 7 (1974) 272-281.
[129] E. C. Zeeman : Primary and secondary waves in developmental biology, (AAAS, 1971, Some mathematical Questions in Biology, VIII), Lectures on Maths. in the Life Sciences, **7** (Amer. Math. Soc., Providence, USA, 1974), in press.
[130] E. C. Zeeman : Differentiation and pattern formation, (Appendix to J. Cooke, Some current theories of the emergence and regulation of spatial organisation in early animal development) Annual Rev. of Biophys. and Bioengineering, 1975, in press.
[131] E. C. Zeeman : Catastrophe theory in biology, in [23].
[132] E. C. Zeeman : Levels of structure in catastrophe theory, Proc. Int. Congress of Math. (Vancouver, 1974).
[133] E. C. Zeeman : Conflicting judgements caused by stress, (to appear).

復刊にあたってのあとがき

カタストロフィー理論のその後

この本の初版が出たのは1976年である．あれから四半世紀が経った．「カタストロフィー理論はその後どうなったのか？」という質問をしばしば受ける．復刊に際し，この場を借りてこの質問に答えたい．

まず，このような質問が数学者からもなされる背景について述べよう．

カタストロフィー理論に関する最初の文献は1969年に出版された［79］である．その題名 “Topological Models in Biology” から分かるように，この論文でルネ・トムは生物学とくに発生学への応用の試みと彼の基本的な哲学を述べ，初等カタストロフィーの分類定理を与えた．

また，自身 *Topology of the Brain*（Mathematics and Computer Science in Biology and Medecine, Medical Reseach Council, 1965）というトポロジーの生物学への先駆的試みをしていたジーマン（E.C. Zeeman）がトムの考えに共鳴し，カタストロフィー理論の応用を精力的に始めたのが1970年頃である．以後，ジーマンその他の人による応用に関する論文が多く出版され，「ニュートン以来の大理論」などと一般紙や科学マスコミなどで騒がれてカタストロフィー理論のブームが起こった．日本でも時を経ずしてブームのようなものが起こった．そのようなときに，初等カタストロフィー理論の主定理である分類定理の厳密な証明の本を書いて欲しいとの依頼を受け，この本の初版が書かれた．依頼を受けた時点では，分類定理の厳密な証明の出版物は世界的に見ても専門家向けの［58］（G. Wassermann, 1974）しかなかった．

さて，ジーマンとそれに続く人達の応用は，発見的な大変良い例も多くあったが，人文社会学，心理学まで含み，論拠のあやふやなものも多く，玉石混淆であった．この本の初版が出た直後（1977年）から，主にジーマンたちの応用に対して，そして中にはトム自身に対しても，批判が一斉に巻

き起こった．典型的例を挙げると

H.J. Sussman：A skeptic, *Science* **197** (1977)

S.Smale：Review of Catastrophe Theory by E.C. Zeeman, *Bull. Amer. Math. Soc.* **84**, 1360-8 (1977).

などである．批判の主な点を挙げると，以下のようなことであった．

（1）　カタストロフィー理論の応用と称するものに数学的に厳密でないものが多い．

（2）「カタストロフィー理論はニュートン以来の大理論」などとは誇大広告である．もっと言うと新しい確実な応用が何もない．

（3）　過去の数学の結果や現在の他分野の結果に対する敬意がない．

（1）については，実際，社会科学や心理学への応用に際し，何故選ばれたパラメータが現象を支配しているのか，また何故その関数がその現象のポテンシャル関数であるのかの説明がなく，こうすると現象に合致するとしか言っていないものが多い，というものである．この批判が一番分かりやすく説得力がある．（2）については，いろいろ騒がれて良い気になっているが「王様は裸である」という批評である．（3）については，例えば安定性という概念をあたかも自分らの専売特許のように吹聴しているが，すでに1930年代に力学系でアンドロノフとポントリャギンにより得られている．また他分野の結果を全然勉強せず，他分野で既に知られている結果をカタストロフィー理論の応用による新しい結果として発表するのはけしからん，などというものである．

批判の中にはルネ・トムの言っていることが分からずに（実際トムの考えを理解するのは難しい）的はずれのものもあるが，上の3点の批判のいずれも，反論の余地がない．実際，ある時点からカタストロフィー理論の応用に関する論文を見ることは少なくなった．それで「カタストロフィー理論はその後どうなったのか？」という質問を同業者から発せられるようになったのである．さて，この質問に関する私の答は以下に述べるものである．

「カタストロフィー理論の論拠のはっきりしない応用の時代は終わった．しかしトムの夢は死んでいない．むしろ，少し姿を変えた形で，より大きく育っている．それがカタストロフィー理論と呼ばれないので多くの人に気づかれないだけである．」

力学系で記述されるより大きな枠組みのメタボリックモデルの現状については後述するとして，関数の特異点の分岐のカタストロフィー理論について述べよう．ロシアの数学者アーノルド（V.I. Arnold）はその著書

V.I. Arnold：*Catastrophe Theory,* ロシア語版（1981）；英語版 Springer-Verlag（1984）；日本語版 蟹江 幸博 訳：『カタストロフ理論』，現代数学社（1985）

でアーノルドならではのカタストロフィー理論のワクワクするような素晴らしい紹介をしている．その中で，「トムは特異点理論とその応用の総称としてカタストロフィー理論という名前を提唱した」と述べ，例えば1970年代に始まるアーノルド自身の仕事「関数の特異点論の幾何光学の焦点（caustics）と波面（wave front）への応用」を挙げている．この方面のことをきちんと書いたのが

V.I. Arnold, S.M. Gusein-Zade, A.N. Varchenko：*Singularities of Differentiable Maps I,* Birkhäuser（1985）

である．

アーノルドは焦点や波面をシンプレクティック幾何学や接触幾何学の中の特異点として捕らえ，それを生成関数の特異点に結びつけた．すなわち，彼はカタストロフィー理論の一例と自身が称するものを，より大きなシンプレクティック幾何学や接触幾何学に昇華させたのである．

最近，和書でアーノルドと同じ精神で書かれた優れた本が出た．

泉屋周一・石川剛郎：『応用特異点論』，共立出版（1998）

泉屋周一を中心とする北大グループは１階偏微分方程式への特異点論の応用など，特異点論の応用の分野の一方の旗がしらとなっている．これももちろん，アーノルドの言うカタストロフィー理論である．

ジーマンの応用の中に「オイラーのバネの屈折」への応用がある．これは物理の話なので，現象を支配するパラメータ（複数）は分かっている．ゴルビツキーとシェーファーは，本来２種類に分離して考えるべきパラメータをジーマンが同じ範疇にして考察していることに不満を持ち，それを修正する形で，非線形（方程式の解の）分岐理論への特異点論の応用，とくに第４章の最後にふれたマザー理論の応用，の理論を発見した．

M. Golubitski, D.G. Schaeffer：A theory for imperfect bifurcation via Singularity theory, *Communications on Pure and Applied Mathematics,* **32**, 21-98 (1979)

非線形分岐理論は解析学で重要な大きな分野である．このゴルビツキー・シェーファー理論もアーノルドの言うカタストロフィー理論の一部である．この他にもマザー理論の非線形分岐理論への応用があり一つの分野になっていると言って良い．

西村尚史・福田拓生：『特異点と分岐』（「特異点の数理」第２巻），共立出版（2002）

でマザー理論とゴルビツキー・シェーファー理論が詳しく紹介されている．この本のマザー理論に関する部分は西村尚史によるが，現在マザー理論に関する最良の本であると思う．この４巻からなるシリーズ「特異点の数理」は，泉屋周一と石川剛郎の提唱により企画され昨年から今年にかけて出版された．他の３巻は以下のとおりである．

泉屋周一・佐野貴史・佐伯修・佐久間一浩：『幾何学と特異点』（「特異点の数理」第１巻），共立出版（2001）

吉永悦男・福井敏純・泉修藏：『解析関数と特異点』（「特異点の数理」第３巻），共立出版（2002）

徳永浩雄・島田伊知朗・石川剛郎・齋藤幸子・福井敏純：『代数曲線と特異点』（「特異点の数理」第4巻），共立出版（2001）

もちろん，これらの内容を全てカタストロフィー理論とは私は呼ばないが，カタストロフィー理論の基礎である特異点理論の広がりを感じていただけると思う．ちなみに「特異点の数理」で扱っているのは第4巻の一部をのぞいて全て実特異点と呼ばれるものである．もちろん，この4巻で実特異点論全てを扱っているわけではない．さらにこの他に，実特異点と兄弟の関係にあり同じように広大な「複素特異点論」と呼ばれる分野がある．

さて，もう一方の「力学系」で記述されるより大きな枠組みのメタボリックモデルの現状はどうなっているのであろうか．第8章にメタボリックモデルに関する展望とトムの予想を述べた．そこでは，力学系のアトラクターの何らかの構造安定性への期待を述べてある．ところが，1980年代に力学系のカオス的状況がより広くそしてより深く知られるようになった．実は上田のストレンジアトラクター（1961）やローレンツアトラクター（1963）は1960年代初めに発見されていたのに，世の中になかなか知られなかったようである．カオスの発見の歴史は大変興味があるが，上田やローレンツ，スメール，リー，ヨークなどカオスの発見に携わった人達自身による発見にまつわるエッセイを集めた大変興味深い本が最近でた．

エイブラハム・ウエダ編著，稲垣・赤松訳：『カオスはこうして発見された』，共立出版（2002）

このようなカオティックな状況ではルネ・トムの夢は絶望的に見える．「それでも，トムのプログラムを捨て去るのは賢いやりかたではないだろう」と言ってくれる人もいる（E.A. Jackson著，田中・丹羽・水谷・森訳：『非線形力学の展望　I　カオスとゆらぎ』，共立出版（1994）の94頁）．

以上が「カタストロフィー理論はその後どうなったのか？」という問いに対する答である．ところで，数学は全体として20世紀のほとんどを世紀初めに設定した数学自身の問題を解決するのに忙しく，物理学の方に目が向かなかった．それが，この本の初版が出版されてからの四半世紀の間に大きく様変わりをし，場の量子論や弦理論に見られるごとく，久しく疎遠であった理論物理学・数理物理学との交流が再び盛んになった．この交流に必要とされる数学の高度さを見ると，20 世紀の数学のこの自閉症は数学の健全な成長のために必要なことであったのだと思う．特異点論とカタストロフィー理論もこの流れの中にある．上に，アーノルドはカタストロフィー理論の一部をシンプレクティック幾何学に昇華させたと書いたが，全ての数学をシンプレクティック化するのが彼の現在の夢であるとのことである．あと 20 年経ったら数学はどのようになっているのだろうか．

2002 年 5 月　　福田 拓生

索　　引

ア

アトラクター……………………………166
attractor, 仏 attracteur
アーベル群………………………………13
abelian group
r-ジェット ……………………………71
r-jet
r-同値 ……………………………64, 70
equivalent of order r
α-limit ………………………………166
安定な静的モデル………………………7
stable static model
仏 modèle statique stable
安定アトラクター……………………169
stable attractor
安定開折………………………………134
stable unfolding
仏 déploiement stable
安定開折の存在と一意性……………147
existence and uniqueness of stable unfolding
安定開折の標準型……………………147
normal forms of stable unfoldings
安定している…………………………64
stable
安定写像……………………………64, 78
stable map
仏 application stable
安定力学系……………………………168
structurally stable dynamical system

イ

位数 s の正則性………………………110
regularity of order s
位相安定写像…………………………78
topologically stable map
位相的に安定な開折…………………165
topologically stable unfolding
仏 déploiement topologiquement stable
位相的に普遍な開折…………………165
topologically universal unfolding, 仏 déploiement topologiquement universel
1の分割………………………………50
partition of unity
一般線形群……………………………13
general linear group
イデアル………………………………19
ideal
Sで生成された——…………………21
ideal generated by S
極大——………………………………22
maximal ideal
真の——………………………………19
proper ideal
陰関数の定理……………………28～30
implicit function theorem

ウ，エ

埋込み…………………………………37
imbedding, embedding
仏 plongement
A-安定 ………………………………170
A-stable
A-同値 ………………………………169
A-equivalent
f-開折圏射 …………………………132
f-morphism, 仏 f-morphisme
f-同型 ………………………………133

f-isomorphism
仏 f-isomorphisme

オ

横断性定理……82
transversality theorem
仏 théorème de transversalité

横断的……80
transverse, transversal
仏 transversal

遅れの規約……4
convension of delay

ω-limit……166

折り目……9, 121
fold, 仏 pli

カ

開細分……50
open refinement

開　折……131
unfolding, 仏 déploiement

開折次元……131
unfolding dimension

階　数……37
rank

開被覆……50
open covering

開部分多様体……36
open submanifold

可換環……18
commutative ring

可換群……13
commutative group

可換体……18
commutative field

カスポイド……9
cuspoid

核　kernel
群の準同型の——……16
環の準同型の——……19

加　群……23
module

カタストロフィー……2
catastrophe, 仏 catastrophe

カタストロフィー写像……5
catastrophe map

環……17
ring

キ

基質空間……4
仏 espace substrat

軌　道……166
orbit

逆関数の定理……27
inverse function theorem

逆　元……12
inverse element

局所横断性定理……83
local transversality theorem
仏 théorème de transversalité locale

局所環……25
local ring, 仏 anneau local

局所多重横断性定理……91
local multi-transversality theorem

局所有限……50
locally finite

曲　線……44, 171
curve

ク

くさび……9, 10, 121, 135
cusp, 仏 fronce

グリーンの定理……173
Green's theorem

群……12
group

ケ

k-横断性定理……………………146, 147
k-transversality theorem

k-横断的……………………………137
k-transversal

k-ジェット拡張……………………137
k-jet extension

コ

構造安定性……………………………7
structural stability
仏 stabilité structurelle

構造安定性の問題……………………78
problem of structural stability

コーシーの積分公式…………………171
Cauchy's integral formula
一般化された——…………………177
generalized——

コーシーの定理………………………177
Cauchy's theorem

コーシー-リーマンの関係式…………174
Cauchy-Rieman differential equation

コントロール空間……………………4
control space

コンパクト開位相……………………76
compact-open topology

サ

サードの定理…………………………47
Sard's theorem

座標近傍………………………………34
coordinate neighborhood

座標近傍系
coordinate neighborhood system
C^r 級——…………………………34

残余特異点……………………………155
residual singularity
仏 singularité résiduelle

シ

ジェット………………………………65
jet

ジェット空間…………………………70
jet-space

自然な *k* 拡大………………………137
natural *k*-extension

実数体…………………………………18
real number field

指　標…………………………………97
index
特異点の——………………………98

ジーマンのカタストロフィー機械……2
Zeemann's catastrophe machine

写像芽…………………………………116
map-germ
C^∞ —— ………………………116

準同型 homomorphism
加群の——…………………………24
module——
環の——……………………………19
ring——
群の——……………………………15
group——
自然な——…………………………16
natural——
多元環の——………………………24
homomorphism of algebra

準同型定理
homomorphism theorem
環の——……………………………21
群の——……………………………16

商空間…………………………………48
quotient space

衝激波…………………………………4
chock wave

常微分方程式の基本定理……………54
fundamental theorem of ordinary differential equation

剰余環…………………………………20

factor ring
剰余群……15
factor group
剰余類……14
coset
初等カタストロフィー……8
elementary catastrophes
仏 catastrophes élémentaires
初等カタストロフィーの分類……136
classification of elementary catastrophes
C^0 安定写像……78
C^0-stable map
C^0 同値……63
C^0-equivalent
C^r 位相……75
C^r-topology
C^r 級……26
class C^r
C^r 級局所座標系……35
C^r-local coordinate system
C^r 級同相写像……26
C^r-diffeomorphism
C^r 写像……26
C^r-map
C^∞ 安定写像……78
C^r-stable map
C^∞ 型……59
C^∞-type
C^∞ 同値……58
C^∞-equivalent

ス，セ

ストークスの定理……176
Stokes' theorem
正規部分群……15
normal subgroup
正則点……47, 59
regular point
仏 point régulier
正則部分多様体……39
regular submanifold
静的モデル……4
static model
仏 modèle statique
積……12
product
積多様体……35
product manifold
積分曲線……54
integral curve
積分曲線の存在と唯一性……55
existence and uniqueness of integral curves
接ベクトル……44
tangent vector
狭い意味で f 同値……132
f-equivalent in the strict sense

ソ

双曲型へそ……9, 135
hyperbolic umbilic
仏 ombilic hyperbolique
双対な接ベクトル基……45
dual basis of tangent vector
挿　入……37
immersion
測度 0……47
measure 0

タ

体……18
field
退化次数……97
nullity
退化臨界点……97
degenerate critical point
対称群……13
symmetric group
楕円型へそ……9, 135
elliptic umbilic

仏 ombilic elliptique

多元環……………………………………23
algebra

多重 r-拡大……………………………90
multi-r-extension

多重横断性定理…………………………90
multi-transversality

多重ジェット……………………………90
multi-jet

多重ジェット空間………………………90
multi-jet space

W^r 位相……………………………………76
W^r-topology

多様体 manifold, 仏 variété

位相——……………………………………32
topological manifold

C^r 級——……………………………………34
C^r-manifold

単位元 identity

環の——……………………………………18

群の——……………………………………12

チ，ツ

チョウ…………………………………9, 135
butterfly, 仏 papillon

直交群……………………………………14
orthogonal group

直　積………………………………12, 17
product

群の——……………………………………14
——of groups

ツバメの尾……………………………9, 135
swallow tail
仏 queue d'aronde

ト

同　型 isomorphic, isomorphism

加群の——…………………………………24

環の——……………………………………19

群の——……………………………………15

多元環の——………………………………24

同　値 equivalent

C^∞——…………………………………58

静的モデルの——…………………………6

右——……………………………………132

同値な開折……………………………134
equivalent unfoldings
仏 déploiements équivalents

同程度特異性…………………………165
equisingularity
仏 équisingularité

特異点……………………………47, 59
singular point
仏 point singulier

特異点の分類…………………………148
classification of singularities

特性関数…………………………………62
characteristic function

トムの横断性定理………………………82
Thom's transversality theorem
仏 théorème de transversalité de Thom

トムの主定理………………………………8

トムの初等カタストロフィーの分類定理……………………………8

トムの不定性定理……………………107
Thom's unstability theorem

トムの予想……………………………170

ナ，ニ

内部状態の空間……………………………4
internal state space

中山の補助定理………………25, 120
Nakayama's lemma

ニレンバーグの拡張定理………114, 178
Nirenberg's extension theorem

ハ，ヒ

パラコンパクト…………………………50
paracompact

非退化臨界点……97
non-degenerate critical point
微　分 differential
写像の——……43, 46

フ

複素数体……18
complex number field
負　元……13
inverse element
部分加群……23
submodule
S で生成された——……24
——generated by *S*
部分環……19
subring
S で生成された——……21
——generated by *S*
部分群……14
subgroup
S で生成された——……21
——generated by *S*
部分多元環……23
subalgebra
部分多様体……38
submanifold
普遍開折……133
universal unfolding
仏 déploiement universel
分岐集合……5
bifurcation set
仏 ensemble de bifurcation

ヘ

ベクトル空間……22
vector space
ベクトル場……54
vector field
ヘッシアン……97
Hessian
変　換……13
transformation
変換群……14
transformation group

ホ

ホイットニィ C^r 位相……76
Whitney C^r-topology
ホイットニィの埋込み定理……86
Whitney imbedding theorem
ホイットニィの折り目とくさび……121
Whitney's fold and cusp
仏 pli et fronce de Whitney
ホイットニィの拡張定理……179
Whitney extension theorem
ホイットニィの挿入定理……86
Whitney immersion theorem
ホイットニィの平面写像……124
Whitney's plane map
ホイットニィの平面写像定理……125
Whitney's plane map theorem
ホイットニィの例……60
Whitney's example
放物型へそ……9, 135
parabolic umbilic
仏 ombilic parabolique

マ

マザーの安定性定理……79
Mather's stability theorem
マックスウェル集合……4
Maxwell set
マックスウェルの規約……4
Maxwell's convension
マルグランジュの予備定理……114
Malgrange preparation theorem
——の代数的表現……116
Algebraic formulation of——

ミ

右-k-確定……136
right-k-determinate

右-*k*-既定 ……136
right-*k*-determined

右同値……131
right-equivalent

右有限既定……136
right finitely determined

メ, モ

メタボリック・モデル……167
metabolic model
仏 modèle métabolique

モースの関数……102
Morse function

モースの補助定理……99
Morse's lemma

ヤ

ヤコビアン……27
Jacobian

ヤコビ行列……27
Jacobian matrix

ヤコビ行列式……27
Jacobian

ユ, ヨ

有限生成……24
finitely generated

——加群……24
——module

——多元環……24
——algebra

誘導開折……132
induced unfolding
仏 déploiement induit

有理数体……18
rational number field

有理整数環……18
ring of rational integers

余階数……155
corank

余次元……38
codimension

関数の——……153

リ

力学系……166
dynamical system
仏 système dynamique

リー群……48
Lie group

リー部分群……48
Lie subgroup

リー閉部分群……48
closed Lie subgroup

リー変換群……49
Lie transformation group

臨界値……47
critical value

臨界点……97
critical point

レ

零……13
zero

アーベル群の——

連続微分可能……26
continuously differentiable

ワ

ワイヤシュトラスの予備定理……110
Weirestrass preparation theorem

和……13
sum

——著者紹介——

野口　広（のぐち　ひろし）

1948年　東北大学理学部数学科卒業
専　攻　トポロジー
現　在　(財)数学オリンピック財団理事長
　　　　早稲田大学名誉教授・理学博士

福田拓生（ふくだ　たくを）

1965年　九州大学大学院理学研究科修士課程修了
専　攻　トポロジー
現　在　日本大学文理学部教授・理学博士

検印廃止

復刊　初等カタストロフィー

1976年4月1日　初版1刷発行 1980年3月25日　初版5刷発行 2002年6月15日　復刊1刷発行 2009年9月20日　復刊2刷発行 NDC 415	著　者　野口　広 　　　　福田拓生 発行者　南條光章 東京都文京区小日向4丁目6番19号 印刷者　望月節男 東京都新宿区市谷本村町3丁目29番

発行所　東京都文京区小日向4丁目6番19号
電話　東京(03)3947-2511番（代表）
郵便番号 112-8700
振替口座 00110-2-57035番
URL http://www.kyoritsu-pub.co.jp/

共立出版株式会社

印刷・新日本印刷　　製本・中條製本　　Printed in Japan

社団法人
自然科学書協会
会　員

ISBN4-320-01704-8